中国主要重大生态工程固碳量评价丛书

中国退耕还林生态工程固碳速率与潜力

刘国彬　薛　萐　上官周平　邓　蕾　党小虎　逯　非等　著

科学出版社

北　京

内 容 简 介

本书介绍了退耕还林（草）工程的实施背景、主要阶段、建设成效及存在问题，并以黄土高原为例，分析了典型退耕树种的固碳特征与影响因子，阐明了退耕还林工程土壤固碳速率和主要影响因素，揭示了黄土高原退耕还林深层土壤固碳效应，进一步以甘肃、宁夏和河南三个地区为例分析了省域退耕还林工程的固碳效应，采用 Meta 分析揭示了全国退耕还林工程固碳现状、速率和潜力，最后根据六个不同区域提出了退耕还林工程固碳增汇技术途径与模式。

本书可为林业及草地生态系统管理与研究领域的科技人员提供关于退耕还林（草）工程固碳评价理论和方法研究方面的参考资料；对国家和区域开展生态工程碳汇效应分析、发展增汇措施，以及实施应对气候变化的战略行动计划和制定环境管理政策具有一定的参考价值。

图书在版编目(CIP)数据

中国退耕还林生态工程固碳速率与潜力 / 刘国彬等著. —北京：科学出版社，2023. 11

(中国主要重大生态工程固碳量评价丛书)

ISBN 978-7-03-073889-9

Ⅰ. ①中… Ⅱ. ①刘… Ⅲ. ①退耕还林–碳–储量–研究–中国 Ⅳ. ①S718. 56

中国版本图书馆 CIP 数据核字（2022）第 219830 号

责任编辑：张 菊 / 责任校对：杨 赛
责任印制：徐晓晨 / 封面设计：无极书装

科学出版社 出版
北京东黄城根北街 16 号
邮政编码：100717
http://www.sciencep.com

北京华宇信诺印刷有限公司印刷
科学出版社发行 各地新华书店经销

*

2023 年 11 月第 一 版 开本：720×1000 1/16
2025 年 3 月第三次印刷 印张：17 1/4
字数：350 000

定价：198. 00 元

(如有印装质量问题，我社负责调换)

“中国主要重大生态工程固碳量评价丛书”编委会

《中国退耕还林生态工程固碳速率与潜力》各章节主要作者

第 1 章 退耕还林工程概况	薛萐、逯非
第 2 章 典型退耕树种固碳特征与影响因子	李泰君、刘国彬
第 3 章 黄土丘陵区退耕还林工程土壤固碳影响因素	许明祥
第 4 章 黄土高原退耕还林工程土壤固碳速率	邓蕾、上官周平
第 5 章 黄土高原退耕还林深层土壤固碳效应	孙彩丽、张超、薛萐
第 6 章 甘肃退耕还林工程固碳效应分析	申家朋、张文辉
第 7 章 宁夏退耕还林工程固碳效应分析	党小虎、刘国彬
第 8 章 河南退耕还林工程固碳效应分析	王艳芳、上官周平
第 9 章 全国退耕还林工程固碳现状、速率和潜力研究	邓蕾、上官周平
第 10 章 退耕还林工程固碳增汇技术途径与模式	党小虎

丛书序一

气候变化已成为人类可持续发展面临的全球重大环境问题，人类需要采取科学、积极、有效的措施来加以应对。近年来，我国积极参与应对气候变化全球治理，并承诺二氧化碳排放力争于2030年前达到峰值，努力争取2060年前实现碳中和。增强生态系统碳汇能力是我国减缓碳排放、应对气候变化的重要途径。

世纪之交，我国启动实施了一系列重大生态保护和修复工程。这些工程的实施，被认为是近年来我国陆地生态系统质量提升和服务增强的主要驱动因素。在中国科学院战略性先导科技专项及科学技术部、国家自然科学基金委员会和中国科学院青年创新促进会相关项目的支持下，过去近10年，中国科学院生态环境研究中心、中国科学院沈阳应用生态研究所等多个单位的科研人员针对我国重大生态工程的固碳效益（碳汇）开展了系统研究，建立了重大生态工程碳汇评价理论和方法体系，揭示了人工生态系统的碳汇大小、机理及区域分布，评估了天然林资源保护工程，退耕还林（草）工程，长江、珠江流域防护林体系建设工程，退牧还草工程和京津风沙源治理工程的固碳效益，预测了其未来的碳汇潜力。基于这些系统性成果，刘国华研究员等一批科研人员总结出版了“中国主要重大生态工程固碳量评价丛书”这一重要的系列专著。

该丛书首次通过大量的野外调查和实验，系统揭示了重大生态工程的碳汇大小、机理和区域分布规律，丰富了陆地生态系统碳循环的研究内容；首次全面、系统、科学地评估了我国主要重大生态建设工程的碳汇状况，从国家尺度为证明人类有效干预生态系统能显著提高陆地碳汇能力提供了直接证据。同时，该丛书的出版也向世界宣传了中国在生态文明建设中的成就，为其他国家的生态建设和保护提供了可借鉴的经验。该丛书中的翔实数据也为我国实现“双碳”目标以及我国参与气候变化的国际谈判提供了科学依据。

谨此，我很乐意向广大同行推荐这一有创新意义、内容丰富的系列专著。希望该丛书能为推动我国生态保护与修复工程的规划实施以及生态系统碳汇的研究发挥重要参考作用。

方精云

北京大学教授

中国科学院院士

2022 年 11 月 20 日

丛书序二

生态系统可持续性与社会经济发展息息相关，良好的生态系统既是人类赖以生存的基础，也是人类发展的源泉。随着社会经济的快速发展，我国也面临着越来越严重的生态环境问题。为了有效遏制生态系统的退化，恢复和改善生态系统的服务功能，自20世纪70年代以来我国先后启动了一批重大生态恢复和建设工程，其工程范围、建设规模和投入资金等方面都属于世界级的重大生态工程，对我国退化生态系统的恢复与重建起到了巨大的推动作用，也成为我国履行一系列国际公约的标志性工程。随着国际社会对维护生态安全、应对气候变化、推进绿色发展的日益关注，这些生态工程将会对应对全球气候变化发挥更加重大的作用，为中国经济发展赢得更大的空间，在世界上产生深远的影响。

在中国科学院战略性先导科技专项及科学技术部、国家自然科学基金委员会和中国科学院青年创新促进会等相关项目的支持下，中国科学院生态环境研究中心、中国科学院沈阳应用生态研究所、中国科学院水利部水土保持研究所、中国科学院武汉植物园、中国科学院地理科学与资源研究所、中国科学院遗传与发育生物学研究所农业资源研究中心等单位的研究团队针对我国重大生态工程的固碳效应开展了系统研究，并将相关研究成果撰写成“中国主要重大生态工程固碳量评价丛书”。该丛书共分《重大生态工程固碳评价理论和方法体系》、《天然林资源保护工程一期固碳量评价》、《中国退耕还林生态工程固碳速率与潜力》、《长江、珠江流域防护林体系建设工程固碳研究》、《京津风沙源治理工程固碳速率和潜力研究》和《中国退牧还草工程的固碳速率和潜力评价》六册。该丛书通过系统建立重大生态工程固碳评价理论和方法体系，调查研究并揭示了人工生态系统的固碳机理，阐明了固碳的区域差异，系统评估了天然林资源保护工程，退耕还林（草）工程，长江、珠江流域防护林体系建设工程，退牧还草工程和京津风沙源治理工程的固碳效益，预测了其未来固碳的潜力。

该丛书的出版从一个侧面反映了我国重大生态工程在固碳中的作用，不仅为我国国际气候变化谈判和履约提供了科学依据，而且为进一步实现我国“双碳”战略目标提供了相应的研究基础。同时，该丛书也可为相关部门和从事生态系统固碳研究的研究人员、学生等提供参考。

中国科学院院士

中国科学院生态环境研究中心研究员

2022 年 11 月 18 日

丛书序三

2030年前碳达峰、2060年前碳中和已成为中国可持续发展的重要长期战略目标。中国陆地生态系统具有巨大的碳汇功能，且还具有很大的提升空间，在实现国家“双碳”目标的行动中必将发挥重要作用。落实国家碳中和战略目标，需要示范应用生态增汇技术及优化模式，保护与提升生态系统碳汇功能。

在过去的几十年间，我国科学家们已经发展与总结了众多行之有效的生态系统增汇技术和措施。实施重大生态工程，开展山水林田湖草沙冰的一体化保护和系统修复，开展国土绿化行动，增加森林面积，提升森林蓄积量，推进退耕还林还草，积极保护修复草原和湿地生态系统被确认为增加生态碳汇的重要技术途径。然而，在落实碳中和战略目标的实践过程中，需要定量评估各类增汇技术或工程、措施或模式的增汇效应，并分层级和分类型地推广与普及应用。因此，如何监测与评估重大生态保护和修复工程的增汇效应及固碳潜力，就成为生态系统碳汇功能研究、巩固和提升生态碳汇实践行动的重要科技任务。

中国科学院生态环境研究中心、中国科学院沈阳应用生态研究所、中国科学院水利部水土保持研究所、中国科学院武汉植物园、中国科学院地理科学与资源研究所和中国科学院遗传与发育生物学研究所农业资源研究中心的研究团队经过多年的潜心研究，建立了重大生态工程固碳效应的评价理论和方法体系，系统性地评估了我国天然林资源保护工程，退耕还林（草）工程，长江、珠江流域防护林体系建设工程，退牧还草工程和京津风沙源治理工程的固碳效益及碳汇潜力，并基于这些研究成果，撰写了“中国主要重大生态工程固碳量评价丛书”。该丛书概括了研究集体的创新成就，其撰写形式独具匠心，论述内容丰富翔实。该丛书首次系统论述了我国重大生态工程的固碳机理及区域分异规律，介绍了重大生态工程固碳效应的评价方法体系，定量评述了主要重大生态工程的固碳状况。

巩固和提升生态系统碳汇功能，不仅可以为清洁能源和绿色技术创新赢得宝贵的缓冲时间，更重要的是可为国家的社会经济系统稳定运行提供基础性的能源安全保障，将在中国“双碳”战略行动中担当“压舱石”和“稳压器”的重要作用。该丛书的出版，对于推动生态系统碳汇功能的评价理论和方法研究，对于基于生态工程途径的增汇技术开发与应用，以及该领域的高级人才培养均具有重要意义。

值此付梓之际，有幸能为该丛书作序，一方面是表达对丛书出版的祝贺，对作者群体事业发展的赞许；另一方面也想表达我对重大生态工程及其在我国碳中和行动中潜在贡献的关切。

于贵瑞

中国科学院院士

中国科学院地理科学与资源研究所研究员

2022 年 11 月 20 日，于北京

前　言

全球气候变化是当前国际社会关注的热点问题之一，由于人类活动所导致的大气中 CO_2 等温室气体浓度的增加被认为是全球气候变化的主要根源。近年来，全球气候变化日益威胁着社会经济发展与人类生存，如何控制大气温室气体浓度，减缓气候变暖的趋势，是当前生态环境领域研究关注的核心问题。同时，气候变化国际谈判已成为各国政府之间、发展中国家与发达国家之间的政治博弈，谈判的结果直接关系到国家的发展和安全。

《巴黎协定》形成了人类历史上应对气候变化的第三个里程碑式的国际法律文本，也开启了 2020 年后的全球气候治理格局，该协定明确了全球共同追求的“硬指标”。2020 年，中国政府在第七十五届联合国大会上提出：“中国将提高国家自主贡献力度，采取更加有力的政策和措施，二氧化碳排放力争于 2030 年前达到峰值，努力争取 2060 年前实现碳中和”。2021 年，《中共中央 国务院关于完整准确全面贯彻新发展理念做好碳达峰碳中和工作的意见》和《2030 年前碳达峰行动方案》相继出台，其中碳达峰十大行动中强调巩固生态系统固碳作用，提升生态系统的碳汇能力。随后，习近平总书记多次在不同场合强调了林草生态系统碳汇能力的重要性。

我国是世界上生态环境恶化最严重的国家之一，人类施加给自然环境的压力远远超过了自然生态系统的承受能力，生态环境问题日趋明显和严重。虽然自 20 世纪中叶开始，我国先后实施了一系列生态环境治理工程，但是我国的生态环境依旧极其脆弱。20 世纪 90 年代后期，接连出现干旱、洪涝灾害以及连年的粮食结构性过剩，在此背景下，1999 年 8 月，朱镕基总理在陕西考察时提出“退耕还林、封山绿化、个体承包、以粮代赈”，开启了生态环境建设的新篇章，也揭开了我国正式实施退耕还林工程的序幕。

退耕还林（草）工程实施二十余年来，全国累计实施退耕还林还草 5.08 亿亩①，其中退耕地还林还草 1.99 亿亩、荒山荒地造林 2.63 亿亩、封山育林 0.46

① 1 亩≈667m^2，下同。

亿亩。目前，工程造林面积占我国重点工程造林总面积的40%，成林面积近4亿亩，超过全国人工林保存面积的三分之一。退耕还林（草）工程每年在保水固土、防风固沙、固碳释氧等方面产生的生态效益总价值达1.38万亿元，加快了我国国土绿化进程，改善了生态环境，促进了国土生态安全作用的充分发挥，已经成为应对气候变化的重要措施，有利于推动山水林田湖草沙生态系统健康发展。然而，退耕还林（草）工程固碳减排效益的综合性评估仍旧不足。

本书共10章，由刘国彬制定大纲并统筹全书的撰写工作，由党小虎、邓蕾等撰写主要章节内容，由薛萐、逯非修订、完善书稿。第1章介绍了退耕还林工程概况、建设成效和存在问题，由薛萐、逯非撰写；第2章分析了典型退耕树种固碳特征与影响因子，由李泰君、刘国彬撰写；第3章明确了黄土丘陵区退耕还林工程土壤固碳影响因素，由许明祥撰写；第4章阐明了黄土高原退耕还林工程土壤固碳速率，由邓蕾、上官周平撰写；第5章揭示了黄土高原退耕还林深层土壤固碳效应，由孙彩丽、张超、薛萐撰写；第6章分析了甘肃退耕还林工程固碳效应，由申家朋、张文辉撰写；第7章阐明了宁夏退耕还林工程固碳效应，由党小虎、刘国彬撰写；第8章分析了河南退耕还林工程固碳效应，由王艳芳、上官周平撰写；第9章利用Meta分析揭示了全国退耕还林工程固碳现状、速率和潜力，由邓蕾、上官周平撰写；第10章提出了不同区域退耕还林工程固碳增汇技术途径与模式，由党小虎撰写。

本书撰写过程中得到了中国科学院战略性先导科技专项课题（XDA05060300）、国家自然科学基金项目（42130717；71874182）、陕西省杰出青年科学基金项目（2021JC-50）以及中国科学院青年创新促进会优秀会员项目（Y201711）等项目的支持与帮助，特别是逯非研究员在本书撰写和出版经费方面给予的帮助，以及中国科学院水利部水土保持研究所和中国科学院生态环境研究中心的大力支持，在此表示衷心感谢！

鉴于退耕还林（草）工程固碳评价的复杂性以及作者知识和能力的限制，书中难免存在疏漏和不足之处，敬请读者不吝赐教！

作　者

2022年11月

目　　录

第1章 退耕还林工程概况

退耕还林工程[①]就是从保护生态环境出发，将水土流失严重的耕地，沙化、盐碱化、石漠化严重的耕地及粮食产量低而不稳的耕地，有计划、有步骤地停止耕种，因地制宜地造林种草，恢复植被。该工程开始于1999年，是我国乃至世界上投资最多、政策性最强、涉及面最广、群众参与程度最高的一项重大生态工程，也是截至目前世界上最大的生态建设工程，在我国的生态建设史上写下了绚烂的一笔。

1.1 退耕还林工程的由来和实施背景

生态环境问题是当今全球性的重大问题，目前世界上除了少数发达国家外，绝大多数国家的生态环境都遭到不同程度的破坏，其中发展中国家的生态环境恶化尤为严重。因此，世界各国特别是发展中国家已将生态环境安全提到国家安全层次，保护和建设生态环境，改善人类生存与发展的条件，实现可持续发展，已经成为世界性重大课题。

我国是世界上生态环境恶化最严重的国家之一，改革开放以来，随着人口数量的不断增加，社会生产力的日益增强，人类施加给自然环境的压力远远超过了自然生态系统的承受能力，生态环境问题日趋明显和严重。加之全球气候变化带来了大面积的生态破坏（如森林被毁、草场退化、土壤侵蚀和沙漠化）、突发性的严重污染事件迭起，严重威胁着人类的生存和发展，迫使人们不得不去探寻一条经济、社会、环境和资源相互协调的，既能满足当代人的需求而又不对后代造成危害的可持续发展道路。

---

① 退耕还林（草）工程根据实际情况实施还林或还草，若非必要，本书简称退耕还林工程。

1.1.1 实施背景

自20世纪中叶开始，我国先后实施了一系列生态环境治理工程，如中华人民共和国成立初期防风固沙林的建设，80年代之后相继实施的“三北”防护林体系建设、长江上游防护林体系建设、沿海绿化工程、平原绿化工程、太行山绿化工程、防沙治沙工程、淮河太湖流域防护林体系建设、珠江流域防护林体系建设、辽河流域防护林体系建设、黄河中游防护林体系建设工程等重大林业生态建设工程。虽然这些工程取得了显著成绩，但是我国的生态环境依旧极其脆弱，表现为如下几个方面。

1）水土流失和土壤沙化仍旧非常严重

水土流失是目前我国最严重的生态环境问题之一，而水土流失和由它所直接造成的土地沙化，也是20世纪末至21世纪初我国江河水灾频发、沙尘暴危害加剧的根源。根据《2003全国水土保持监测公报》（中华人民共和国水利部，2004）和《中国荒漠化和沙化状况公报》（国家林业局，2005），我国水土流失面积为356万km^2，占国土面积的36.9%；严重的水土流失导致耕地毁坏，加速土地退化，草地因水土流失造成退化、沙化、碱化的面积约100万km^2，占我国草原总面积的50%；截至2004年，我国沙化土地面积为174万km^2，占国土面积的18.2%，且主要分布于我国中西部地区。

2）森林资源匮乏和生物多样性降低

由于长期过量采伐和乱砍滥伐，我国森林面积大量减少，森林资源极为短缺，在破坏了生态平衡的同时还导致山体滑坡、泥石流等自然灾害频频发生，给人民生产生活和国家经济发展带来了巨大损失。另外，生物多样性遭到前所未有的威胁，50年来，我国约有200种野生植物和十余种野生动物灭绝，在97种国家一级保护动物中，有二十余种濒临灭绝，我国15%~20%的动植物种类受到威胁，高于世界平均水平。

3）毁林开荒、陡坡地和沙化地耕种面积不断增大

中国的人口占世界人口的19%，但耕地仅占世界的7%，人均耕地面积仅为世界的40%，人口激增给有限土地资源带来了巨大压力。众多人口对食物、栖身地的需求恶化了本已匮乏的土地承载力，加之一些制度性因素导致中国土地的退化，进一步威胁到中西部地区广大农民的生存。为获取粮食，越来越多生产能力低下的贫瘠土地为农民所开垦，其直接导致了土壤结构破坏和养分流失。此

外，经济的快速发展加快了城市化进程，可耕作土地被开发，面积不断萎缩，导致人们对剩余农地的过度利用，毁林开荒、陡坡地和沙化地耕种成为增加耕地的主要途径，从而进一步加剧了中国的水土流失。

1.1.2 退耕还林工程的由来

1.1.2.1 历史由来

针对严重的水土流失现状，在退耕还林方面我国各级政府很早就做出了原则性的规定。例如，中华人民共和国成立前的1949年4月，晋西北行政公署发布的《保护与发展林木林业暂行条例（草案）》规定：已开垦而又荒芜了的林地应该还林；森林附近已开垦林地，如易于造林，应停止耕种而造林；林中小块农田应停耕还林。1952年12月，周恩来总理签发的《关于发动群众继续开展防旱、抗旱运动并大力推行水土保持工作的指示》指出："由于过去山林长期遭受破坏和无计划地在陡坡开荒，使很多山区失去涵蓄雨水的能力，首先应在山区丘陵和高原地带有计划地封山、造林、种草和禁开陡坡"。1957年5月，国务院第24次全体会议通过的《中华人民共和国水土保持暂行纲要》规定："原有陡坡耕地在规定坡度以上的，若是人多地少地区，应该按照坡度大小、长短，规定期限，修成堤岸，或者进行保水保土的田间工程和耕作技术措施；若是人少地多地区，应该在平缓和缓坡地增加单位面积产量的基础上，逐年停耕，进行造林种草"。1958年4月，周恩来总理在研究三门峡工程问题现场会上强调，水土保持是修建水库的基础。1982年，宁夏回族自治区在世界粮食计划署援助下开始实施为期5年的"2605"项目，为后来退耕还林工作的开展提供了经验和教训。1984年3月，中共中央、国务院又发布了《中共中央、国务院关于深入扎实地开展绿化祖国运动的指示》，明确要求："在宜林地区，要调整粮食的征购、供销政策，处理好农业和林业的矛盾，有计划、有步骤地退耕还林"。1985年1月，《中共中央、国务院关于进一步活跃农村经济的十项政策》规定："山区25°以上的坡耕地要有计划有步骤地退耕还林还牧，发挥地利优势。口粮不足的，由国家销售或赊销"。1991年6月，《中华人民共和国水土保持法》第十四条规定："禁止在25°以上陡坡地开垦种植农作物。省、自治区、直辖市人民政府可以根据本辖区的实际情况，规定小于25°的禁止开垦坡度。根据实际情况，逐步退耕，植树种草，恢复植被，或者修建梯田"。1997

年 8 月，江泽民总书记对陕西植树造林、水土保持和生态农业建设作了重要批示，提出“再造一个山川秀美的西北地区”的伟大号召，拉开了山川秀美工程建设序幕。1998 年 8 月，《国务院关于保护森林资源制止毁林开垦和乱占林地的通知》要求：“各地要在清查的基础上，按照谁批准谁负责、谁破坏谁恢复的原则，对毁林开垦的林地，限期全部还林”。同年 11 月，《中共中央关于农业和农村工作若干重大问题的决定》指出：“禁止毁林毁草开荒和围河造田。对过度开垦、围垦的土地，要有计划有步骤地还林、还草、还湖”。

从以上各政策法规可以看出，我国历届政府高度重视水土流失治理和退耕还林生态建设，但由于社会、经济和政治等因素相关治理工作始终没有全面开展。

1.1.2.2 工程提出的时代背景

20 世纪 90 年代后期，接连出现的干旱、洪涝灾害以及连年的粮食结构性过剩是我国退耕还林工程最终实施的核心时代背景。

1997 年，黄河累计断流 267 天，给山东省造成了十分严重的经济和社会损失。1998 年，长江、嫩江、松花江的特大洪水灾害，不仅严重威胁了人民群众的生命安全，也给三江沿岸地区带来了巨大的经济损失。此外，沙尘暴频繁、局部地区旱灾严重和生态环境日趋恶化，我国的生态环境问题越来越严峻，社会各界都强烈地意识到，加快林草植被建设、改善生态环境已成为我国人民面临的一项紧迫的战略任务，是中华民族生存与发展的根本大计。

20 世纪 90 年代后期，我国粮食连年供大于求，过剩现象严重；特别是农村政策的巨大成功和科学技术的迅速发展，使我国粮食综合生产能力有了明显提高。1995 年以来，我国粮食连年丰收，其中 1996 年、1998 年和 1999 年粮食年产量三次跨过 5 亿 t 大关，出现了阶段性、结构性供大于求的状况。因此，如何在解决过剩粮食不被浪费的同时又可促进我国经济建设和社会发展便成为了中央政府关注的问题。此外，改革开放后，我国综合国力显著增强，财政收入大幅增长，为大规模开展退耕还林奠定了坚实的经济和物质基础。

鉴于以上时代背景，1999 年 8 月，朱镕基总理在陕西考察时提出“退耕还林、封山绿化、个体承包、以粮代赈”。该十六字方针的提出给长期因粮食不能自给而广种薄收、乱砍滥伐的地区开启了生态环境建设的新篇章，也揭开了我国正式实施退耕还林工程的序幕。

1.2 退耕还林工程实施的主要阶段

1999 年启动示范试点以来，我国退耕还林一期工程经历了如下三个阶段。

1.2.1 退耕还林工程试点示范阶段

该阶段主要从 1999 年至 2001 年，“退耕还林、以粮代赈”的政策初步形成。1999 年，中央提出“退耕还林（草）、封山绿化、以粮代赈、个体承包”的综合措施，随后在陕西、甘肃和四川三省率先展开退耕还林工程试点与实践工作，当年完成退耕还林任务 44.8 万 hm^2，其中：退耕地造林 38.15 万 hm^2，宜林荒山荒地造林 6.6 万 hm^2。2000 年 1 月，中央 2 号文件和国务院西部地区开发会议将退耕还林列为西部大开发的重要内容。3 月，国家林业局、国家计委、财政部联合发出了《关于开展长江上游、黄河上中游地区退耕还林（草）试点示范工作的通知》，退耕还林试点示范工作正式启动。10 月，中国共产党中央委员会第五次全体会议通过的《中共中央关于制定国民经济和社会发展第十个五年计划的建议》中指出“加强生态建设和环境保护，有计划分步骤地抓好退耕还林等生态建设工程，改善西部地区生产条件和生态环境”。当年，正式试点启动，包括云南、贵州在内的 17 个省（自治区、直辖市）的 188 个县（市、区、旗），试点总任务 87.21 万 hm^2，其中退耕地还林（草）37.7 万 hm^2、宜林荒山荒地造林种草 46.8 万 hm^2，另外，京津风沙源治理工程区北京、河北、山西、内蒙古安排退耕地造林任务 2.8 万 hm^2。2001 年，按照“突出重点、稳步推进”的原则，将洞庭湖、鄱阳湖流域、丹江口库区、红水河梯级电站库区、陕西延安、新疆和田、辽宁西部风沙区等水土流失、风沙危害严重的部分地区纳入试点范围，退耕还林工程试点涵盖中西部地区 20 个省（自治区、直辖市）和新疆生产建设兵团的 224 个县（市、区、旗）。全年国家下达试点任务 98.33 万 hm^2，其中：退耕地造林 42 万 hm^2，宜林荒山荒地造林 56.33 万 hm^2（国家林业局，2001，2002；李育材，2009）。

截至 2001 年底，3 年累计完成退耕还林任务 230.34 万 hm^2，其中退耕还林还草 120.61 万 hm^2，宜林荒山荒地造林种草 109.73 万 hm^2。试点工作涉及 400 多个县、5700 个乡镇、2.7 万个村、410 万农户、1600 万农民。国家共投资 78.85 亿元。其中补助粮食 35.67 亿 kg，折合资金 49.93 亿元；现金补助 8.25 亿元；种苗基础设施建设 3.35 亿元；种苗费补助 17.06 亿元；科技支撑与前期工作费 0.26 亿元（国家林业局，2001，2002）。

1.2.2 退耕还林工程大规模推动阶段

该阶段主要从 2002 年至 2003 年，退耕还林工程全面启动，政策更加完善，管理日趋规范，《退耕还林条例》的出台，使退耕还林走上了法治化的轨道。2002 年 1 月 10 日，全国退耕还林工作电视电话会宣布退耕还林工程全面启动。4 月 11 日，国务院下发《关于进一步完善退耕还林政策措施的若干意见》（国发〔2002〕10 号）。2002 年，国家安排北京、天津、河北、山西、内蒙古、辽宁、吉林、黑龙江、安徽、江西、河南、湖北、湖南、广西、海南、重庆、四川、贵州、云南、西藏、陕西、甘肃、青海、宁夏、新疆 25 个省（自治区、直辖市）和新疆生产建设兵团退耕还林任务共 572.87 万 km^2，其中，退耕地造林 264.67 万 hm^2，宜林荒山荒地造林 308.20 万 hm^2。采取退耕还林还草和宜林荒山荒地造林及植被保护的任务落实到户；国家粮食、现金和种苗补助的政策兑现到户；实行“谁退耕、谁造林、谁经营、谁受益”的政策，林草权属落实到户，以加快实行“退耕还林、开仓济贫”。2003 年，《退耕还林条例》正式施行。退耕还林工程继续在全国 25 个省（自治区、直辖市）及新疆生产建设兵团实施，工程范围涉及 1800 多个县，全年国家共安排退耕还林还草计划任务 713.34 万 hm^2，其中：退耕地造林 336.67 万 hm^2，宜林荒山荒地造林 376.67 万 hm^2。1999 ~ 2003 年，全国累计完成退耕还林 1503.82 万 hm^2(西部占 60% 以上)，其中退耕地造林 719.08 万 hm^2，宜林荒山荒地造林 784.74 万 hm^2。到 2003 年底退耕还林已经覆盖全国 2 万多个乡镇，10 万多个村，6000 多万农户（国家林业局，2003，2004）。

1.2.3 退耕还林工程规模缩减阶段

该阶段主要从 2004 年开始，退耕还林工作的重心由大规模推进转移到成果巩固方面。2003 年底，由于粮食产量大幅下降，国家审时度势，压缩了工程年度任务量，国家林业局发布了《关于进一步做好退耕还林成果巩固工作的通知》，这是国家根据国民经济发展的新形势对退耕还林工程年度任务进行的结构性、适应性调整，保障了退耕还林工程的健康稳步发展。2004 年全年安排 25 个省（自治区、直辖市）和新疆生产建设兵团退耕还林任务 400 万 hm^2，其中：退耕地造林 66.67 万 hm^2，宜林荒山荒地造林 333.33 万 hm^2。随后的几年，国家下达的退耕任务远远小于前几年的规模，工作重点放在巩固成果、规范管理、落实政策和后续发展等方面，退耕还林工程已经开始由规模扩张型向质量效益型转变。

1.3 退耕还林工程建设范围、任务和目标

根据《国务院关于进一步做好退耕还林还草试点工作的若干意见》、《国务院关于进一步完善退耕还林政策措施的若干意见》和《退耕还林条例》的规定，原国家林业局在深入调查研究和广泛征求各有关省（自治区、直辖市）、有关部门及专家意见的基础上，按照国务院西部地区开发领导小组第二次全体会议确定的 2001 ~ 2010 年退耕还林 2.2 亿亩①的规模，会同国家发展和改革委员会、财政部、国务院西部地区开发领导小组办公室、原国家粮食局编制了《退耕还林工程规划》（2001—2010 年）。

工程建设的任务是：到 2010 年，完成退耕地造林 2.2 亿亩，宜林荒山荒地造林 2.6 亿亩（两类造林均含 1999 ~ 2000 年退耕还林试点任务），陡坡耕地基本退耕还林，严重沙化耕地基本得到治理，工程区林草覆盖率增加 4.5 个百分点，工程治理地区的生态状况得到较大改善。

工程的目标分为生态目标、经济目标和社会目标。生态目标主要是通过工程的实施，提高我国森林覆盖率，控制水土流失面积，增强抗洪涝灾害能力，增加土壤蓄水能力，改善水质，减轻温室效应，建立与国民经济和社会可持续发展相适应的良性生态系统，基本上实现“山川秀美”的宏伟目标。经济目标是为逐步改观西部经济落后局面，期望退耕还林工程有助于提高农业生产力低下的农民福利，优化生产要素配置，调整农村产业结构，转变生产生活方式，培育有比较优势的产业，促进地方经济发展。社会目标是期望退耕还林工程能将一部分农业劳动力从农业生产中解放出来，并促使这些劳动力从事牧业和农林复合业的生产，通过城市就业培训和再安置等方式，实现农业人口的转移。

工程建设范围包括北京、天津、河北、山西、内蒙古、辽宁、吉林、黑龙

① 1 亩≈667m^2，下同。

江、安徽、江西、河南、湖北、湖南、广西、海南、重庆、四川、贵州、云南、西藏、陕西、甘肃、青海、宁夏、新疆25个省（自治区、直辖市）和新疆生产建设兵团，共1897个县（含市、区、旗）。根据因害设防的原则，按水土流失和风蚀沙化危害程度、水热条件与地形地貌特征，将工程区划分为10个类型区，即西南高山峡谷区、川渝鄂湘山地丘陵区、长江中下游低山丘陵区、云贵高原区、琼桂丘陵山地区、长江黄河源头高寒草原草甸区、新疆干旱荒漠区、黄土丘陵沟壑区、华北干旱半干旱区、东北山地及沙地区。同时，根据突出重点、先急后缓、注重实效的原则，将长江上游地区、黄河上中游地区、京津风沙源区以及重要湖库集水区、红水河流域、黑河流域、塔里木河流域等地区的856个县作为工程建设重点县，占全国行政区划县数的29.9%，占工程区总县数的45.1%。

按照行政区域划分，中国25个省级行政区1999～2010年退耕还林工程及退耕地造林和宜林荒山荒地造林累积面积分布见表1-1，其中实施面积最大的10个省（自治区）依次为内蒙古、陕西、甘肃、四川、河北、山西、湖南、贵州、湖北、云南。其余未实施的省（市、特区）包括江苏、浙江、上海、福建、山东、广东、台湾、香港、澳门。

1999～2010年各年度全国退耕还林实施面积情况见图1-1，在示范试点的3年，退耕面积较少，随后在2002年面积显著增大，2003年实施面积达到最大值，随后逐渐降低，其中退耕地造林在2007年基本结束，荒山造林在2006～2010年基本维持在1000万亩的水平。

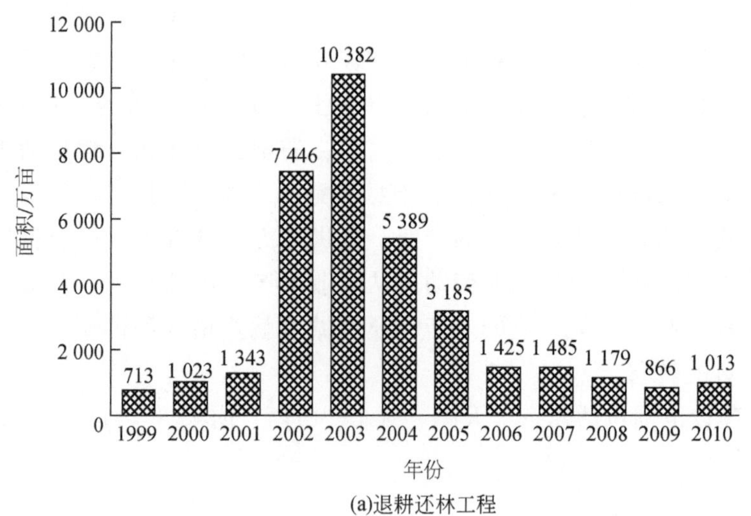

(a)退耕还林工程

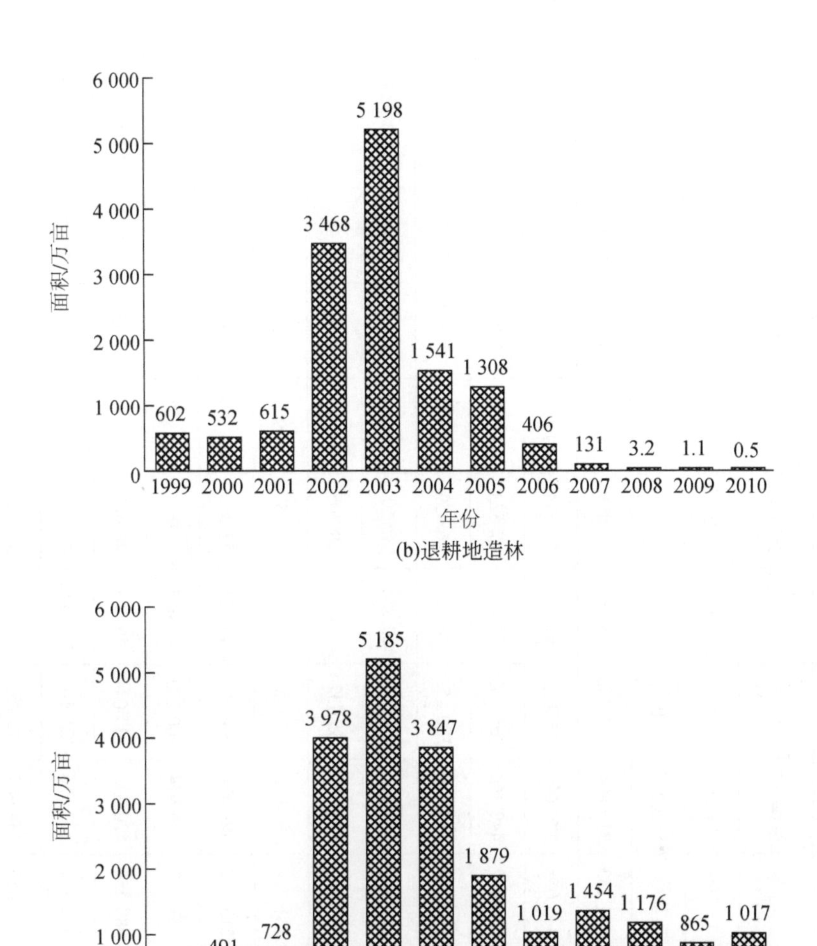

(b)退耕地造林

(c)荒山造林

图 1-1　1999～2010 年全国退耕还林各年度实施面积

黄土高原地区是半湿润气候区向半干旱、干旱气候区的过渡带，对气候变化敏感，是典型的生态环境脆弱区，也是我国退耕还林的重点实施区域，1999～2010 年全区退耕还林工程实施面积 10 517.45 万亩，退耕地造林实施面积 3625.77 万亩，荒山造林实施面积 6251.38 万亩，分别占全国的 29.67%、26.26% 和 28.88%。

表 1-1　中国 25 个省级行政区 1999 ~2010 年退耕还林工程及退耕地造林和宜林荒山荒地造林累积面积

（单位：hm^2）

省（自治区、直辖市）	1999 年	2000 年	2001 年	2002 年	2003 年	2004 年	2005 年	2006 年	2007 年	2008 年	2009 年	2010 年	合计
北京	0	0	0	15 383	15 796	13 117	825	0	0	0	0	0	45 121
天津	0	0	0	893	1 173	202	0	0	0	0	0	0	2 268
河北	0	9 933	10 838	291 835	464 133	315 804	207 366	75 468	51 859	28 782	21 168	24 769	1 501 954
山西	0	83 026	69 166	439 282	340 055	170 666	76 411	59 998	80 234	40 433	29 737	34 795	1 423 803
内蒙古	0	110 589	108 331	631 565	654 897	442 469	265 565	54 752	67 623	64 038	47 097	55 109	2 502 035
辽宁	0	0	13 400	117 697	174 744	118 810	100 453	48 630	46 459	31 495	23 163	27 103	701 954
吉林	0	7 600	16 289	113 397	129 426	37 259	17 583	20 754	8 150	10 044	6 390	7 092	373 984
黑龙江	0	10 726	7 769	118 571	243 461	125 809	65 737	0	59 805	46 998	34 565	40 445	753 885
安徽	0	0	0	266 667	161 724	29 462	17 026	0	16 557	17 968	13 215	15 463	538 081
江西	0	0	0	146 716	213 332	46 666	33 332	43 334	53 333	23 706	17 435	20 400	598 254
河南	0	30 000	30 000	160 003	253 337	186 674	100 233	46 668	0	53 155	39 093	45 743	944 906
湖北	0	18 510	34 291	219 024	280 456	120 435	123 044	46 667	46 667	53 467	39 323	46 012	1 027 895
湖南	0	4 911	27 493	66 732	392 472	322 356	125 166	124 502	46 352	47 025	34 772	40 453	1 232 234
广西	0	0	5 789	125 546	249 085	134 467	82 261	46 771	53 329	46 504	34 119	40 023	817 894
海南	0	0	0	11 744	69 199	26 668	16 651	12 330	5 993	11 321	8 326	9 742	171 974

续表

省（自治区、直辖市）	1999 年	2000 年	2001 年	2002 年	2003 年	2004 年	2005 年	2006 年	2007 年	2008 年	2009 年	2010 年	合计
重庆	0	38 000	60 416	154 787	331 886	107 168	100 668	20 003	60 000	0	0	0	872 928
四川	20 000	99 240	195 803	431 497	478 891	101 150	113 589	53 370	36 961	31 932	23 485	27 479	1 613 397
贵州	0	18 066	20 563	307 066	346 649	143 658	113 343	54 671	53 370	20 003	14 711	17 214	1 109 314
云南	0	31 746	31 717	187 765	336 565	111 190	85 417	9 027	43 843	61 969	45 575	53 328	998 142
西藏	0	0	0	0	13 333	667	4 471	10 000	10 000	10 000	7 355	8 606	64 431
陕西	267 934	123 168	102 343	498 353	562 405	421 506	62 454	78 377	90 050	47 469	34 911	40 850	2 329 820
甘肃	180 000	53 049	65 404	245 590	526 106	316 138	207 640	66 250	75 337	33 402	24 566	28 744	1 822 226
青海	0	4 826	32 256	80 410	88 160	43 707	38 177	0	21 923	15 509	11 406	13 346	349 721
宁夏	0	28 593	36 052	120 000	270 759	144 895	82 380	37 165	24 690	35 844	26 362	30 846	837 586
新疆	0	9 702	27 610	208 050	323 598	111 646	83 775	41 304	37 562	55 241	40 627	47 538	986 653

注：因保留有效数字不同，合计略有出入，下同

资料来源：历年《中国林业年鉴》

1.4 退耕还林工程的特点和主要政策措施

1.4.1 退耕还林工程的特点

退耕还林工程是我国政府加强生态环境建设的一项重要举措，不同于其他林业生态工程，退耕还林工程投资力度大，涉及国家、集体、个人等不同层次、不同群体的多方面利益，在短时期内生态效益与社会经济效益有着明显的矛盾和冲突。我国退耕还林工程和国外退耕还林比较具有如下特点。

（1）实施区基础差异较大：发达国家是在实现了现代化的基础上进行退耕还林，经济基础雄厚，农村人口比例低，城市化程度高，经济基础雄厚，人民对土地依赖性小。我国退耕还林实施区一般多为生态脆弱地区，劳动生产率低，经济基础薄弱，农村人口比例高，城市化程度低，人民对土地依赖性较大，退耕还林面临着改善生态环境和促进致富的双重压力。

（2）工程目的不同：发达国家退耕还林的主要目的是遏止农产品过剩、价格下跌、农场主利益受阻以及防止大面积的开垦或弃耕而造成的生态环境破坏。我国退耕还林工程主要是为了防止坡耕地开垦带来的严重水土流失和荒漠化，增强抗洪涝灾害能力，增加土壤蓄水能力，减弱温室效应，促进实施区生态环境建设和山区农民致富。

（3）实施政策与方式不同：发达国家主要对退耕地给予一定资金补助，部分弥补退耕所带来的经济损失，同时对退耕的农场主给予一定农产品价格补贴等优惠政策。我国则是国家向退耕农民无偿提供粮食，以及现金和种苗补助，并实行个体承包，减免农业税及给予适当补助等优惠政策。

1.4.2 退耕还林工程的现行政策措施

（1）国家无偿向退耕农户提供粮食、生活费补助。根据不同地区粮食和生活费补助实行不同标准，从 2004 年起，原则上将向退耕农民补助的粮食改为现金补助。具体补助标准和兑现办法，由各地政府根据当地实际情况确定。尚未承包到户和休耕的坡耕地退耕还林的，只享受种苗造林费补助。退耕还林者在享受资金和粮食补助期间，应当按照作业设计和合同的要求在宜林荒山荒地造林。

（2）国家向退耕农户提供种苗造林补助费。种苗造林补助费标准按退耕地和宜林荒山荒地造林每公顷 750 元计算。

（3）退耕还林必须坚持生态优先原则。退耕地还林营造的生态林面积以县为单位核算，不得低于退耕地还林面积的 80%。对超过规定比例多种的经济林只给种苗造林补助费，不补助粮食和生活费。

（4）国家保护退耕还林者享有退耕地上的林木（草）所有权。退耕还林后，由县级以上人民政府依照《中华人民共和国森林法》、《中华人民共和国草原法》的有关规定发放林（草）权属证书，确认所有权和使用权，并依法办理土地用途变更手续。

（5）退耕地还林后的承包经营权期限可以延长到 70 年。承包经营权到期后，土地承包经营权人可以依照有关法律、法规的规定继续承包。退耕还林地和荒山荒地造林后的承包经营权可以依法继承、转让。

（6）资金和粮食补助期满后，在不破坏整体生态功能的前提下，经有关主管部门批准，退耕还林者可以依法对其所有的林木进行采伐。

（7）退耕还林所需前期工作和科技支撑等费用，国家按照退耕还林基本建设投资的一定比例给予补助，由国务院发展计划部门根据工程情况在年度计划中安排。退耕还林地方所需检查验收、兑付等费用，由地方财政承担。中央有关部门所需核查等费用，由中央财政承担。

（8）国家对退耕还林实行省（自治区、直辖市）人民政府负责制。省（自治区、直辖市）人民政府应当组织有关部门采取措施，保证按期完成国家下达的退耕还林任务，并逐级落实目标责任，签订责任书，实现退耕还林目标。

1.5 退耕还林工程的建设成效

退耕还林是由我国政府主导的一次生态建设方式重大变革，从传统上改变了农民垦荒种粮的耕作习惯，实现了由毁林开垦向退耕还林的历史性转变，有效地调整了农村产业结构，转变了生产生活方式，改善了生态环境状况，促进了中西部地区“三农”（农业、农村和农民）和社会主义新农村建设问题的解决，工程实施十几年来取得了显著的成效（国家林业局经济发展研究中心和国家林业局发展规划与资金管理司，2004，2005，2006，2007，2008a，2008b，2009，2010，2012；李育材，2009；余新晓等，2010）。

（1）水土流失和土地沙化面积显著降低，生态环境得到明显改善。退耕还林工程的实施，加快了国土绿化进程，增加了林草植被，加强了人与自然关系，传统习惯的广种薄收得到改变，生态环境明显改善，水土流失和风沙危害不断减轻。

（2）传统农业生产方式得到改变，农村产业结构调整步伐大大加快。退耕以前，工程实施区农民以瘠薄的耕地为生，广种薄收，靠天吃饭，生产力低下，加之生态环境恶劣，人们的生活水平很难提高。实施退耕还林工程后，不仅改善了工程区的生存条件，增强了基层干部和广大农民的生态意识，而且促进了农民思想观念的转变，生产方式由粗放经营向精耕细作转变，土地利用和种植结构得到合理调整，生态林草、林果药、林竹纸、林草畜以及林经间作、种养结合、产业配套等多种因地制宜的开发治理模式得到推广，生态产业和循环经济进一步大力发展，促进了农业产业结构的调整，可以说退耕还林工程给我国农村带来了一场深刻的变革，对我国经济、社会的影响十分深远。

（3）保障农业产业结构优化，提高了综合农业生产能力。退耕还林后，由于生态状况的改善、生产要素的转移和集中，农业生产方式由粗放经营向集约经营转变，工程区农业综合生产能力得到保障和提高。同时，退耕还林工程调整了土地利用结构，把不适宜种植粮食的耕地重新建成林地或者草地，从而保证了农林牧各产业的协调发展，工程区内水果、木本粮油等林木资源结构构成得到提高。另外，退耕还林有利于牧草资源的发展，畜牧业比例得到提高，不但增加了食物的有效供给，而且优化和调整了人们的食物结构。

（4）促进剩余劳动力转移，农民收入大幅度提高。首先，国家粮款补助直接增加了农民收入，特别是西部地区、高寒地区、少数民族地区和欠发达地区。其次，退耕还林的直接收益成为农民增收的重要方式，在自然条件较好的地方，许多退耕还林后建成的林竹、林果、林茶、畜牧等生态经济产业，已经取得了较大的经济效益，显著增加了农民的经济收入。再次，促进农村剩余劳动力向非农产业和多种经营转移，减弱了农民对土地利用的依赖性，增加了非农收入的比例。最后，退耕还林工程使贫困农户稳定脱贫，降低了因灾返贫的可能性，促进了社会主义新农村建设。

（5）促进了人们思想意识的根本转变，建设社会主义市场经济下农村经济得到认可和发展。退耕还林工程的实施，极大地增强了民众的生态意识，越来越多的人认识到生态恶劣是其贫困的根源，生态环境的改善是发展和进步的前提。此外，通过退耕还林工程的实施，各级政府加强了农田水利、农村能源、生态移民、舍饲圈养等配套措施建设，引导与鼓励退耕农户发展生态经济型后续产业和剩余劳动力转移，进一步开阔了眼界，解放了思想，逐渐走出了“越垦越穷、越穷越垦”的恶性循环，农民生活条件明显改善，思想意识和发展观念发生了根本性的变化。

1.6 退耕还林工程的生态效益和存在的问题

1.6.1 退耕还林工程的生态效益

退耕还林工程是基于保护和改善生态环境及缓解西部严重水土流失的角度，对水土流失严重的荒山、坡地和容易被沙漠化的耕地进行改造，实现工程区人与自然和谐发展。通过十来年的工程实施，区内水土流失及土地荒漠化、石漠化、沙漠化等严重的生态问题得到很好改善，在退耕还林、涵养水源、保持水土、保护生态多样性等方面取得了巨大的生态效益（国家林业局，2015；国家林业局经济发展研究中心和国家林业局发展规划与资金管理司，2004，2005，2006，2007，2008a，2008b，2009，2010，2012；李育材，2009；余新晓等，2010）。

（1）退耕还林工程显著减少了水土流失。在减少水土流失方面，由于工程实施区主要在水土流失严重的地区，通过退耕还林，增加了植被和地表覆盖度，促进了土壤结构的形成，减弱了地表水的冲刷力度，有效降低了实施区的水土流失强度。仅长江、黄河流域中上游退耕还林工程营造林涵养水源量就达到 259.0 亿 m^3/a，固土物质量 3.89 亿 t/a，分别可以抵消长江流域和黄河流域土壤年侵蚀量的 47.21% 和 33.16%。

（2）增加植被生物量，净化了大气。退耕还林工程实施后，不同层次地表植被显著增加，促进了对污染物的吸附，增加了有害气体的有效吸附能力，降低了噪声，提高了 CO_2 和 O_2 的交换作用，实施区内生态环境的空气质量显著改善。长江、黄河流域中上游退耕还林工程营造林提供负离子总物质量达 5715.9×10^{22} 个/a，吸附污染物 214.7 万 t/a，滞尘 2.82 亿 t/a，其中吸滞 TSP 2.26 亿 t/a，吸滞 $PM_{2.5}$ 1128.0 万 t/a。

（3）促进了植被恢复，提高了生物多样性。退耕还林工程实施后，地表植被由实施前的较为单一的植被类型向复杂的多层次植被类型转变，植被得到恢复，生态环境显著好转，给野生动物提供了良好的生活环境，生物多样性显著提高。

(4) 增加了土壤肥力，提高了土壤保育能力。退耕还林工程实施后，植被得到很好恢复，树冠层和枯枝落叶层显著增加，截留了大气降水，减少或避免了雨滴对土壤表层的直接冲击，同时强大的地下根系层促进了土壤结构的形成，降低了地表径流对土壤的冲蚀，水土流失减弱，有机质含量增加。另外，由于生态环境的改善，提高了生物多样性，促进了土体内部的物质能量循环，土壤肥力和保育能力显著提高。长江、黄河流域中上游退耕还林每年减少土壤氮、磷、钾损失量分别达到82.66万t、29.46万t和461.99万t，相当于我国年使用氮、磷、钾肥量的3.45%、3.55%和73.64%。

(5) 提高了森林防护功能，降低了风沙侵蚀。退耕后，植被得到恢复，固定了土壤，改善了土壤结构，降低了土壤的裸露程度。同时增多的地上植物部分增加了地表粗糙程度，降低了风速，阻截了风沙，减少了风蚀导致的土壤流失和风沙危害。长江、黄河流域中上游退耕还林工程防风固沙物质量达1.35亿t/a。

(6) 改善了固碳释氧功能，提高了生态系统碳汇能力。退耕还林工程固定和减少了大气中的CO_2，增加了O_2，促进了大气中的气体平衡。同时随着植被生物量的增加，所累积的营养物质进一步增加了实施区的生态系统碳汇能力，从而减缓人类活动所致的温室效应。仅长江、黄河流域中上游退耕还林工程每年累积固碳就达到2936.70万t，充分说明退耕还林具有巨大的碳汇能力。

1.6.2 存在问题

当前，全球气候变化是国际社会关注的热点之一，针对气候变化的国际谈判成为各国政府之间、发展中国家与发达国家之间的政治博弈，谈判结果直接关系到国家发展和国家安全。近年来，我国温室气体排放速率持续上升，面临着巨大的减排和增汇压力。《国家中长期科学和技术发展规划纲要》中将生物固碳及固碳工程技术确立为环境领域全球环境变化监测与对策优先主题以及经济社会发展的一项重要基础工程。

碳循环是目前国际研究热点，在全球碳库碳储量估算，陆-气碳交换，“失踪碳汇”，耕作制度与土壤固碳关系，陆地生态系统碳汇/源时空格局形成与调控机制，陆地生态系统碳循环的生物过程对气候变化的响应和适应机制等方面取得了重要研究进展。其中减少温室气体排放和增加陆地生态系统碳汇是人类应对全球变化的积极举措，增加植被覆盖率是人类积极应对温室效应的最佳选择和未来策略。但是，目前对全球碳收支的估算还存在极大的不确定性，关于全球CO_2汇的位置、大小、变化和机制仍存有很大争议；土地利用/土地覆被变化对碳循环的影响仍然是碳循环过程中不确定性较大的部分；人类对生态系统碳循环的调控手段和调控能力、生态系统管理措施对碳汇功能的影响及增汇成本等仍需展开深入研究。

我国从 1999 年开始进行了规模宏大的退耕还林工程建设，该工程的目的是恢复植被、减少水土流失、改善生态环境。目前针对该工程的生态效益研究很多，但研究多以工程的水土保持功能为核心，对碳汇功能的关注相对较少。此外，由于工程的特征和研究方法的差异，对碳汇功能的研究多集中在小尺度不同退耕模式的碳汇效应及机制方面，而对国家尺度和区域尺度的研究尚不多见。研究退耕还林工程对陆地生态系统碳循环和碳储量的影响及作用机制，探索该工程的固碳效应及潜力，可为国家定量评估与认证退耕还林工程对碳循环的影响提供科学方法和案例。通过研究该工程对陆地生态系统碳循环和碳固存的时空影响、土壤碳库及大气 CO_2 的源汇效应，揭示该工程对生态系统碳循环和碳固存的近期影响与长期效应，提出适宜不同立地条件的工程最大固碳增汇潜力技术体系，可为最大程度地发挥工程的固碳增汇潜力和增加我国在国际气候变化谈判中的话语权提供科学依据，也可为国家科学评估该工程的生态效益、制定区域可持续发展战略提供依据。

参考文献

国家林业局 . 2001. 中国林业年鉴 2001. 北京：中国林业出版社 .
国家林业局 . 2002. 中国林业年鉴 2002. 北京：中国林业出版社 .
国家林业局 . 2003. 中国林业年鉴 2003. 北京：中国林业出版社 .
国家林业局 . 2004. 中国林业年鉴 2004. 北京：中国林业出版社 .
国家林业局 . 2005a. 中国林业年鉴 2005. 北京：中国林业出版社 .
国家林业局 . 2005b. 中国荒漠化和沙化状况公报 . http://www. scio. gov. cn/ztk/xwfb/18/10/Document/838881/838881. htm[2022-10-17].
国家林业局 . 2006. 中国林业年鉴 2006. 北京：中国林业出版社 .
国家林业局 . 2007. 中国林业年鉴 2007. 北京：中国林业出版社 .
国家林业局 . 2008. 中国林业年鉴 2008. 北京：中国林业出版社 .
国家林业局 . 2009. 中国林业年鉴 2009. 北京：中国林业出版社 .
国家林业局 . 2011. 中国林业年鉴 2010. 北京：中国林业出版社 .
国家林业局 . 2012. 中国林业年鉴 2011. 北京：中国林业出版社 .
国家林业局 . 2015. 2014 退耕还林工程生态效益监测国家报告 . 北京：中国林业出版社 .

国家林业局经济发展研究中心，国家林业局发展规划与资金管理司．2004. 国家林业重点工程社会经济效益监测报告 2003. 北京：中国林业出版社．

国家林业局经济发展研究中心，国家林业局发展规划与资金管理司．2005. 国家林业重点工程社会经济效益监测报告 2004. 北京：中国林业出版社．

国家林业局经济发展研究中心，国家林业局发展规划与资金管理司．2006. 国家林业重点工程社会经济效益监测报告 2005. 北京：中国林业出版社．

国家林业局经济发展研究中心，国家林业局发展规划与资金管理司．2007. 国家林业重点工程社会经济效益监测报告 2006. 北京：中国林业出版社．

国家林业局经济发展研究中心，国家林业局发展规划与资金管理司．2008a. 国家林业重点工程社会经济效益监测报告 2007. 北京：中国林业出版社．

国家林业局经济发展研究中心，国家林业局发展规划与资金管理司．2008b. 国家林业重点工程社会经济效益监测报告 2008. 北京：中国林业出版社．

国家林业局经济发展研究中心，国家林业局发展规划与资金管理司．2009. 国家林业重点工程社会经济效益监测报告 2009. 北京：中国林业出版社．

国家林业局经济发展研究中心，国家林业局发展规划与资金管理司．2010. 国家林业重点工程社会经济效益监测报告 2010. 北京：中国林业出版社．

国家林业局经济发展研究中心，国家林业局发展规划与资金管理司．2012. 国家林业重点工程社会经济效益监测报告 2011. 北京：中国林业出版社．

李育材．2009. 退耕还林工程：中国生态建设的伟大实践．北京：蓝天出版社．

余新晓，谷建才，岳永杰，等．2010. 林业生态工程效益评价．北京：科学出版社．

中华人民共和国水利部．2004. 2003 全国水土保持监测公报．http://slqjd.mwr.gov.cn/pdfview/2020-03-14/104.html[2022-10-17].

第2章 典型退耕树种固碳特征与影响因子

2.1 降水梯度下刺槐林生物量及其分配格局

由于在气候变化与可持续森林碳汇管理中的重要作用，长期以来森林生物量及其分配是生态学的热点研究问题（Bellassen and Luyssaert，2014；Bright et al.，2014）。森林生物量也是陆地生态系统物质转化与能量流动的重要组成，对研究森林生产力、生物质能源、森林生态过程与格局起着关键作用（Hui et al.，2014；Luo et al.，2012；Mokany et al.，2006）。近年来，由于科学家的关注以及国家政策的需求，森林生物量与分配的研究在全球森林研究中变得更加重要（Houghton et al.，2001）。根冠比（root：shoot ratio）是森林生物量分配的主要指标。同时，根冠比也被广泛地用于评价植物在限制性环境生长时对光合作用产物的不同分配格局（Mokany et al.，2006；Yang and Luo，2011）。尽管影响森林根冠比的因素众多，但多数研究认为限制性环境通常导致森林将更多的物质向根部运输来加强根系的生长，从而有利于根系更好地吸收水分与养分以及更好的物理支撑（Ericsson et al.，1996；Wang et al.，2008）。Mokany等（2006）对全球陆地植被根冠比的研究表明植被的根冠比与降水量、温度、林分高度以及林龄呈负相关。Wang等（2008）也报道了森林根冠比与林分平均胸径以及最大树高呈负相关。另外，森林起源也是控制森林生物量向地上与地下分配的重要因素（Wang et al.，2014）。

准确地估算森林生物量是研究森林生态系统结构与功能的基础，也是森林健康评价与经营管理的重要指标。目前，基于WBE模型与经验数据的异速生长模型能较精确地估算森林生物量，在世界范围内得到广泛利用。研究表明，不同树种的异速生长指数通常不同。而且，同一树种在不同的生长环境下异速生长指数也不一致。营林措施与个体尺寸也会影响异速生长指数。所以，为了准确地研究刺槐林生态系统碳循环特征，有必要系统地构建不同降水区域刺槐的异速生长模型。在此基础上，研究胸径、林龄和降水量对刺槐林生物量积累与分配的影响。

2.1.1 研究区概况与研究方法

陕西黄土高原属典型的温带大陆性季风气候，由东南向西北逐渐由半湿润区、半干旱区变为干旱区。其地带性植被类型则分别为森林区、森林草原区与典型草原区。该区域地带性土壤类型主要为褐土、黄绵土、黑垆土、栗钙土、灰钙土等。人工刺槐林在陕西黄土高原上广泛分布。北部典型草原区主要分布在绥德、神木等县。森林草原区则主要分布在安塞。南部森林区以淳化、永寿、宜川与长武等县为主。其中，该区域最北部的神木市，由于刺槐林数量稀少，且受到人为破坏，未将其选为取样地点。本研究沿多年平均降水量增加趋势，从北向南选取了绥德县、安塞县与永寿县为研究区域。上述 3 个研究区域多年平均降水量分别为 449. 9mm、505. 1mm 与 606. 1mm（下文分别描述为 450mm、500mm 与 600mm 的区域）。取样地点的基本信息见表 2-1。

表 2-1　研究区域基本概况

区域	经纬度	MAP/mm	MAT/℃	AFP/d	TYS/h	MAE/mm
绥德县	37°16′N ~ 37°45′N 110°4′E ~ 110°41′E	449. 9	9. 7	152	2632	2159
安塞县	36°30′N ~ 37°19′N 108°5′E ~ 109°26′E	504. 0	8. 9	157	2415	1463
永寿县	34°29′N ~ 34°58′N 107°56′E ~ 108°21′E	606. 1	10. 8	210	2166	1109

注：MAP 为多年平均降水量；MAT 为多年平均温度；AFP 为多年平均无霜日；TYS 为全年日照数；MAE 为多年平均蒸发量

绥德县位于陕西省北部榆林市境内，属黄土高原丘陵沟壑区。该区域属于温带半干旱气候，湿润年份平均降水量为 747. 5mm，干旱年份则为 255. 1mm。绥德县最热月为 7 月，月平均温度 24℃。最冷月为 1 月，月平均温度为-7. 5℃。冬季最低温度为-27. 5℃，夏季最高温度则为 38. 4℃。绥德属于草原区，土壤类型以黄绵土为主。森林以人工林为主，包括刺槐、油松（*Pinus tabulaeformis*）等。县内分布有大量的灌木林，包括柠条（*Caragana microphylla*）、酸枣（*Zizyphus jujube*）等。人工刺槐林林下物种主要包括铁杆蒿（*Artemisia gmelinii*）、茭蒿（*Artemisia giraldii*）、阿尔泰狗娃花（*Heteropappus altaicus*）、兴安胡枝子（*Lespedeza daurica*）、冰草（*Agropyron cristatum*）、本氏针茅（*Stipa bungeana*）、北京隐子草（*Cleistogenes hancei*）与硬质早熟禾（*Poa sphondylodes*）等。

安塞县位于陕西省北部，延安市正北方向，地理位置处于西北黄土高原腹地。安塞县属典型的黄土高原丘陵沟壑区。该区域属于温带半干旱气候，湿润年份平均降水量为 700mm，干旱年份则为 300mm。此外，其冬季最低温度为 -24℃，夏季最高温度为 37℃。该区域降水主要集中在 7 ~ 9 月，大约占全年的 61%，且多为暴雨的形式。安塞县为暖温带森林草原过渡带。大部分土壤为黄绵土，广泛分布在黄土丘陵区。由于该类型土壤在黄土母质上发育，且处于幼年阶段，土壤发育不明显，抗侵蚀能力较差。该区域森林主要以人工刺槐、油松、侧柏（*Platycladus orientalis*）和小叶杨（*Populus simonii*）为主。此外，安塞县内还分布有大量的人工灌丛，主要以柠条和沙棘（*Hippophae rhamnoides*）为主。该区域优势草本植被主要以白羊草（*Bothriochloa ischaemum*）与铁杆蒿为主。人工刺槐林林下物种主要以铁杆蒿、茭蒿、长芒草（*Stipa bungeana*）、兴安胡枝子、糙隐子草（*Cleistogenes squarrosa*）、白羊草等为主。

永寿县处于渭北黄土高原中部偏西，为典型暖温带半湿润气候。其湿润年份平均降水量为 857. 3mm，干旱年份则为 298. 9mm。冬季最低温度为 -18. 8℃，夏季最高温度则为 38. 9℃。陕西黄土高原降水非常集中，通常分布在 7 ~ 9 月，并且多为暴雨形式。永寿县内地貌复杂，地形从南向北逐渐增高。主要以低山沟壑区、残塬沟壑区与丘陵沟壑区为主。该区域森林主要以人工刺槐林与油松林为主。另外，区域内还残留白桦（*Betula platyphylla*）、刺柏（*Juniperus formosana* Hayata）与山杨（*Populus davidiana* Dode.）等少量的天然次生林。此外，区域内还分布有大量的沙棘、绣线菊（*Spiraea wilsonii*）、黄蔷薇（*Rosa hugonis*）与忍冬（*Lonicera japonica*）等灌木林。林下物种多为白草（*Pennisetum flaccidum*）与蒿类等优势草本植物。其他草本植物有阿尔泰狗娃花、茜草（*Rubia cordifolia*）、拂子茅（*Calamagrostis epigejos*）、赖草（*Leymus secalinus*）与披针薹草（*Carex lanceolata*）等。永寿县主要以黄绵土、黑垆土为主。土壤呈中性，微碱性，且腐殖质层较厚。

样木采集时间从 2011 年 7 月至 2013 年 10 月，共完成了 206 个刺槐样木解析，胸径范围为 1. 0 ~ 24. 0 cm。每个区域的采样数量分别为（按采样时间排列）：安塞（2011. 7 ~ 2011. 9，55 株）、永寿（2012. 7 ~ 2012. 9，51 株）与绥德县（2013. 8 ~ 2013. 9，49 株）。此外，为了构建刺槐幼龄林生物量估算模型，本研究在永寿县另采集了51个幼龄刺槐样木，其胸径范围为2.0～5.9 cm。在不同林龄的林分内，选择干型完整、树干通直、无病虫害的样木。伐倒时，控制乔木倒下的方向，尽量避免与周围的树木碰撞。伐倒后，测定树干的长度，并按照长度分为上、中、下三部分收集枝叶，分别称重、取样。收集并测量乔木倒下时产生的碎枝碎叶的鲜重。按照2m一段将树干分别称重，并在树干的1/4、2/4、3/4处截取圆盘。测定圆盘带皮直径与去皮直径以及带皮鲜重与去皮鲜重。

采用全挖法收获乔木的地下部分。黄土高原刺槐的根系收获比较困难，树根较深，而且多生长在坡度较大的地方。通过人工挖掘收获根后，将其分为木桩、粗根（根径大于5mm）与细根（根径小于5mm），分别称重并取样。收集在挖掘过程中从树根分离的乔木细根。仔细分辨浅层土壤中乔木与其他灌木、草本的根系。为了避免与其他乔木根系的混淆，我们在林分选择伐倒木时尽量选择较稀疏处的样本。分别获取不同组分刺槐样品约0.5kg，封袋保存，带回实验室测定刺槐不同组分样品的干重与碳浓度。

本研究通过林场资料、本地人问询与样木的年轮确定森林林龄。绥德县林龄序列为6年、11年、18年、29年与37年。安塞县为5年、9年、20年、30年、38年与56年。永寿县为5年、10年、20年、30年、44年与55年。每个林龄均有3个重复样方，且重复样方之间直线距离不少于100m。为了减少森林边缘效应带来的误差，本实验中各重复样方距离森林边缘均大于2m。为了减少地形因子对刺槐林生态系统碳储量的影响，样方的海拔、坡度、方位与坡位尽量保持一致（表2-2）。绥德县与安塞县的样方取样面积为20m×30m，永寿县则为20m×50m。

表2-2　不同区域野外调查样方的详细信息

地点	林龄/a	海拔/m	坡度/(°)	坡向	坡位
绥德县	6	1148～1182	20～25	阳坡 SW	上坡 Upper
	11	1251～1277	24～28	阳坡 SW	上坡 Upper
	18	1244～1278	21～26	半阳坡 SSW	上坡 Upper
	29	1222～1294	21～24	阳坡 SW	中坡 Middle
	37	1169～1235	19～23	半阳坡 SSW	上坡 Upper

续表

地点	林龄/a	海拔/m	坡度/(°)	坡向	坡位
安塞县	5	1260 ~ 1287	22 ~ 30	阳坡 SW	上坡 Upper
	10	1161 ~ 1228	27 ~ 33	阳坡 SW	上坡 Upper
	20	1236 ~ 1259	17 ~ 25	半阳坡 SSW	中坡 Middle
	30	1208 ~ 1244	22 ~ 25	半阳坡 SSW	上坡 Upper
	38	1185 ~ 1227	18 ~ 22	阳坡 SW	上坡 Upper
	56	1170 ~ 1175	21 ~ 24	半阳坡 SSW	中坡 Middle
永寿	5	1230 ~ 1257	15 ~ 21	半阳坡 SSW	上坡 Upper
	10	1185 ~ 1240	20 ~ 23	阳坡 SW	中坡 Middle
	20	1208 ~ 1256	17 ~ 22	半阳坡 SSW	上坡 Upper
	30	1140 ~ 1195	14 ~ 19	阳坡 SW	中坡 Middle
	44	1213 ~ 1257	21 ~ 24	半阳坡 SSW	上坡 Upper
	55	1190 ~ 1234	18 ~ 23	半阳坡 SSW	上坡 Upper

注：SW（southward）为阳坡；SSW（semi-southward）为半阳坡

森林生态系统碳库及其调查方法已经发展得比较完善，众多的研究从碳储量、碳通量等角度计算了森林碳汇动态（Clark et al.，2001；Goulden et al.，2011；Usuga et al.，2010；Wang et al.，2011a）。植被碳库的野外实地调查一般采用样方法。乔木的生物量采用异速生长模型估算，灌木与草本采取全部收获法。灌木与草本的根系生物量主要通过建立优势种的地上与地下经验关系来估测。

乔木样方面积为 20m×30m（永寿县为 20m×50m）。在每个样方内，测量全部的刺槐乔木胸径，并记录。利用异速生长方程估算刺槐个体不同组分的生物量（见 2.1.2 节）。乔木碳储量则为样方内不同组分碳储量之和，计算公式为：

$$C_{\text{trees}} = \sum M_{\text{component}} \times C_{\text{content}} \tag{2-1}$$

式中，C_{trees} 为乔木碳储量（kg）；$M_{\text{component}}$ 为乔木不同组分生物量（kg），包括叶、枝、干、根；C_{content} 为不同组分含碳率（%）。

在每个森林样方内随机设置 3 个 2m×2m 的灌木样方。记录主要植物种类及其盖度，分种类收获灌木地上部分，并挖掘其完整根系。灌木不同组分（叶、枝、根）的样品鲜重约为 0.5kg。将样品保存，并带回实验室在 65℃ 恒温下烘干 48h，测定样品含水率。随机设置 3 个 1m×1m 的草本样方。记录所有种类与盖度，分种类收获其地上部分。为了估算草本地下生物量，在样方外挖掘优势草本（不少于 3 种）的根系部分，计算地上/地下生物量的比例。最后，估算草本样方的全部地上部分与地下部分生物量。少量偶见种其地上/地下生物量比例按照样方内优势草本比例的平均值计算。草本地上/地下取样鲜重约为0.5kg。将样品保存，并带回实验室在65℃烘干处理48h，测量其含水率。随机设置3个1m×1m样方调查地表枯落物。收集样方内全部的地表枯落物，并测定鲜重。每个小样方内收集约0.5kg样品，保存并带回实验室在65℃烘干处理48h，测定枯落物含水率。

采用剖面法与土钻法调查森林土壤有机碳储量。前者主要用于测定土壤容重，后者主要用于测定土壤有机碳含量。土壤剖面深度为1m。沿剖面在0～10 cm、10～20 cm、20～30 cm、30～50 cm与50～100 cm用环刀分层取样，每层2个样，混合带回实验室测定土壤容重。采用内径为5 cm的土钻按照剖面的分层方法取样，将同一深度的土样混合（每层土壤共5次重复），带回实验室测定。取样尽量保持小土体的完整性，及时进行风干处理。每一个混合样中获取约0.5 kg样品带回实验室。土样在55℃温度箱中烘干72 h后通过一个2 mm筛子。测定每个土层土壤有机碳含量。

土壤有机碳储量计算公式为：

$$\mathrm{SOC} = \sum_{i=1}^{n} \mathrm{depth}_i \times \mathrm{CC} \times \mathrm{BD} \tag{2-2}$$

式中，SOC（soil organic carbon stock）为0～100 cm土壤有机碳储量（$\mathrm{Mg/hm^2}$）；CC（carbon content）为每一土层土壤有机碳含量（g/kg）；BD（bulk density）为每一土层土壤容重（$\mathrm{g/cm^3}$）；depth为取样土壤层深度（cm）；i为土壤层次，分别为0～10 cm、10～20 cm、20～30 cm、30～50 cm与50～100 cm。

植物样品碳含量的测定参照中国生态系统研究网络（CERN）长期观测规范丛书《陆地生态系统生物观测规范》以及中华人民共和国国家标准规定的办法。植物全碳测定用湿烧法重铬酸钾–硫酸氧化法。本次研究共获取了刺槐样品445个，包括叶113个、枝109个、干122个、树皮27个、粗根44个与细根30个。灌木与草本样品数量分别为225个与246个。利用刺槐各组分的平均碳含量估算刺槐乔木生物量碳。利用灌木与草本碳含量将其生物量转化为生物量碳。土壤有机碳含量采用重铬酸钾氧化–分光光度法。本次研究共获取了510个土壤样品。利用不同土层土壤有机碳含量与土壤容重计算森林土壤有机碳储量。

本研究中的生物量与碳储量数据均以平均值±标准差形式表示。采用回归分析拟合根冠比与胸径以及林龄的关系。利用判定系数（coefficient of determination，R^2）与概率水平（level of probability，p）评价曲线的拟合优度。利用最小显著差异法（least significant difference，LSD）检验不同降水量区域森林生物量与根冠比差异显著性。显著性水平为 $p \leqslant 0.05$。分析软件为 SPSS 13.0（SPSS Inc.，Chicago，Illinois，USA，2004）。

2.1.2 异速生长模型

在利用刺槐的胸径估算个体生物量时，本地模型均解释了超过 95% 的变异，优于一般模型（92%）（图 2-1）。本结果表明相比于一般模型，本地模型提高了模型的拟合度。幼龄林全株异速生长模型 R^2（0.816）均小于本地模型与一般模型（图 2-2）。本结果显示，相比于大胸径个体刺槐小胸径个体受环境影响具有更大的变异性。不同区域本地模型的系数与指数均不相同，表明不同区域刺槐个体胸径与生物量之间的异速生长关系存在较大差异。

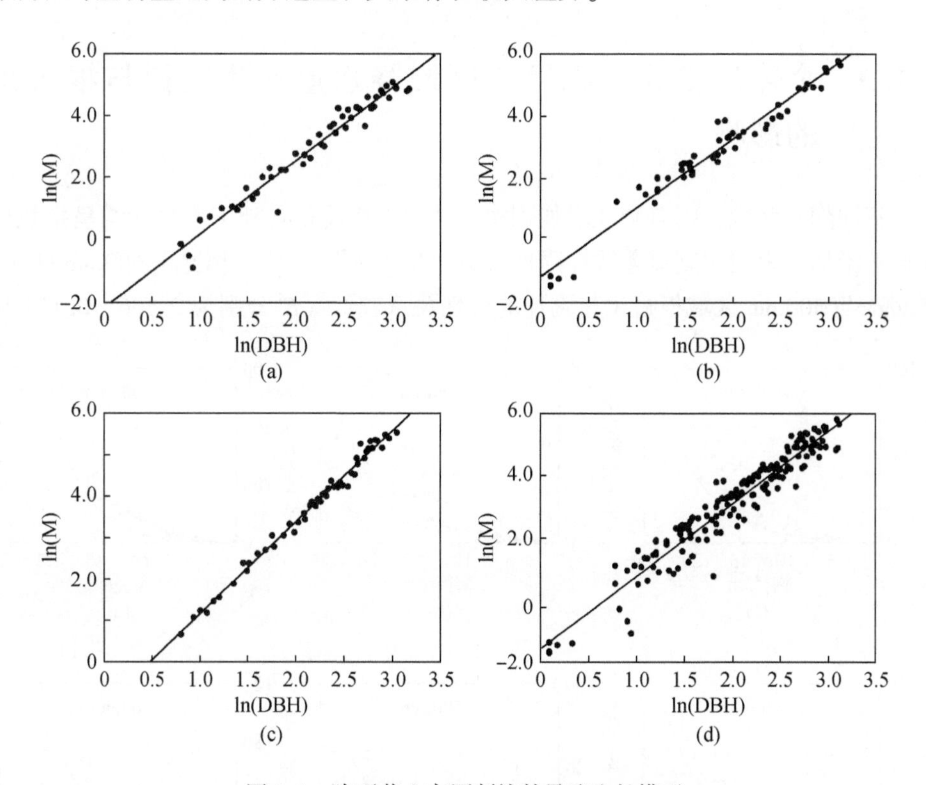

图 2-1 陕西黄土高原刺槐林异速生长模型

(a)450mm，$\ln y = -2.274 + 2.423\ln x$（$R^2 = 0.954$，$p < 0.000$，$n = 49$）；(b)500mm，$\ln y = -1.131 + 2.184\ln x$（$R^2 = 0.958$，$p < 0.000$，$n = 55$）；(c)600mm，$\ln y = -0.998 + 2.213\ln x$（$R^2 = 0.989$，$p < 0.000$，$n = 51$）；(d)一般模型(general model)，$\ln y = -1.337 + 2.219\ln x$（$R^2 = 0.920$，$p < 0.000$，$n = 155$）；$y$ 为个体全株生物量(M，kg)，x 为胸径(DBH，cm)，n 为构建模型时的取样数量

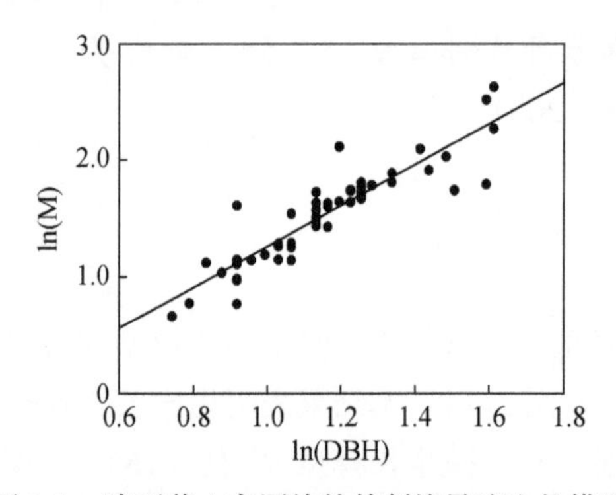

图 2-2　陕西黄土高原幼龄林刺槐异速生长模型

幼龄林（young forests），$\ln y=-0.497+1.762\ln x$（$R^2=0.816$，$p<0.000$，$n=51$）；
y 为个体全株生物量（kg），x 为胸径（cm），n 为构建模型时的取样数量

2.1.3　个体尺度乔木胸径与区域降水量对生物量与根冠比的影响

不同降水区域，随着胸径增加刺槐个体地上生物量与地下生物量均呈指数形式显著增加，根冠比则显著线性降低（$p<0.05$）（图 2-3）。相比于 600mm 区域，450mm 与 500mm 区域根冠比与胸径的线性关系较低（R^2分别为 0.506、0.114 与

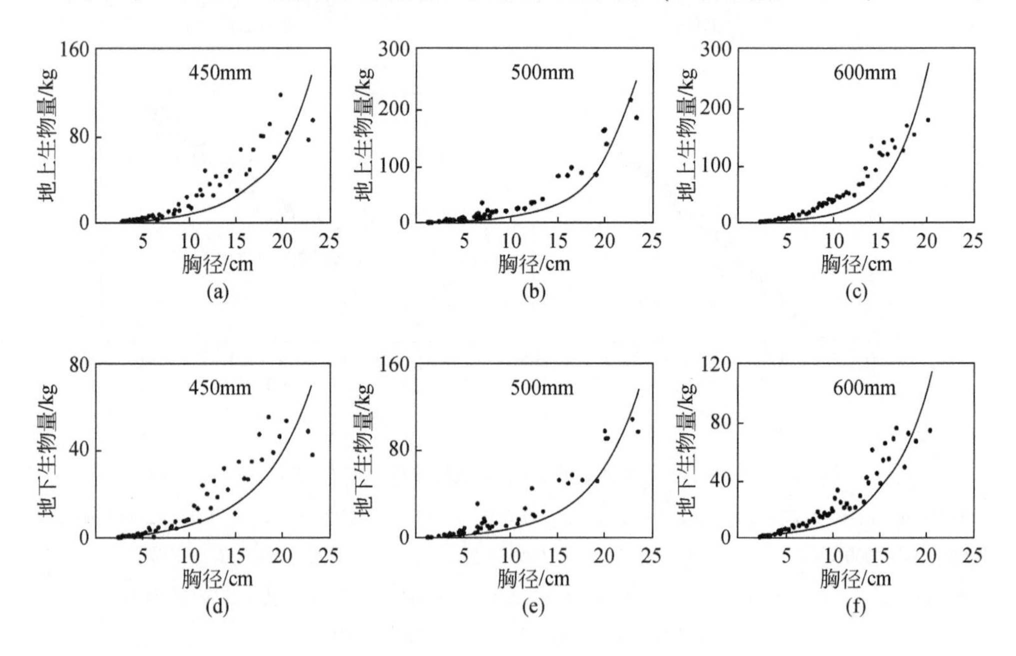

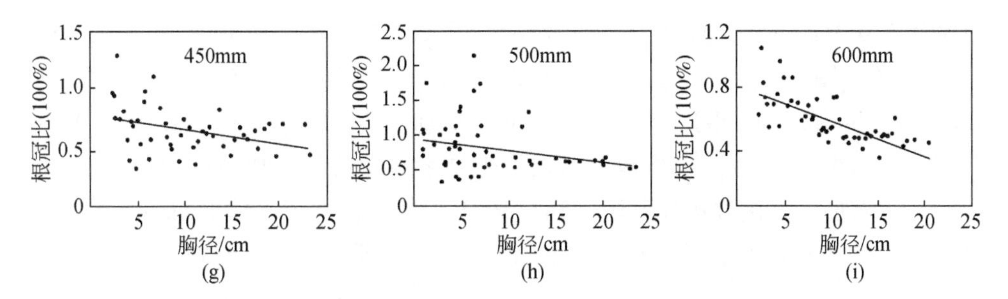

图 2-3　刺槐个体地上生物量、地下生物量与根冠比随胸径变化规律

指数模型（exponential growth equation）被用于拟合地上/地下生物量与胸径的非线性关系，模型的判定系数与 p 值分别为：(a) $R^2=0.752$，$p<0.001$；(b) $R^2=0.858$，$p<0.001$；(c) $R^2=0.669$，$p<0.001$；(d) $R^2=0.634$，$p<0.001$；(e) $R^2=0.801$，$p<0.001$；(f) $R^2=0.669$，$p<0.001$。个体根冠比与胸径符合线性模型，分别为：(g) $y=0.711-0.011x$ ($R^2=0.114$，$p=0.018$)；(h) $y=0.953-0.017x$ ($R^2=0.077$，$p=0.041$)；(i) $y=0.805-0.023x$ ($R^2=0.506$，$p<0.001$)；其中 y 为根冠比，x 为胸径 (cm)

0.077，图 2-3)。个体尺度刺槐平均根冠比在 500mm 区域最大 (0.809，$p<0.000$)，其他两个区域则无显著性差异 (0.576 与 0.601，$p=0.634$)（图 2-4)。

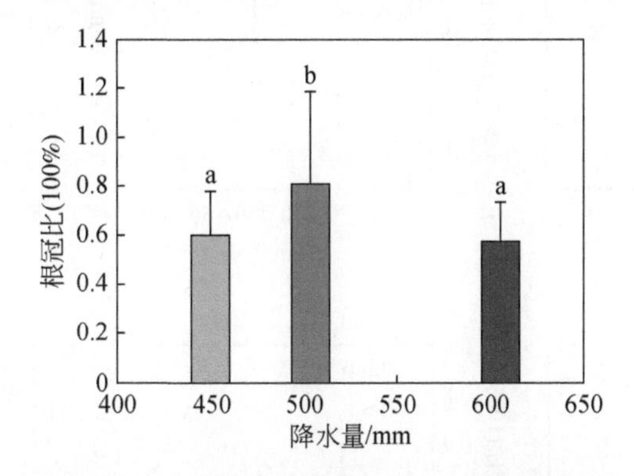

图 2-4　不同降水量区域刺槐个体平均根冠比

误差线为标准差；小写字母表示差异显著性检验结果，$p=0.05$

2.1.4　林分尺度下森林生物量与根冠比随林龄与降水量变化规律

在年降水量 450mm 与 600mm 区域，随着林龄增加森林地上与地下生物量均显著线性增加 ($p<0.05$)（图 2-5)。其中，450mm 区域森林地上与地下生物量

分别从 3.0 Mg/hm² 增加至 28.8 Mg/hm²、从 2.1 Mg/hm² 增加到 14.4 Mg/hm² [6～37 年，图 2-5（a）与（d）]；600mm 区域则分别从 22.5 Mg/hm² 增加至 156.5 Mg/hm²(5～55 年)、从 14.2 Mg/hm² 增加至 70.8 Mg/hm²[图 2-5（c）与（f）]。在 500mm 区域，森林地上与地下生物量在幼龄林至成熟林阶段（5～28 年）持续增加。但在过熟林阶段（38～56 年）却急剧下降，地上与地下生物量分别从 57.2 Mg/hm² 降低至 38.5 Mg/hm²、从 36.6 降低至 23.9 Mg/hm²[图 2-5（b）与（e）]。

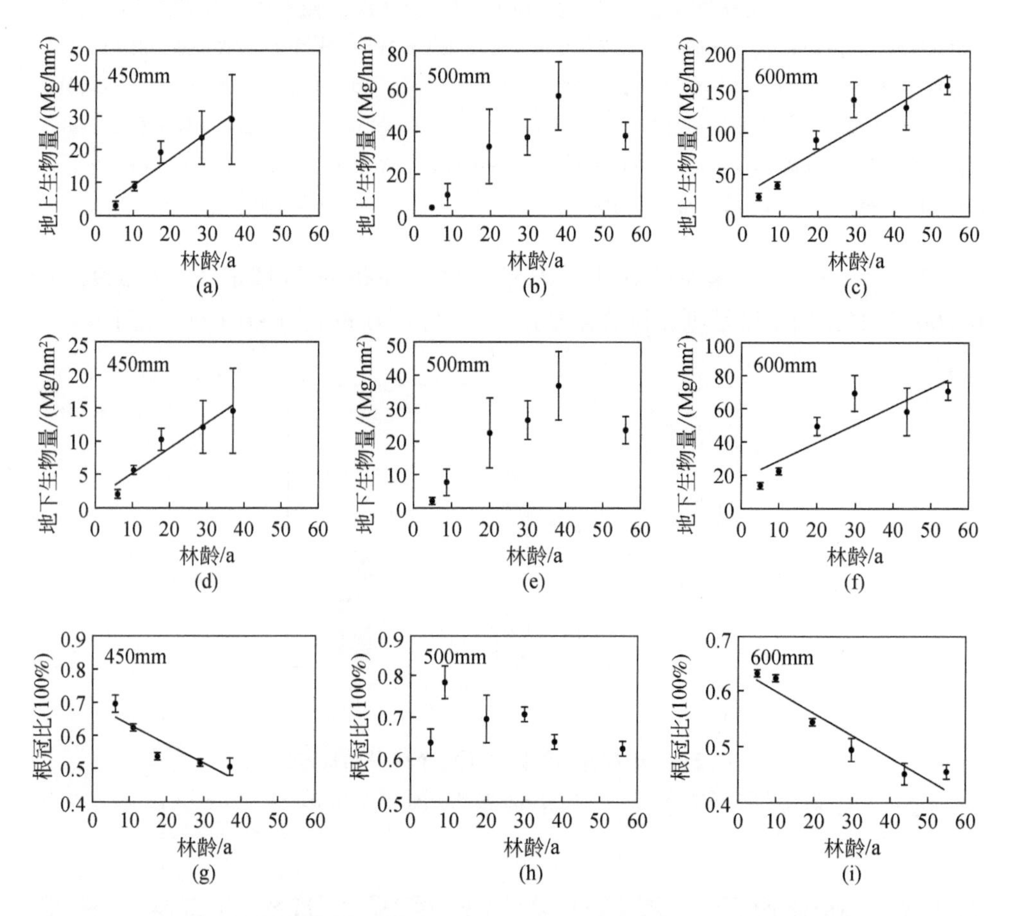

图 2-5　森林地上生物量、地下生物量与根冠比随林龄变化规律

(a) $y=0.432+0.804x$ ($R^2=0.946$, $p=0.005$)；(c) $y=23.288+2.667x$ ($R^2=0.857$, $p=0.008$)；(d) $y=1.280+0.378x$ ($R^2=0.946$, $p=0.009$)；(f) $y=18.036+1.079x$ ($R^2=0.771$, $p=0.022$)；(g) $y=0.693-0.006x$ ($R^2=0.809$, $p=0.038$)；(i) $y=0.639-0.004x$ ($R^2=0.914$, $p=0.003$)；图中误差线均为标准差

在450mm与600mm区域，随着林龄增加森林生物量根冠比均呈显著线性降低趋势（$p<0.05$）。其值分别从0.70降低至0.51、从0.63降低至0.45［图2-5（g）与（i）］。在500mm区域，森林生物量根冠比在造林早期（5～9年）从0.64增加至0.78，此后持续降低至0.62（9～56年）［图2-5（h）］。

随着区域降水量增加，森林生物量急剧增加（$p<0.05$，图2-6）。600mm区域的森林生物量分别为450mm区域的7.2倍（5年）、4.0倍（10年）、4.8倍（20年）、5.9倍（30年）与4.4倍（44年）。500 mm区域森林生物量根冠比显著大于其他区域（$p<0.05$，图2-6）。且在450 mm与600 mm区域，大部分林龄森林生物量根冠比无显著性差异。陕西黄土高原人工刺槐林生物量平均根冠比随林龄增加分别为0.66、0.68、0.59、0.57、0.53与0.54。

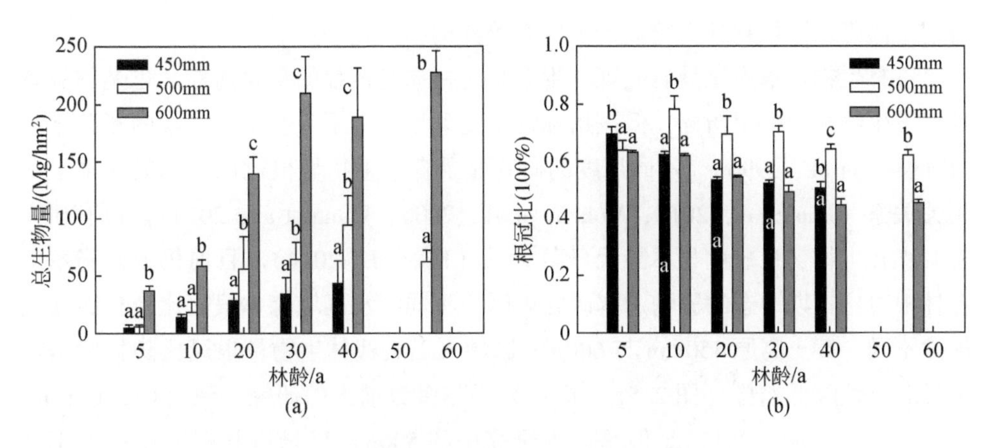

图2-6　不同降水量区域森林生物量与根冠比差异

相似林龄生物量与根冠比差异显著性检验结果用小写字母表示，且 $a<b<c$

多数研究表明，随着林龄增加森林生物量持续累积（Fang et al.，2008；Genet et al.，2010；Li et al.，2011；Uri et al.，2012；Zaehle et al.，2006）。本研究与前人的研究一致，显示随着种植年限增加陕西黄土高原人工刺槐林森林地上生物量、地下生物量与总生物量均显著增加（图2-5、图2-6）。尽管如此，在陕西黄土高原500mm区域人工刺槐林在老龄林阶段却显著降低（图2-5）。该结果显示降水量的不同能改变森林生物量积累的林龄动态。多数研究表明，老龄林阶段森林生物量降低通常由净第一性生产力（net primary productivity，NPP）降低造成（Magnani et al.，2000；Smith and Resh，1999）。也有研究认为树木的死亡是造成老龄林阶段森林生物量降低的重要原因（Hoshizaki et al.，2004；Xu et al.，2012a）。本研究支持后一种观点，在黄土高原半干旱区由于土壤水分的不足常常促使刺槐林生长后期发生大面积的死亡现象，从而导致森林生物量急剧下降（Li and Liu，2014）。

另外，本研究显示降水量增加显著增加了森林生物量（图 2-6）。更多的降水通常有利于乔木的生长，尤其是在半干旱地区（Huxman et al.，2004；Osorio et al.，1998；Stegen et al.，2011）。多数降水梯度下森林生物量变化的研究也支持这一结论（Klopatek et al.，1998；Schuur and Matson，2001）。本研究结果与前人的研究一致。但是相较于其他地区的森林类型（Meier and Leuschner，2010；Zerihun et al.，2006），陕西黄土高原人工刺槐林生物量的变化幅度更大（图 2-6）。正如之前提到的，黄土高原半干旱区刺槐常成为“小老树”，土壤水分的不足限制了树木的生长，甚至导致树木死亡率增加。本研究认为这一现象是引起不同降水区域森林生物量产生巨大差异的原因之一。

森林生物量根冠比是研究森林生态系统格局与过程的重要指标，也是估算森林地下生物量的常用指标，但该指标常常受到生物因素与非生物因素的复杂干扰（Ericsson et al.，1996）。不同尺度的研究显示森林生物量根冠比与林龄通常呈负相关关系（Luo et al.，2012；Mokany et al.，2006；Wang et al.，2014）。也有研究表明森林生物量根冠比与林龄无显著关系（Li et al.，2014）。目前仍缺乏降水对森林根冠比长期动态的影响。本研究表明，不同降水区域森林根冠比随林龄变化规律不同。黄土高原 450mm 与 600mm 区域人工刺槐林生物量根冠比随林龄增加呈显著线性降低趋势（图 2-5）。这一结果与多数前人的研究一致（Genet et al.，2010；Lillia et al.，2012）。但是，本研究中的 500mm 区域森林根冠比在人工林早期（5～9 年）增加（图 2-5），此后则持续降低。这一现象与 King 等（2006）的研究结果一致：赤松的根冠比从幼龄林时期的 0.17 增加至 0.80（8 年），之后降低到 0.29（55 年）。本研究显示降水的变化可能改变森林生物量分配的长期动态，从而影响森林生态过程与功能。另外，降水的不足通常导致森林更多的生物量分配到根部，先前研究也表明随着降水量的降低，森林生物量根冠比增加（Hertel et al.，2009；Luo et al.，2012；Wang et al.，2008；Zerihun et al.，2006）。但本研究却与上述结果不一致：黄土高原人工刺槐林根冠比在中间降水量区域最大，且最大与最小降水量区域根冠比无显著性差异（500 mm vs. 450 mm 和 600 mm）（图 2-6）。该结果表明影响森林生物量分配的因素较为复杂，为了更加准确地理解森林生物量分配的规律，还需要开展更多根冠比与环境因子关系的研究。

森林异速生长模型常常受到气候与土壤等环境因子的影响，同一森林类型在不同区域的异速生长关系通常不一致（Morote et al.，2012）。本研究结果与

Morote 等（2012）的发现一致。陕西黄土高原不同区域刺槐林异速生长模型的系数与指数不同（图 2-1 与表 2-1）。因此，将本地模型应用到大尺度区域可能造成较大的误差，从而影响森林生物量的积累、分配及其动态规律的研究。相比于一般模型（$R^2=0.92$），本地模型提高了生物量估算精度（$0.95 \leqslant R^2 \leqslant 0.99$）（图 2-1）。该结果支持前人的研究（Kim et al.，2011）。本研究构建的刺槐林生物量估算的一般模型具有较高的精度，可以应用于大尺度的黄土高原刺槐生物量与碳储量估算。这两类模型可以在不同的尺度为研究刺槐林生理生态特征或评价森林碳固持功能提供工具。乔木的大小也能影响异速生长关系（Antonio et al.，2007）。国内的乔木异速生长关系的研究表明，乔木异速生长指数存在尺寸特异性（Hui et al.，2014）。黄土高原幼龄林根冠比大于成熟林就反映了两者不同的生长策略（图 2-3）。同一树种在不同的尺寸范围，其异速生长指数不同（图 2-2）。虽然本研究构建了小胸径范围的异速生长模型估算刺槐幼龄林生物量，但区域降水量差异是否改变幼龄林异速生长关系仍不清楚。环境因子对刺槐幼龄林异速生长关系的影响还需要进一步研究。

2.2 半干旱区刺槐林碳储量及其林龄动态

在《联合国气候变化框架公约》与《京都议定书》背景下，国家碳排放与陆地碳汇对经济与社会正产生深刻的影响。造林通过增加区域森林面积以及森林生长吸收大气二氧化碳，被广泛地认为是增加区域碳汇与减弱大气二氧化碳浓度增加趋势的有效措施之一（Fang et al.，2001a；Nilsson and Schopfhauser，1995；Zhao and Zhou，2005）。近年来，大量的研究逐步揭示了不同森林类型在林龄序列下的生物量积累与碳固持特征变化（Fang et al.，2007；Johnson et al.，2003；Zhang et al.，2012）。林龄不仅影响森林碳循环与碳汇功能的变化，也是决定森林生态系统碳储量分配格局的重要因子（Cao et al.，2012；De Simon et al.，2012；Law et al.，2003）。

1999 年以来，为了恢复植被与治理土壤侵蚀，中国政府在黄土高原开展了退耕还林工程（Lü et al.，2012；Zhang et al.，2010；Zhou et al.，2012）。大尺度的碳储量研究表明，由于退耕还林工程的实施，2000 ~ 2008 年期间黄土高原已经由碳源逐渐变为碳汇状态（Feng et al.，2013）。尽管如此，黄土高原人工林是否能够持续积累碳仍不清楚。明确了解黄土高原森林发育中的碳固持与分配特征，对认识黄土高原森林碳储量动态变化提供了数据支撑。同时，对评估与预测造林对黄土高原区域碳循环的长期影响提供了理论依据。由于具有根系发达、生长迅速、固氮与耐旱等特点，刺槐常常作为先锋树种被广泛地种植于黄土高原（Zhou and Shangguan，2005）。而且，由于黄土高原气候与土壤的特殊性，树木的生长常常呈现出独特的特征：随着森林发育，刺槐林常常发生大面积死亡现象或者形成“小老树”格局。尽管如此，刺槐林生态系统碳储量及其分配格局动态，尤其是森林大面积死亡后其碳源汇特征是否发生改变尚不清楚。另外，虽然大量的调查表明造林有助于森林土壤积累碳（Guo and Gifford，2002），但是造林是否持续增加黄土高原半干旱区土壤有机碳库还不确定。

2.2.1 刺槐含碳率

由表2-3可知，刺槐不同组分含碳率存在差异，且均小于0.5。该结果表明，如果采用目前使用较广泛的乔木含碳率（0.5）估算刺槐林生物量碳会导致结果偏大。而且，树皮含碳率最高为0.48，大于干的含碳率。粗根与叶含碳率则相同（均为0.43），且小于细根含碳率。

表2-3 黄土高原刺槐不同组分含碳率

组分	含碳率	最小值	最大值	取样数量
叶	0.43±0.03a	0.33	0.50	113
枝	0.46±0.03c	0.40	0.52	109
干	0.46±0.02b	0.37	0.50	122
粗根	0.43±0.02a	0.38	0.47	44
细根	0.45±0.02b	0.41	0.49	30
树皮	0.48±0.01d	0.47	0.50	27

注：含碳率表示为平均值±标准差；不同字母代表不同组分含碳率差异显著，且 a<b<c<d

2.2.2 林龄序列下人工刺槐林碳储量动态

随着林龄增加，半干旱区人工刺槐林生态系统总碳储量呈先增加后降低的趋势。5～38年，生态系统总碳储量由30.45Mg/hm^{2}急剧增加至79.44Mg/hm^2，达到最大值（图2-7）。但在老龄林阶段（38～56年），生态系统碳储量降低至76.22Mg/hm^2（$p>0.05$）。其中，刺槐生物量碳由2.63Mg/hm^{2}先急剧增加至43.00Mg/hm^2（5～38年），随后在老龄林阶段降低至28.35Mg/hm^2（$p<0.001$，图

2-7)。随林龄增加，土壤有机碳储量呈显著线性增加趋势（$p<0.001$，图 2-7），由 25.70Mg/hm²持续增加至 41.00Mg/hm²。

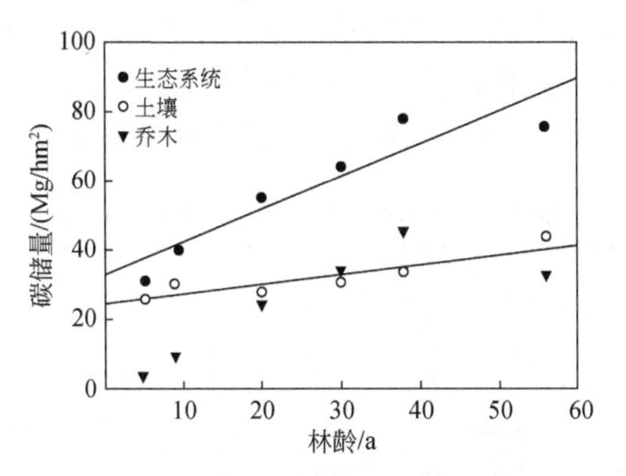

图 2-7　人工刺槐林碳固持年际动态

生态系统，$y=32.82+0.95x$（$R^2=0.85$，$p=0.009$）；土壤有机碳，$y=24.90+0.26x$（$R^2=0.84$，$p=0.010$）

生态系统地上/地下碳库比先增加后降低（图 2-8），其值从 0.10（5 年）增加至 0.55（38 年），然后下降至 0.38（56 年）。植物地上/地下碳库比在早期（5～9 年）从 0.88 急剧增加至 1.52，随后保持基本稳定。在老龄林阶段，该比值下降为 1.41。乔木地上/地下碳库的比例则从 1.43（5 年）持续增加至 1.63（56 年）。

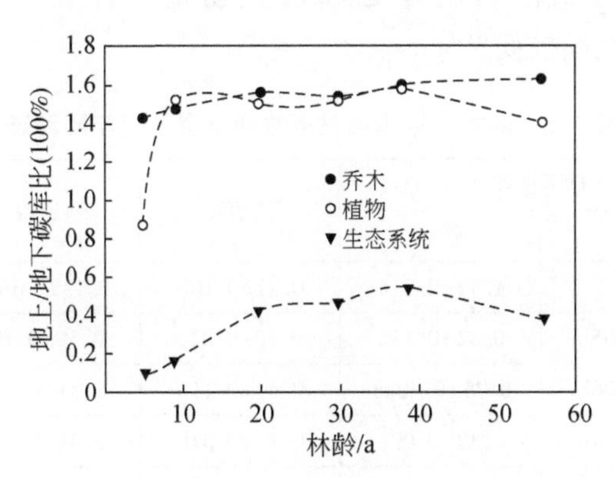

图 2-8　刺槐林生态系统地上/地下碳库比

2.2.3　生物量碳储量及其年际动态

从表 2-4 可知，随着森林发育乔木各组分碳库均显著增加（5～38 年）。干碳库占乔木地上生物量碳库的比例最大（61.4%~63.8%）。且随林龄增加，干碳库占总乔木生物量碳库的比例轻微增加，从36.1%增加至39.5%。同时，根碳库占总乔木生物量碳库的比例则轻微下降，从41.2%下降至38.1%。叶碳库占总乔木生物量碳库的比例最低，且随林龄增加逐渐下降（2.1%~0.8%）。在老龄林阶段（38~56年），乔木生物量不同组分碳库均显著下降（$p<0.001$）。

表2-4　乔木不同组分碳库分配林龄动态　　（单位：Mg/hm^2）

林龄/a	叶	枝	干	树皮	根
5	0.18±0.01a	0.47±0.06a	0.79±0.10a	0.20±0.04a	0.99±0.17a
9	0.14±0.06ab	1.41±0.75b	3.25±1.7b	0.44±0.22ab	3.55±1.83b
20	0.28±0.09cd	4.66±2.50c	10.01±5.03c	0.94±0.26cd	10.19±4.74c
30	0.37±0.07d	5.50±1.10cd	12.08±2.42cd	1.33±0.27d	12.55±2.51cd
38	0.35±0.10d	8.03±2.27d	16.80±4.75d	1.30±0.40d	16.53±4.69d
56	0.22±0.22bc	5.47±0.93cd	11.20±1.92cd	0.66±0.12bc	10.79±1.89c

注：小写字母表示同一组分在不同林龄的差异显著性检验结果，且a<b<c<d

表2-5显示，灌木层碳库随林龄增加呈显著线性增加趋势（$p=0.015$）。草本层与枯落物层碳库与林龄无显著线性关系（$p>0.05$）。林下植被碳库与枯落物碳库之和则呈先降低后逐渐增加的趋势。在幼龄林与过熟林阶段（5年与56年），灌木、草本与枯落物碳库之和占生物量碳库比例较大（40.07%与19.90%），其他时期则较低。

表2-5　灌木、草本与枯落物碳储量及其年际动态（单位：Mg/hm^2）

林龄/a	林下植被		枯落物	合计	比例/%
	灌木	草本			
5	0a	1.72±0.31c	0.41±0.10b	2.13±0.13bc	40.07
9	0.18±0.05b	0.32±0.13a	0.10±0.02a	0.59±0.16a	6.34
20	0.27±0.06b	0.75±0.42ab	0.49±0.11b	1.51±0.31b	5.57
30	0.62±0.14b	1.38±0.09c	0.48±0.07b	2.48±0.29c	7.33
38	1.08±0.20b	1.24±0.23bc	0.46±0.08b	2.78±0.41c	6.13
56	3.82±1.32c	2.35±0.48d	0.70±0.14c	6.87±0.82d	19.90

注：比例为灌木、草本与枯落物碳库和占总生物量碳库的比例；小写字母代表同一组分碳库在不同林龄的差异显著性检验结果，且a<b<c<d

2.2.4 土壤有机碳分配格局

表2-6 显示，刺槐林不同深度土壤有机碳库存在差异。深层土壤（50 ~ 100 cm）碳库最大（9.94 ~ 13.00Mg/hm^2），0 ~ 10 cm 土壤有机碳碳库次之（4.79 ~ 12.07Mg/hm^2），其他土层则较低（2.59 ~ 6.51Mg/hm^2。随着林龄增加，0 ~ 10 cm 土壤有机碳急剧增加。此外，图 2-9（a）显示，人工刺槐林表层（0 ~ 20 cm）土壤有机碳储量与林龄呈显著线性增加趋势（$p<0.001$），其他土壤层与林龄则无显著线性关系。随林龄增加，表层土壤有机碳占总土壤有机碳储量的比例持续增加，分别为 31.7%、28.0%、40.0%、41.0%、45.2% 与 45.3%。深层（50 ~ 100 cm）土壤有机碳比例则有下降趋势［图 2-9（b）］。

表 2-6 不同土层土壤有机碳储量及其林龄动态（单位：Mg/hm^2）

林龄/a	0 ~ 10 cm	10 ~ 20 cm	20 ~ 30 cm	30 ~ 50 cm	50 ~ 100 cm
5	4.79±0.08b	3.35±0.17a	2.59±0.29a	4.55±0.38b	10.43±1.14c
9	4.90±0.32ab	3.64±0.37a	3.11±0.50a	5.96±1.41b	13.00±1.86c
20	7.03±1.21c	3.98±0.44b	2.79±0.19a	4.30±0.35b	9.94±0.47d
30	8.37±1.85b	4.24±0.55a	2.98±0.22a	3.49±0.65a	11.67±0.98d
38	10.67±4.53b	4.53±1.18a	3.27±0.14a	2.66±0.97a	12.57±2.47b
56	12.07±2.11b	6.51±0.10a	4.53±0.45a	5.71±1.34a	12.17±0.66b

注：土壤有机碳库均由平均值±标准差表示；小写字母代表同一林龄不同深度土壤碳库差异显著性检验结果，且 a<b<c<d

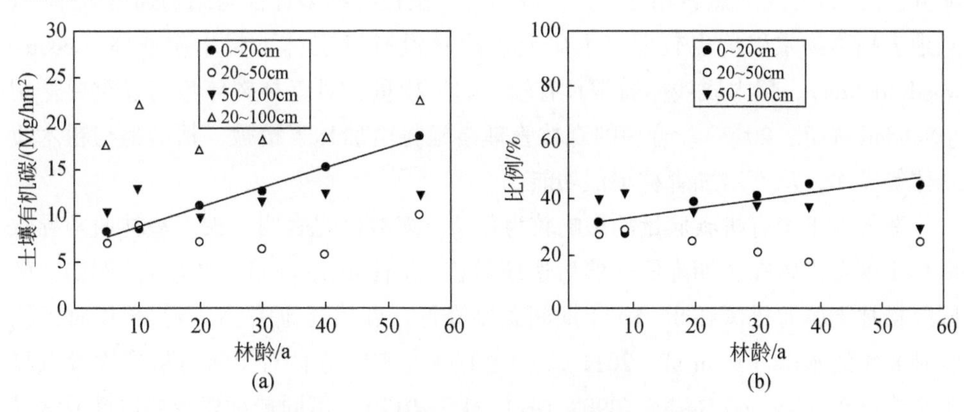

图 2-9 土壤有机碳（SOC）储量及其分配

（a）$y=6.68+0.21x$（$R^2=0.99$，$p<0.001$，0 ~ 20 cm）；（b）$y=0.297+0.003x$（$R^2=0.80$，$p=0.016$，0 ~ 20 cm）

随林龄增加，黄土高原半干旱区人工刺槐林碳储量显著增加。本研究显示种植刺槐林 33 年后，人工林碳固持量达到 49.00 Mg/hm^2(图 2-7)，表明人工刺槐林能够增加区域碳汇［1.48 $Mg/(hm^2 \cdot a)$］。刺槐具有自身固氮、生长快、能够在立地条件差的区域生长等特点（Montagnini et al.，1986），被广泛种植于黄土高原。随着林龄增加，刺槐林森林生物量碳急剧增加，这一现象与其他森林固碳特征类似，如油松、红松（*Pinus koraiensis*）、山毛榉（*Fagus sylvatica*）与云杉（*Picea abies*）（Cao et al.，2012；De Simon et al.，2012；Li et al.，2011，2013）。但相比于肥沃与湿润地区，生长于黄土丘陵区的人工刺槐林生物量明显降低（Boring and Swank，1984）。黄土丘陵区人工刺槐林碳库根冠比明显大于其他森林类型。先前研究表明，森林碳库根冠比例大约为 21%，且不受林龄的影响（Cao et al.，2012；Peri et al.，2006）。本研究显示刺槐林向根系分配了更多的生物量碳（约 40%，图 2-8）。随着林龄的增加，根冠比逐渐降低。土壤水分不足通常导致更多的生物量向根部积累（Gower et al.，1994；Smith and Resh，1999）。但也有研究发现，随着林龄增加乔木个体根冠比先显著增加，然后在老龄林急剧降低（King et al.，2006）。

研究表明，森林灌木、草本与枯落物碳储量通常与林龄无显著线性关系（Li et al.，2013）。随着林龄增加，黄土高原半干旱区刺槐林草本与枯落物碳库无显著线性变化趋势，但灌木层碳储量则持续增加。人工刺槐林灌木、草本与枯落物碳库之和占整个森林生态系统碳储量的比例较低（最大为 9.0%，56 年），与人工桉树林相近，但低于合欢林中的比例（分别为 10.2% 与 20.3%）（Zhang et al.，2012）。与天然林相比，人工林中林下植被生物多样性与结构通常较单一，且地表枯落物累积量也较低。本研究刺槐林没有发现林下粗木质残体（coarse woody debris）。粗木质残体通常具有较大的生物量，对森林碳储量起着重要作用（Woodall et al.，2013）。合理的森林管理措施将增加林下植被、枯落物与粗木质残体等碳库，从而增加森林碳汇功能。

造林对土壤有机碳储量的影响较为复杂。多数研究表明，人工造林通常导致森林土壤有机碳在早期降低，然后逐渐累积（Laganiere et al.，2010）。例如，韩国红松林土壤有机碳在 8～19 年期间急剧降低，此后逐渐升高，到 35 年时已恢复到 8 年的水平（Li et al.，2011）。但也有研究表明造林对土壤有机碳库没有显著影响（Binkley and Resh，1999；Uri et al.，2012）。不同造林树种的选择通常导致森林土壤有机碳变化存在差异（Vesterdal et al.，2013）。例如，在黄土高原的调查发现，相比于荒地采用侧柏造林 8 年后，土壤有机碳下降 45.73%（张楠阳等，2009），6 年生油松林土壤有机碳则增加了 14.83%（张景群等，2011）。本研究结果表明在黄土丘陵区种植刺槐林能显著增加土壤有机碳储量。随林龄增加，SOC 呈显著线性增加趋势（图 2-9）。这一结果与北京北部地区油松林土壤有机碳变化趋势一致（Cao et al.，2012）。尽管如此，也有研究表明森林土壤有机碳储量与林龄没有显著线性关系（Peri et al.，2006）。不同森林类型通常影响土壤有机碳动态变化。随林龄增加，多数阔叶林土壤有机碳储量增加，而针叶林则降低（Li et al.，2012）。

本研究显示老龄林时期（38～56 年），黄土高原刺槐林土壤有机碳仍然持续增加 [0.41Mg/(hm^2 · a)]。Zhou 等（2006）对 1979～2003 年中国南部老龄林的研究发现：森林土壤有机碳储量以 0.61Mg/(hm^2 · a) 的速度持续增加，整个森林呈碳汇状态。本研究结果支持该结论。不同的是，虽然刺槐林土壤有机碳持续增加，但由于老龄林阶段刺槐大量死亡，生物量碳显著降低，最终导致整个森林呈微弱的碳源状态（从 79.44Mg/hm^2 降低至 76.22Mg/hm^2，图 2-7）。由于土壤水分的不足，黄土丘陵区刺槐林常常发生大量死亡的现象。这一现象是导致刺槐林后期从碳汇变为碳源的重要原因（Xu et al.，2012a）。

造林对不同深度土壤有机碳库动态影响不同。对全球人工林碳储量研究发现，造林初期常常导致森林表层土壤有机碳储量降低（Berthrong et al.，2009；Paul et al.，2002，2003；Vesterdal et al.，2002）。也有调查发现，造林导致了表层（0～10 cm）土壤有机碳库增加，但深层（10～55 cm）则降低（Bashkin and Binkley，1998）。本研究与前人研究有区别。刺槐林表层（0～20 cm）土壤有机碳储量随林龄增加持续增大，其他土壤层则与林龄无显著线性关系（图 2-9）。尽管如此，造林导致了土壤有机碳储量在不同土壤层之间的重新分配：造林显著增加了表层土壤有机碳库的比例，而深层土壤有机碳库比例则下降（图 2-9）。黄土高原大部分区域属于半干旱气候，其土壤具有土层深厚且疏松的特点。在该区域，造林常常改变土壤有机碳储量，尤其是表层土壤有机碳（Qiu et al.，2010；Wang et al.，2012）。在前人研究支持下（Chang et al.，2011；Lü et al.，2012；Zhang et al.，2010），本研究认为黄土高原造林能够增强区域的碳汇功能：不仅生物量碳储量急剧增加，土壤有机碳储量也能持续增加。

2.3 降水梯度下刺槐林碳储量与格局变化

近几十年来，全球变暖与干旱作为气候变化的重要特征正在影响陆地生态系统碳循环。已有研究表明，气候变暖与干旱导致了北半球高纬度森林碳汇功能正在变弱（Angert et al.，2005；Stephens et al.，2007）。利用模型对全球尺度的植被研究表明，干旱急剧降低了植被的第一性生产力（gross primary production，GPP），虽然同时也降低了植被的总呼吸量（total respiration），但最终仍然导致了植被向大气产生了大量的净碳排放（Zscheischler et al.，2014）。这些研究对理解降水量减少对森林碳循环的影响提供了有价值的信息，但降水量变化对森林碳固持及其分配格局的长期影响仍然不清楚。

影响森林碳固持及其分配的生物因素与非生物因素很多，如温度、降水、土壤性质、森林特征（起源、优势树种与结构）、林龄以及管理制度等。降水是影响森林生产力的重要因素，也是控制森林不同碳库分配的关键因子（Angert et al.，2005；Osorio et al.，1998；Schuur and Matson，2001）。目前对热带森林的模型研究表明，当降水量降低 30% 时森林碳储量与碳通量会受到显著的影响，同时森林的结构也会改变（Fischer et al.，2014）。另外，对加拿大永久森林样地的长期观测也表明，由于区域干旱程度增加导致了森林生物量累积速率降低，并且生物量开始下降，有向碳源转化的趋势（Ma et al.，2012）。

众所周知，研究降水量变化对森林碳循环的长期影响非常困难。自然环境的梯度变化为更好地理解气候变化对森林碳固持与分配的潜在影响提供了新的途径。降水梯度下森林碳储量变化的研究表明，随着降水量增加森林碳库显著增加，其中包括生物量碳（Austin and Sala，2002；Zerihun et al.，2006）、土壤有机碳（Saiz et al.，2012；Wang et al.，2005）与林下植被碳库（Simmons et al.，1996）。但也有研究发现，随着降水量增加土壤有机碳显著增加，而乔木树干部分碳储量却没有明显变化（Meier and Leuschner，2010）。上述研究所调查的森林碳库类型与林龄均较单一。研究不同林龄的森林在降水梯度下的动态变化，将有助于更准确地理解降水量变化对森林碳固持的影响。而且，目前仍然缺乏降水量变化对森林碳固持长期动态的影响研究。

2.3.1 降水梯度下乔木碳储量变化

随着降水量增加，刺槐林乔木碳库逐渐增加（图 2-10）。在刺槐林发育前期（5 ~ 20 年），450mm 与 500mm 区域乔木碳库无显著性差异，但后期则差异显著。随降水量增加，不同林龄乔木碳库变化分别为 2.27 ~ 16.40Mg/hm^2(5 年)、6.55 ~ 26.50Mg/hm^2(10 年)、13.09 ~ 62.66Mg/hm^2(20 年)、16.01 ~ 94.31Mg/hm^2(30

年)、19.40～85.08Mg/hm²(40 年) 与 28.35～102.24Mg/hm²(55 年)。600mm 区域乔木碳储量显著大于其他两个区域 ($p<0.01$)。

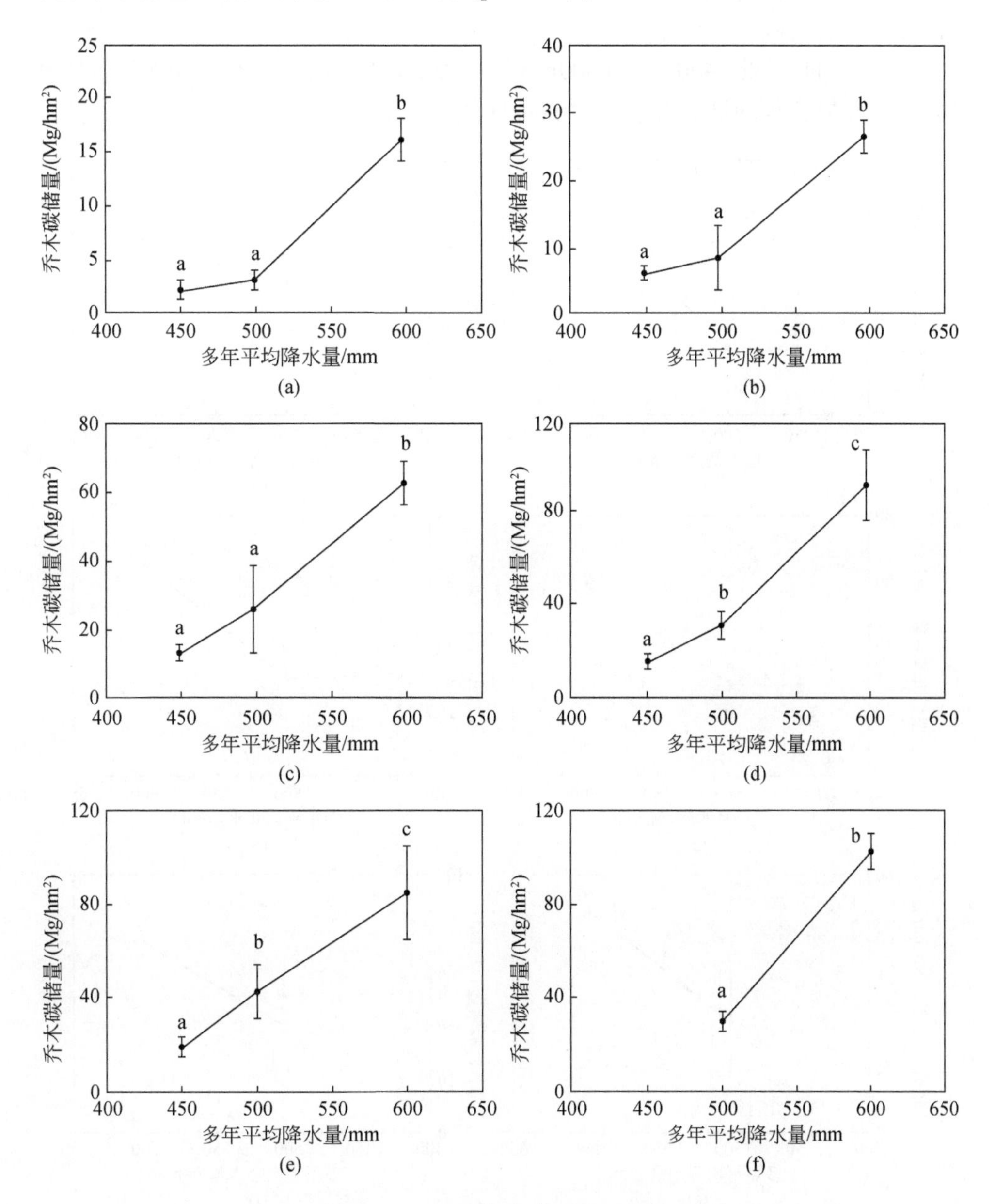

图 2-10 降水梯度下刺槐乔木碳库

(a)～(f) 分别表示林龄约为 5 年、10 年、20 年、30 年、40 年与 55 年；误差线为标准差；小写字母表示乔木碳储量差异显著性分析结果，且 a<b<c

2.3.2 降水梯度下土壤有机碳储量变化

由图 2-11 可知，450mm 与 500mm 区域各个林龄森林土壤有机碳无显著性差异（$p>0.05$），但均极显著小于 600mm 区域（$p<0.01$）。

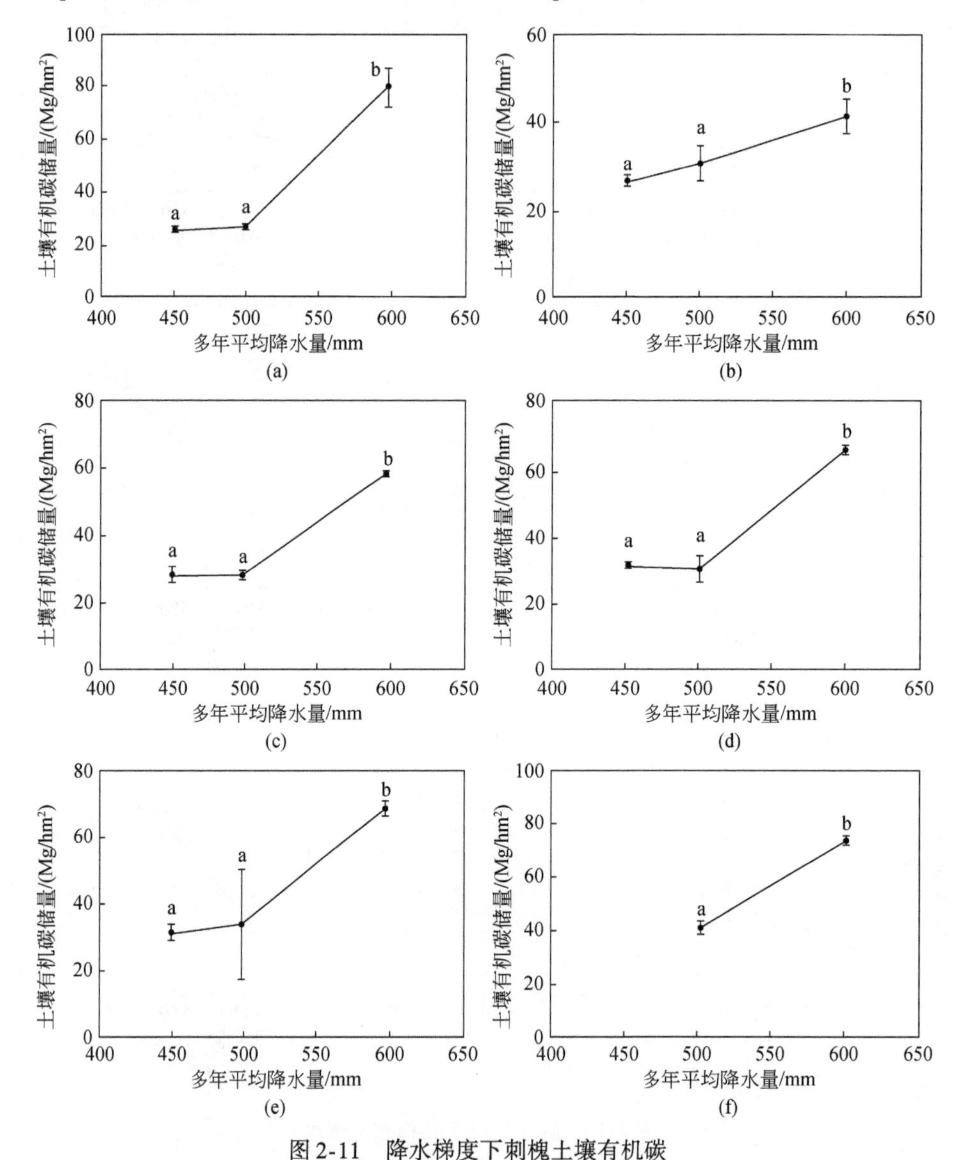

图 2-11 降水梯度下刺槐土壤有机碳

(a)～(f) 分别表示林龄约为 5 年、10 年、20 年、30 年、40 年与 55 年；误差线为标准差；小写字母表示不同降水区域土壤有机碳差异显著性分析结果

2.3.3 降水梯度下其他生物量碳储量变化

刺槐林灌木、草本与枯落物碳库之和与降水量没有明显的增加或者降低关系（图 2-12）。450mm、500mm 与 600mm 区域灌木、草本与枯落物碳库分别为 1.51 ~ 5.36Mg/hm^2、0.60 ~ 6.87Mg/hm^{2}与 1.85 ~ 6.56Mg/hm^2。

2.3.4 降水梯度下生态系统碳储量变化

随着降水量增加，刺槐林生态系统碳储量逐渐增加（图 2-13）。450 mm 与 500 mm 区域生态系统碳储量无显著性差异（p>0.05），且均极显著小于 600 mm 区域（p<0.01）。随降水量增加不同林龄生态系统碳储量分别为：28.73 ~ 98.99 Mg/hm^2(5 年)、34.86 ~ 69.63 Mg/hm^2(10 年)、44.38 ~ 122.75 Mg/hm^2(20 年)、

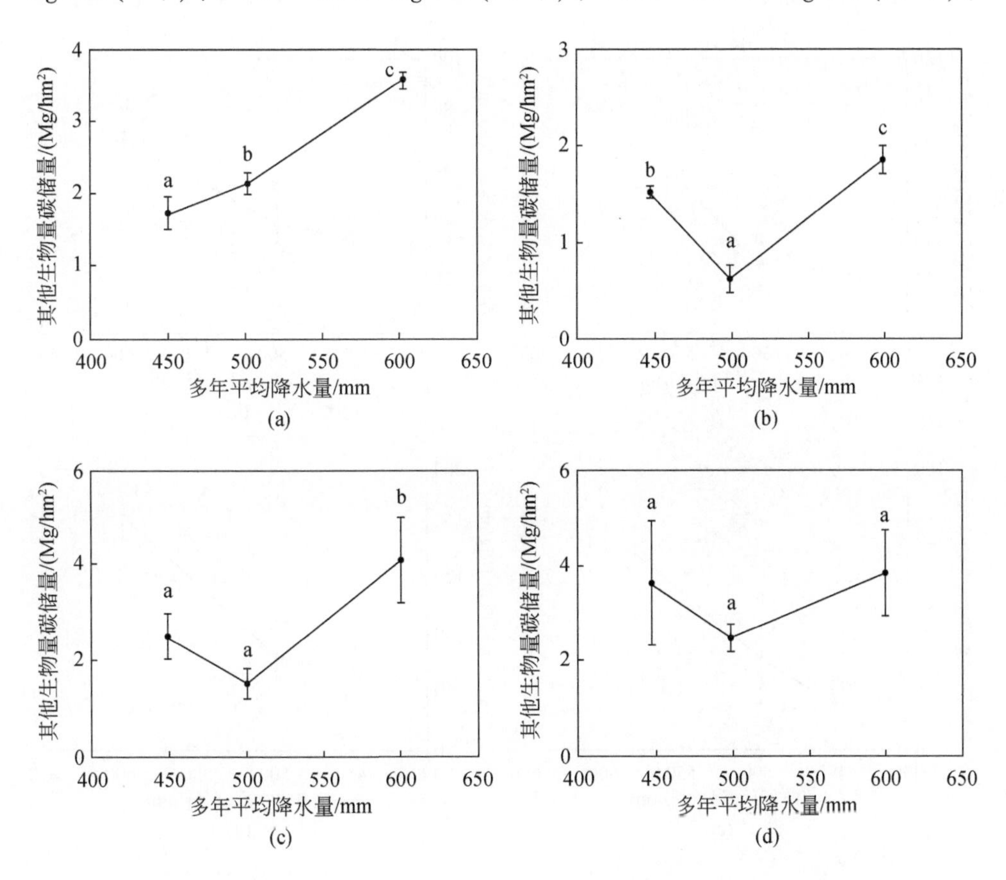

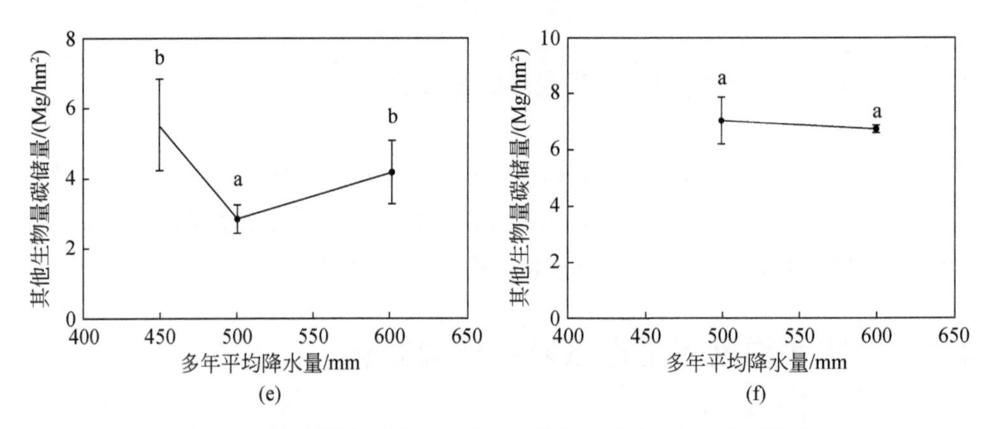

图 2-12　降水梯度下灌木、草本与枯落物碳储量之和变化规律

(a)～(f) 分别表示林龄约为 5 年、10 年、20 年、30 年、40 年与 55 年；误差线为标准差；其他生物量碳储量（secondary biomass carbon）为灌木、草本与枯落物碳储量之和；不同小写字母表示差异显著性检验结果，且 a<b<c

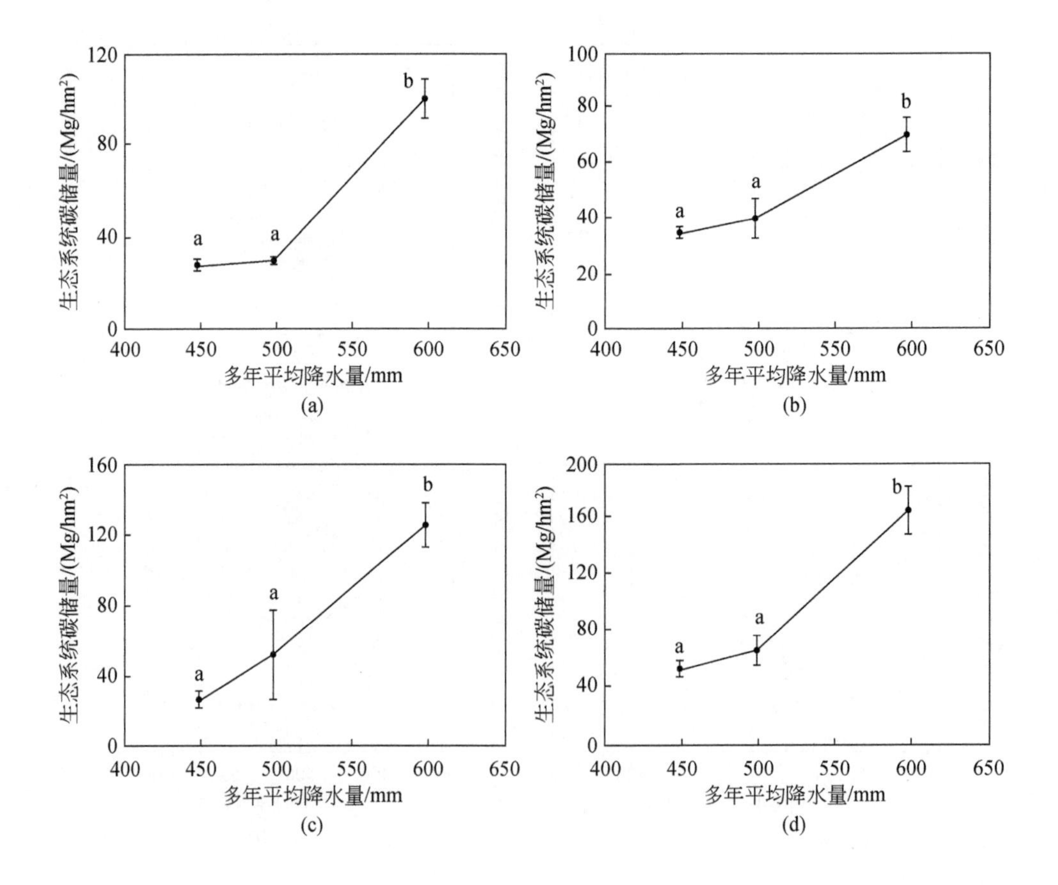

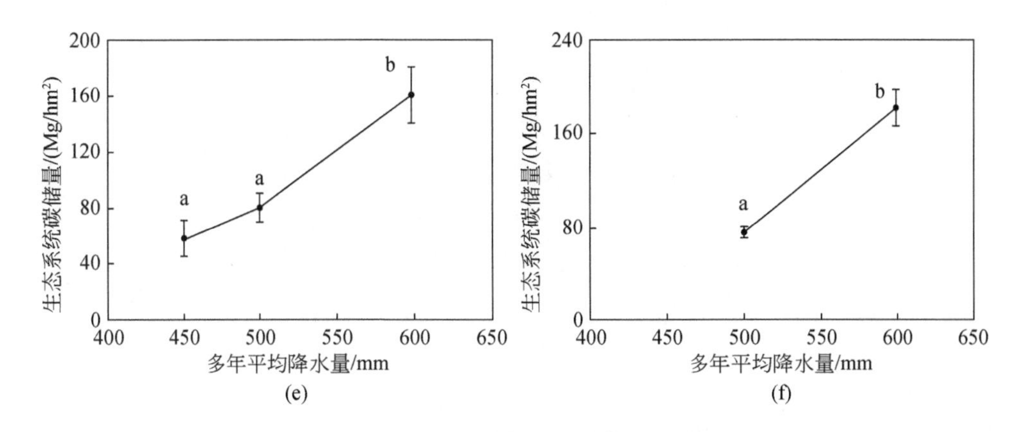

图 2-13　降水梯度下刺槐林生态系统碳储量

(a)～(f) 分别表示林龄约为 5 年、10 年、20 年、30 年、40 年与 55 年；误差线为标准差；不同小写字母表示差异显著性检验结果；450mm 区域生态系统碳储量包括立枯木

52.76～164.68 Mg/hm^2(30 年)、57.57～159.75 Mg/hm^2(40 年) 与 76.21～182.66 Mg/hm^2(55 年)。

2.3.5　生态系统碳储量年际动态区域差异

陕西黄土高原不同降水区域刺槐林森林碳储量随林龄动态变化不一致(图 2-14)。不同降水区域，刺槐林生态系统碳储量与林龄均呈显著线性增加趋势［图 2-14 (a)］。450 mm 与 600 mm 区域乔木碳储量与林龄呈显著线性增加趋势［图 2-14 (b)］。随林龄增加，500 mm 区域乔木碳储量先持续增加，然后在老龄林阶段急剧下降［图 2-14 (a)］。450 mm 与 500 mm 区域土壤有机碳储量随林龄呈显著线性增加趋势 (p<0.01)。600 mm 区域的森林土壤有机碳在早期 (5～10 年) 先急剧下降，随后持续增加至 73.90 Mg/hm^2(55 年)，但仍低于早期土壤有机碳储量［79.05 Mg/hm^2，图 2-14 (c)］。随降水量增加，不同区域刺槐林最大碳固持量增大。其中，生态系统最大碳固持量分别为 57.57 Mg/hm^2、79.44 Mg/hm^{2}与 182.66 Mg/hm^2；乔木最大碳固持量分别为 19.40Mg/hm^2、43.00 Mg/hm^{2}与 102.24 Mg/hm^2；土壤有机碳碳库最大碳固持量分别为 31.92 Mg/hm^2、40.99 Mg/hm^{2}与 79.05 Mg/hm^2。

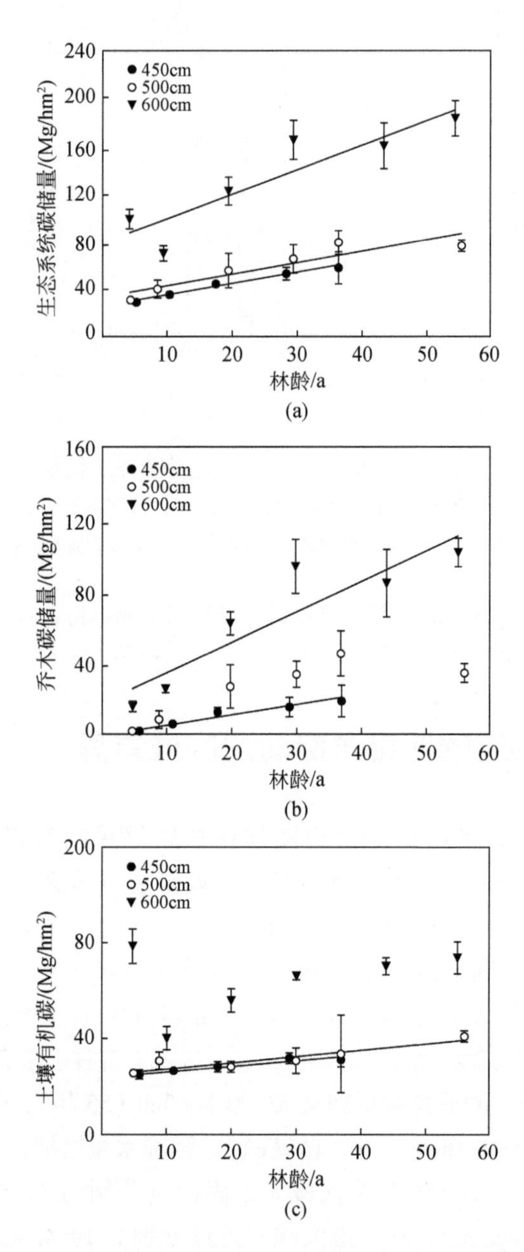

图 2-14　不同降水区域刺槐林碳储量年际动态差异

(a) 450mm，$y=24.87+0.93x$ ($R^2=0.97$，$p=0.00$)；500mm，$y=32.98+0.95x$ ($R^2=0.84$，$p=0.01$)；600mm，$y=77.97+2.02x$ ($R^2=0.82$，$p=0.01$)；(b) 450mm，$y=0.74+0.53x$ ($R^2=0.94$，$p=0.01$)；600mm，$y=18.39+1.69x$ ($R^2=0.83$，$p=0.01$)；(c) 450mm，$y=24.07+0.22x$ ($R^2=0.90$，$p=0.01$)；500mm，$y=24.89+0.26x$ ($R^2=0.84$，$p=0.01$)

2.3.6 降水梯度下刺槐林碳储量分配格局

随降水量增加，乔木碳库占生态系统碳储量的比例逐渐增加，而土壤有机碳库占生态系统碳储量的比例则逐渐降低（表 2-7）。降水量的差异改变了生态系统在乔木与土壤碳库之间的分配。随林龄增加，450mm 与 600mm 区域乔木贡献的碳库比例逐渐增加。但在 500mm 区域，其比例先从 0.09 逐渐增加至 0.55，随后急剧下降为 0.37。450mm 与 600mm 区域土壤有机碳库占生态系统碳储量的比例逐渐降低，而 500mm 区域其比例则先降低，随后增加（表 2-7）。

表 2-7　不同降水区域森林碳库分配格局

林龄/a	乔木比例（100%）			土壤有机碳比例（100%）		
	450mm	500mm	600mm	450mm	500mm	600mm
5	0.08±0.03a	0.09±0.01a	0.17±0.02b	0.86±0.02b	0.84±0.01b	0.80±0.02a
10	0.19±0.02a	0.21±0.08a	0.38±0.01b	0.77±0.22b	0.77±0.08b	0.59±0.01a
20	0.29±0.05a	0.45±0.10b	0.51±0.01b	0.64±0.05b	0.52±0.09ab	0.46±0.01a
30	0.30±0.07a	0.49±0.01b	0.57±0.53b	0.61±0.06b	0.47±0.01a	0.41±0.04a
40	0.32±0.09a	0.55±0.16b	0.53±0.06b	0.55±0.08a	0.42±0.16a	0.45±0.06a
55		0.37±0.04a	0.56±0.01b		0.54±0.05b	0.40±0.01a

注：乔木比例为乔木碳储量与生态系统碳储量的比值，土壤有机碳比例为土壤有机碳储量与生态系统碳储量的比值；450mm 区域未发现 55 年刺槐林；小写字母表示相似林龄不同区域碳库的差异显著性检验结果，$p=0.05$

丰富的降水量有助于增加陆地生态系统净第一性生产力（Fang et al., 2001b, 2005; Ma et al., 2012）。充足的降水有利于树木的快速生长，同时有更多的有机质输入到土壤中，使森林具有较大的碳储量（Huxman et al., 2004）。已有研究表明，降水量增加提高了森林生物量（Austin and Sala, 2002; Fang et al., 2001b; Vucetich et al., 2000）。很多调查也发现，降水量与生态系统碳储量呈正相关（Vucetich et al., 2000; Wei et al., 2013）。尽管如此，也有研究表明降水量降低，乔木树干生物量仍然轻微增加（Meier and Leuschner, 2010）。本研究结果显示：随降水量增加刺槐林乔木生物量碳库与生态系统碳储量均显著增加。而且，较湿润区域刺槐林生态系统最大碳固持量显著大于较干旱区域。

降水量常常影响枯落物的形成与积累以及植物细根周转，从而导致土壤有机碳储量的不同。本研究结果显示，较湿润区域的刺槐林土壤有机碳储量显著大于较干旱区域。前人研究显示，当降水量从 900mm 降低至 600mm，欧洲山毛榉（*Fagus sylvatica L.*）林土壤有机碳储量降低了 25%（Meier and Leuschner, 2010）。本研究中黄土高原刺槐林土壤有机碳变化的幅度要远大于欧洲山毛榉林。西非 0～200 cm 土壤有机碳储量随降水量减少，由 120Mg/hm^{2}降低为 20Mg/hm^2（Saiz et al., 2012）。但是，该调查忽略了植被与土壤类型不同造成的影响。降水对森林土壤有机碳形成与存储的影响较为复杂（Huxman et al., 2004；Poll et al., 2013；Talmon et al., 2011）。也有研究表明，降水量的变化对土壤有机碳储量没有显著影响（Zhou et al., 2009）。森林土壤碳累积受到很多因素的影响，如气候、植被类型、营林措施等。在水分受限制区域，降水可能是造成森林土壤有机碳储量区域差异的主要因子。

目前，在利用森林调查资料（forest inventory data, FID）估算国家与区域森林碳储量时，只考虑了森林类型与林龄，而忽略了同一林龄的森林在不同气候区域碳固持特征的差异性（Guo et al., 2010；Li et al., 2010）。本研究认为，基于单一气候区域测量的森林碳储量与碳固持潜力在扩展到大尺度时有可能产生较大的误差。综合考虑不同气候区域森林碳储量的差异有助于提高国家森林碳储量及其潜力的估算精度。

此外，目前较多的有关环境梯度下森林碳储量变化特征研究均只考虑了单一林龄或者森林发育时期（Chang et al., 2014；Lu et al., 2014；Meier and Leuschner, 2010；Saiz et al., 2012；Stegen et al., 2011）。不同发育阶段，森林结构、物种组成往往有差异。树木的生长也通常经历快速生长、生长速率下降与停止生长的过程。降水量的变化对不同阶段树木生长的影响也不同。随降水量变化森林在不同的时期可能呈现出不同的变化特征。本研究显示，不同的发育阶段森林碳库随降水量增加的动态变化规律不一致。例如，450 mm 与 500 mm 区域刺槐乔木生物量碳在森林发育早期无显著差异，但在后期则呈显著增加趋势。降水量变化加剧了森林在发育过程中碳固持能力的差距。

林龄是影响森林碳循环特征的重要因子。有关林龄序列下森林碳储量与格局动态变化的研究已经在全球不同森林类型间广泛开展（Cao et al., 2012；Fang et al., 2007；Law et al., 2003；Li et al., 2011；Varik et al., 2013）。这些研究对理解森林碳储量动态、碳库分配格局变化与潜力提供了数据支持与理论基础。但是，不同气候条件下（如降水量）森林发育过程中碳固持量动态变化与潜力的差异仍少有研究。全球气候变化背景下，研究不同降水量区域森林碳储量林龄动态差异有助于理解降水量变化（如干旱）对森林碳循环的长期影响。

降水量差异改变了森林土壤有机碳库长期动态。在较干旱区域，森林持续积累土壤有机碳；在较湿润区域，造林早期土壤有机碳库则显著降低（$p<0.01$）。Lu 等（2013）报道了黄土高原刺槐造林导致了土壤有机碳库降低，且较湿润区域（MAP 约 600mm）降低程度大，而较干旱区域则程度小（MAP 为 450 ~ 500mm）。造林常常扰动土壤物理结构，并改变土壤微生物活动，导致土壤有机碳释放到大气中去（Berthrong et al.，2012）。尽管如此，很多的研究案例显示造林对土壤有机碳库的影响取决于区域的降水量（Guo and Gifford，2002）。例如，在不同降水量区域的草地上种植桉树结果表明，较干旱区域土壤有机碳增加，而较湿润区域则降低（Berthrong et al.，2012）。对全球造林实验的综述也表明在降水量大于 600mm 区域土壤有机碳通常降低，反之则增加（Jackson et al.，2002）。本研究结果支持上述结论：在较干旱区域人工刺槐林土壤有机碳持续增加，而较湿润区域则降低。

降水量差异改变了乔木生物量碳库的长期动态。较湿润区域乔木生物量碳随林龄增加呈显著线性持续积累，而较干旱区域森林发育后期则急剧降低。降水量降低通常导致树木死亡率增加（Clifford et al.，2013）。由于树木的大量死亡，较干旱区域（500 mm 区域）老龄林常常呈碳源状态（Xu et al.，2012a）。本研究中 450 mm 区域没有发现近 50 年的刺槐林，无法调查该区域老龄林阶段碳储量变化。虽然 450 mm 区域刺槐乔木生物量与林龄呈显著线性增加趋势，但林分立枯木碳储量急剧增加。相比于 500 mm 区域，降水量降低导致林分出现大量死亡的现象提前出现。该结果也显示，在老龄林阶段该区域刺槐由于发生较严重的死亡现象，可能导致刺槐林生态系统由碳源变成碳汇状态。

此外，本研究有助于从一定程度上理解气候变化（尤其是降水量变化）对森林碳循环的潜在影响。例如，随着降水量降低，森林最大固碳量显著降低。本调查结果显示，在水分限制区域干旱程度的增加，将明显降低人工刺槐林碳汇功能的潜力。降水量的变化改变了森林碳储量的动态变化规律。尽管如此，降水量变化是否改变天然林固碳长期动态还需要进一步研究。

温度是影响森林生产力与枯落物分解的重要因子，对植物生物量积累与土壤有机碳的形成起着关键作用。但是，在干旱与半干旱地区，降水对森林生态系统碳汇功能的影响可能更大（Clifford et al.，2013；Leuzinger and Korner，2010）。而且，对加拿大西部地区针叶林长期观测数据也表明，由于气候变化引起的干旱导致了该区域森林生物量碳累积速率降低，可能因此转化为碳源（Ma et al.，2012）。本研究结果与上述观测一致：在较干旱区域老龄林期间生物量碳急剧降低，整个森林呈微弱的碳源状态。

森林碳库在植物与土壤中的分配受到众多因素的影响（Chen et al., 2013; Posada and Schuur, 2011; Sheng et al., 2011; Xu et al., 2012b; Yang et al., 2008）。随降水量增加，本研究乔木生物量碳占整个生态系统碳储量的比例持续增加，而土壤有机碳库的比例则持续下降。虽然随降水量增加，生物量碳与土壤有机碳均急剧增加，但生物量碳库增加的速率高于土壤有机碳库。降水量差异不仅造成了土壤有机碳储量与乔木生物量碳储量复杂的年际动态，同时也改变了森林碳储量在不同碳库之间的分配。这一结果为科学预测森林碳库分配及其变化提供了数据支持。

丰富的降水通常有利于林下植物多样性的增加，从而使林下植被生物量增大。黄土高原人工刺槐林林下植被与枯落物碳库随降水量增加无明显增加趋势，且该部分碳库占生态系统的比例也较低。虽然林下植被碳库是森林碳库中的重要组成部分（Amiro et al., 2008; Cao et al., 2012; Woodall et al., 2012; Zhou et al., 2014），但黄土高原人工刺槐林林下植被与枯落物对森林碳储量的贡献却较少。采取合理的森林管理措施加大林下植被的覆盖度、植物多样性等将有助于增加区域的森林碳汇功能（Wang et al., 2014; Whitehead, 2011; Woodall et al., 2013）。

参考文献

张景群，许喜明，王晓芳，等. 2011. 黄土高原刺槐油松人工幼林生态系统碳汇研究. 干旱区地理，34（2）：201-207.

张楠阳，张景群，杨玉霞，等. 2009. 黄土高原不同人工生态林对土壤主要营养元素的影响. 东北林业大学学报，37（11）：74-76.

Amiro B D, Singh S, Quideau S A. 2008. Effects of forest floor organic layer and root biomass on soil respiration following boreal forest fire. Can J Forest Res, 38 (4): 647-655.

Angert A, Biraud S, Bonfils C, et al. 2005. Drier summers cancel out the CO_2 uptake enhancement induced by warmer springs. P Natl Acad Sci USA, 102 (31): 10823-10827.

Antonio N, Tome M, Tome J, et al. 2007. Effect of tree, stand, and site variables on the allometry of *Eucalyptus globulus* tree biomass. Canadian Journal of Forest Research, 37 (5): 895-906.

Austin A T, Sala O E. 2002. Carbon and nitrogen dynamics across a natural precipitation gradient in Patagonia, Argentina. J Veg Sci, 13 (3): 351-360.

Bashkin M A, Binkley D. 1998. Changes in soil carbon following afforestation in Hawaii. Ecology, 79 (3): 828-833.

Bellassen V, Luyssaert S. 2014. Carbon sequestration: Managing forests in uncertain times. Nature, 506 (7487): 153-155.

Berthrong S T, Jobbágy E G, Jackson R B. 2009. A global meta-analysis of soil exchangeable cations, pH, carbon, and nitrogen with afforestation. Ecol Appl, 19 (8): 2228-2241.

Berthrong S T, Pineiro G, Jobbágy E G, et al. 2012. Soil C and N changes with afforestation of grasslands across gradients of precipitation and plantation age. Ecol Appl, 22 (1): 76-86.

Binkley D, Resh S C. 1999. Rapid changes in soils following *Eucalyptus* afforestation in Hawaii. Soil Sci Soc Am J, 63 (1): 222-225.

Boring L R, Swank W T. 1984. Symbiotic nitrogen fixation in regenerating black locust (*Robinia pseudoacacia* L.) stands. Forest Sci, 30 (2): 528-537.

Bright R M, Antón-Fernández C, Astrup R, et al. 2014. Climate change implications of shifting forest management strategy in a boreal forest ecosystem of Norway. Global Change Biol, 20 (2): 607-621.

Cao J, Wang X, Tian Y, et al. 2012. Pattern of carbon allocation across three different stages of stand development of a Chinese pine (*Pinus tabulaeformis*) forest. Ecol Res, 27 (5): 883-892.

Chang R, Fu B, Liu G, et al. 2011. Soil carbon sequestration potential for "Grain for Green" project in Loess Plateau, China. Environ Manage, 48 (6): 1158-1172.

Chang R, Jin T, Lü Y, et al. 2014. Soil carbon and nitrogen changes following afforestation of marginal cropland across a precipitation gradient in Loess Plateau of China. PLoS One, 9: e85426.

Chen Z, Yu G, Ge J, et al. 2013. Temperature and precipitation control of the spatial variation of terrestrial ecosystem carbon exchange in the Asian region. Agr Forest Meteorol, 182-183: 266-276.

Clifford M J, Royer P D, Cobb N S, et al. 2013. Precipitation thresholds and drought- induced tree dieoff: Insights from patterns of *Pinus edulis* mortality along an environmental stress gradient. New Phytol, 200 (2): 413-421.

De Simon G, Alberti G, Delle Vedove G, et al. 2012. Carbon stocks and net ecosystem production changes with time in two Italian forest chronosequences. Eur J Forest Res, 131 (5): 1297-1311.

Ericsson T, Rytter L, Vapaavuori E. 1996. Physiology of carbon allocation in trees. Biomass Bioenerge, 11 (2-3): 115-127.

Fang J Y, Chen A P, Peng C H, et al. 2001a. Changes in forest biomass carbon storage in China between 1949 and 1998. Science, 292 (5525): 2320-2322.

Fang J Y, Piao S L, Tang Z Y, et al. 2001b. Interannual variability in net primary production and precipitation. Science, 293 (5536): 1723.

Fang J Y, Piao S L, Zhou L M, et al. 2005. Precipitation patterns alter growth of temperate vegetation . Geophys Res Lett, 32 (21): L21411.

Fang S, Xuc J, Tang L. 2007. Biomass production and carbon sequestration potential in poplar plantations with different management patterns. Journal of Environmental Management, 85 (3):

672-679.

Fang J Y, Wang X P, Zhu B. 2008. Forest biomass and root-shoot allocation in northeast China. Forest Ecol Manag, 255 (12): 4007-4020.

Feng X, Fu B, Lu N, et al. 2013. How ecological restoration alters ecosystem services: An analysis of carbon sequestration in China's Loess Plateau. Sci Rep, 3: 2846.

Fischer R, Armstrong A, Shugart H H, et al. 2014. Simulating the impacts of reduced rainfall on carbon stocks and net ecosystem exchange in a tropical forest. Environ Modell Softw, 52: 200-206.

Genet H, Breda N, Dufrene E. 2010. Age- related variation in carbon allocation at tree and stand scales in beech (*Fagus sylvatica* L.) and sessile oak (*Quercus petraea* (Matt.) Liebl.) using a chronosequence approach. Tree Physiol, 30 (2): 177-192.

Gower S T, Gholz H L, Nakane K, et al. 1994. Production and carbon allocation patterns of pine forests. Ecological Bulletins, (43): 115-135.

Guo L, Gifford R. 2002. Soil carbon stocks and land use change: A meta analysis. Global Change Biol, 8 (4): 345-360.

Guo Z D, Fang J Y, Pan Y D, et al. 2010. Inventory-based estimates of forest biomass carbon stocks in China: A comparison of three methods. Forest Ecol Manag, 259 (7): 1225-1231.

Hertel D, Moser G, Culmsee H, et al. 2009. Below- and above- ground biomass and net primary production in a paleotropical natural forest (Sulawesi, Indonesia) as compared to neotropical forests. Forest Ecol Manag, 258 (9): 1904-1912.

Hoshizaki K, Niiyama K, Kimura K, et al. 2004. Temporal and spatial variation of forest biomass in relation to stand dynamics in a mature, lowland tropical rainforest, Malaysia. Ecol Res, 19 (3): 357-363.

Houghton R, Lawrence K, Hackler J, et al. 2001. The spatial distribution of forest biomass in the Brazilian Amazon: A comparison of estimates. Global Change Biol, 7 (7): 731-746.

Hui D, Wang J, Shen W, et al. 2014. Near isometric biomass partitioning in forest ecosystems of China. PLoS One, 9: e86550.

Huxman T E, Snyder K A, Tissue D, et al. 2004. Precipitation pulses and carbon fluxes in semiarid and arid ecosystems. Oecologia, 141 (2): 254-268.

Jackson R B, Banner J L, Jobbagy E G, et al. 2002. Ecosystem carbon loss with woody plant invasion of grasslands. Nature, 418: 623-626.

Johnson D W, Todd D, Tolbert V R. 2003. Changes in ecosystem carbon and nitrogen in a loblolly pine plantation over the first 18 years. Soil Sci Soc Am J, 67 (5): 1594-1601.

Kim C, Jeong J, Kim R H, et al. 2011. Allometric equations and biomass expansion factors of Japanese red pine on the local level. Landsc Ecol Eng, 7 (2): 283-289.

King J, Giardina C, Pregitzer K, et al. 2006. Biomass partitioning in red pine *Pinus resinosa* along a chronosequence in the Upper Peninsula of Michigan. Canadian Journal of Forest Research, 37 (1):

93-102.

Klopatek J M, Conant R T, Francis J M, et al. 1998. Implications of patterns of carbon pools and fluxes across a semiarid environmental gradient. Landscape Urban Plan, 39 (4): 309-317.

Laganiere J, Angers D A, Pare D. 2010. Carbon accumulation in agricultural soils after afforestation: A meta-analysis. Global Change Biol, 16 (1): 439-453.

Law B, Sun O, Campbell J, et al. 2003. Changes in carbon storage and fluxes in a chronosequence of ponderosa pine. Global Change Biol, 9 (4): 510-524.

Leuzinger S, Korner C. 2010. Rainfall distribution is the main driver of runoff under future CO_2 concentration in a temperate deciduous forest. Global Change Biol, 16 (1): 246-254.

Li T, Liu G. 2014. Age-related changes of carbon accumlation and allocation in plants and soil of black locust forest on Loess Plateau in Ansai county, Shaanxi province of China. Chinese Geographic Science, 24 (4): 414-422.

Li X, Yi M J, Son Y, et al. 2010. Biomass expansion factors of natural Japanese red pine (*Pinus densiflora*) forests in Korea. J Plant Biol, 53: 381-386.

Li X, Yi M J, Son Y, et al. 2011. Biomass and carbon storage in an age-sequence of Korean pine (*Pinus koraiensis*) plantation forests in central Korea. J Plant Biol, 54: 33-42.

Li D, Niu S, Luo Y. 2012. Global patterns of the dynamics of soil carbon and nitrogen stocks following afforestation: A meta-analysis. New Phytol, 195 (1): 172-181.

Li X, Son Y M, Lee K H, et al. 2013. Biomass and carbon storage in an age-sequence of Japanese red pine (*Pinus densiflora*) forests in central Korea. Forest Science and Technology, 9 (1): 39-44.

Li H, Li C, Zha T, et al. 2014. Patterns of biomass allocation in an age-sequence of secondary *Pinus bungeana* forests in China. The Forestry Chronicle, 90 (2): 169-176.

Lillia L R-F, Julio C, Victor P-T. 2012. Plant biomass allocation across a precipitation gradient: An approach to seasonally dry tropical forest at Yucatán, Mexico. Ecosystems, 15 (8): 1234-1244.

Lu N, Fu B, Jin T, et al. 2014. Trade-off analyses of multiple ecosystem services by plantations along a precipitation gradient across Loess Plateau landscapes. Landscape Ecol, 29 (10): 1697-1708.

Luo Y J, Wang X K, Zhang X Q, et al. 2012. Root : shoot ratios across China's forests: Forest type and climatic effects. Forest Ecol Manag, 269: 19-25.

Lü Y, Fu B, Feng X, et al. 2012. A policy-driven large scale ecological restoration: Quantifying ecosystem services changes in the Loess Plateau of China. PLoS One, 7 (2): e31782.

Ma Z H, Peng C H, Zhu Q A, et al. 2012. Regional drought-induced reduction in the biomass carbon sink of Canada's boreal forests. P Natl Acad Sci USA, 109 (7): 2423-2427.

Magnani F, Mencuccini M, Grace J. 2000. Age-related decline in stand productivity: The role of structural acclimation under hydraulic constraints. Plant, Cell & Environment, 23 (3): 251-263.

Meier I C, Leuschner C. 2010. Variation of soil and biomass carbon pools in beech forests across a precipitation gradient. Global Change Biol, 16 (3): 1035-1045.

Mokany K, Raison R J, Prokushkin A S. 2006. Critical analysis of root : shoot ratios in terrestrial biomes. Global Change Biol, 12: 84-96.

Montagnini F, Haines B, Boring L, et al. 1986. Nitrification potentials in early successional black locust and in mixed hardwood forest stands in the southern Appalachians, USA. Biogeochemistry, 2 (2): 197-210.

Morote F A G, Serrano F R L, Andres M, et al. 2012. Allometries, biomass stocks and biomass allocation in the thermophilic Spanish juniper woodlands of Southern Spain. Forest Ecol Manag, 270: 85-93.

Nilsson S, Schopfhauser W. 1995. The carbon- sequestration potential of a global afforestation program. Climatic Change, 30 (3): 267-293.

Osorio J, Osorio M L, Chaves M M, et al. 1998. Water deficits are more important in delaying growth than in changing patterns of carbon allocation in *Eucalyptus globulus*. Tree Physiol, 18 (6): 363-373.

Paul K, Polglase P, Nyakuengama J, et al. 2002. Change in soil carbon following afforestation. Forest Ecol Manag, 168 (1-3): 241-257.

Paul K, Polglase P, Richards G. 2003. Predicted change in soil carbon following afforestation or reforestation, and analysis of controlling factors by linking a C accounting model (CAMFor) to models of forest growth (3PG), litter decomposition (GENDEC) and soil C turnover (RothC). Forest Ecol Manag, 177 (1-3): 485-501.

Peri P L, Gargaglione V, Pastur G M. 2006. Dynamics of above- and below- ground biomass and nutrient accumulation in an age sequence of *Nothofagus antarctica* forest of Southern Patagonia. Forest Ecol Manag, 233 (1): 85-99.

Poll C, Marhan S, Back F, et al. 2013. Field-scale manipulation of soil temperature and precipitation change soil CO_2 flux in a temperate agricultural ecosystem. Agriculture, Ecosystems & Environment, 165: 88-97.

Posada J M, Schuur E A. 2011. Relationships among precipitation regime, nutrient availability, and carbon turnover in tropical rain forests. Oecologia, 165 (1): 783-795.

Qiu L, Zhang X, Cheng J, et al. 2010. Effects of black locust (*Robinia pseudoacacia*) on soil properties in the loessial gully region of the Loess Plateau, China. Plant Soil, 332 (1-2): 207-217.

Saiz G, Bird M I, Domingues T, et al. 2012. Variation in soil carbon stocks and their determinants across a precipitation gradient in West Africa. Global Change Biol, 18 (5): 1670-1683.

Schuur E A, Matson P A. 2001. Net primary productivity and nutrient cycling across a mesic to wet precipitation gradient in Hawaiian montane forest. Oecologia, 128 (3): 431-442.

Sheng W P, Ren S J, Yu G R, et al. 2011. Patterns and driving factors of WUE and NUE in natural forest ecosystems along the North-South Transect of Eastern China. J Geogr Sci, 21 (4): 651-665.

Simmons J A, Fernandez I J, Briggs R D, et al. 1996. Forest floor carbon pools and fluxes along a regional climate gradient in Maine, USA. Forest Ecol Manag, 84 (1-3): 81-95.

Smith F W, Resh S C. 1999. Age-related changes in production and below-ground carbon allocation in *Pinus contorta* forests. Forest Sci, 45 (3): 333-341.

Stegen J C, Swenson N G, Enquist B J, et al. 2011. Variation in above-ground forest biomass across broad climatic gradients. Global Ecol Biogeogr, 20 (5): 744-754.

Stephens B B, Gurney K R, Tans P P, et al. 2007. Weak northern and strong tropical land carbon uptake from vertical profiles of atmospheric CO_2. Science, 316 (2007): 1732-1735.

Talmon Y, Sternberg M, Grunzweig J M. 2011. Impact of rainfall manipulations and biotic controls on soil respiration in Mediterranean and desert ecosystems along an aridity gradient. Global Change Biol, 17 (2): 1108-1118.

Uri V, Varik M, Aosaar J, et al. 2012. Biomass production and carbon sequestration in a fertile silver birch (*Betula pendula* Roth) forest chronosequence. Forest Ecol Manag, 267: 117-126.

Vesterdal L, Ritter E, Gundersen P. 2002. Change in soil organic carbon following afforestation of former arable land. Forest Ecol Manag, 169 (1): 137-147.

Vesterdal L, Clarke N, Sigurdsson B D, et al. 2013. Do tree species influence soil carbon stocks in temperate and boreal forests? Forest Ecol Manag, 309: 4-18.

Vucetich J, Reed D, Breymeyer A, et al. 2000. Carbon pools and ecosystem properties along a latitudinal gradient in northern Scots pine (*Pinus sylvestris*) forests. Forest Ecol Manag, 136 (1): 135-145.

Wang S-P, Zhou G-S, Gao S-H, et al. 2005. Soil organic carbon and labile carbon along a precipitation gradient and their responses to some environmental changes. Pedosphere, 15 (5): 676-680.

Wang X P, Fang J Y, Zhu B. 2008. Forest biomass and root-shoot allocation in northeast China. Forest Ecol Manag, 255 (12): 4007-4020.

Wang B, Liu G, Xue S. 2012. Effect of black locust (*Robinia pseudoacacia*) on soil chemical and microbiological properties in the eroded hilly area of China's Loess Plateau. Environ Earth Sci, 65 (3): 597-607.

Wang L, Li L, Chen X, et al. 2014. Biomass allocation patterns across China's terrestrial biomes. PLoS One, 9 (4): e93566.

Wei Y, Li M, Chen H, et al. 2013. Variation in carbon storage and its distribution by sand age and forest type in boreal and temperate forests in northeastern China. PLoS One, 8 (8): e72201.

Whitehead D. 2011. Forests as carbon sinks- benefits and consequences. Tree Physiol, 31 (9): 893-902.

Woodall C, Walters B, Oswalt S, et al. 2013. Biomass and carbon attributes of downed woody materials in forests of the United States. Forest Ecol Manag, 305: 48-59.

Xu C Y, Turnbull M H, Tissue D T, et al. 2012a. Age-related decline of stand biomass accumulation is primarily due to mortality and not to reduction in NPP associated with individual tree physiology, tree growth or stand structure in a Quercus-dominated forest. J Ecol, 100 (2): 428-440.

Xu X, Niu S L, Sherry R A, et al. 2012b. Interannual variability in responses of belowground net primary productivity (NPP) and NPP partitioning to long-term warming and clipping in a tallgrass prairie. Global Change Biol, 18 (5): 1648-1656.

Yang Y H, Luo Y Q. 2011. Isometric biomass partitioning pattern in forest ecosystems: Evidence from temporal observations during stand development. J Ecol, 99 (2): 431-437.

Yang Y H, Fang J Y, Tang Y H, et al. 2008. Storage, patterns and controls of soil organic carbon in the Tibetan grasslands. Global Change Biol, 14 (7): 1592-1599.

Zaehle S, Sitch S, Prentice I C, et al. 2006. The importance of age-related decline in forest NPP for modeling regional carbon balances. Ecol Appl, 16 (4): 1555-1574.

Zerihun A, Montagu K D, Hoffmann M B, et al. 2006. Patterns of below-and aboveground biomass in *Eucalyptus populnea* woodland communities of northeast Australia along a rainfall gradient. Ecosystems, 9 (4): 501-515.

Zhang K, Dang H, Tan S, et al. 2010. Change in soil organic carbon following the 'Grain for Green' programme in China. Land Degrad Dev, 21 (1): 13-23.

Zhang H, Guan D S, Song M W. 2012. Biomass and carbon storage of *Eucalyptus* and *Acacia* plantations in the Pearl River Delta, South China. Forest Ecol Manag, 277: 90-97.

Zhao M, Zhou G S. 2005. Estimation of biomass and net primary productivity of major planted forests in China based on forest inventory data. Forest Ecol Manag , 207 (3): 295-313.

Zhou Z C, Shangguan Z P. 2005. Soil anti-scouribility enhanced by plant roots. J Integr Plant Biol, 47 (6): 676-682.

Zhou X, Talley M, Luo Y. 2009. Biomass, litter, and soil respiration along a precipitation gradient in southern Great Plains, USA. Ecosystems, 12 (8): 1369-1380.

Zhou D, Zhao S, Zhu C. 2012. The Grain for Green Project induced land cover change in the Loess Plateau: A case study with Ansai County, Shanxi Province, China. Ecol Indic, 23: 88-94.

Zhou Y, Su J, Janssens I A, et al. 2014. Fine root and litterfall dynamics of three Korean pine (*Pinus koraiensis*) forests along an altitudinal gradient. Plant Soil, 374 (1-2): 19-32.

Zscheischler J, Michalak A M, Schwalm C, et al. 2014. Impact of large-scale climate extremes on biospheric carbon fluxes: An intercomparison based on MsTMIP data. Global Biogeochem Cy, 28 (6): 585-600.

第3章 黄土丘陵区退耕还林工程土壤固碳影响因素

土壤有机碳储量及其活动性不仅受气候、土壤、植被等自然因素的影响，同时还与土地利用、管理等人类活动有关。这些因素通过调节有机碳输入量、微生物群落组成与活性，以及有机碳矿化、淋溶速率等影响土壤有机碳动态。由人类活动引起的土地利用/覆盖的变化是导致土壤有机碳变化的重要原因，其程度往往远远超过其他自然因素影响的速度和程度。

黄土高原丘陵区具有独特的气候、地形、土壤条件，面积广大，对其土壤碳库的研究将积极推动整个土壤碳库科学研究的深入和扩展。黄土高原退耕还林工程是近年来我国实施的规模最大的生态工程之一。如此规模的生态恢复工程对区域土地利用/覆盖变化产生了重大影响，进而导致土壤有机碳固存发生改变。

对于土壤有机碳库储量变化的影响因素，国内外都进行了广泛的研究。影响因素主要分为自然因素（气候、植被、地形等）和人为因素（土地利用、管理措施等）两种，并且土壤有机碳库形成、分解和分布格局受到多种影响因子的共同作用。

3.1 退耕还林还草方式与土壤有机碳固存

土地利用及其变化对SOC储量具有明显的影响。由于没有将土地利用变化考虑进去，通过模型所估算的碳储量要分别比通过卫星遥感方法或大气碳库倒推方法所估算的值低25%和42%。Rumpel等（2002）及Pacala和Socolow（2004）研究发现，热带、温带和寒带森林在采伐后30～50年，地表的SOC会下降50%，土壤中的SOC会下降15%～35%，而在进一步的开垦过程中SOC损失可达50%。有研究发现，耕地恢复植被后，土壤长期SOC截流能力要高于天然未被破坏植被（Wutzler and Reichstein，2007）。人工林在地表积累大量枯落物，造林后土壤表面碳的损失能够被枯落层的SOC积累所抵消（Rumpel et al.，2009）。

Post 和 Kwon（2000）研究指出，在农耕地上重建森林植被，全球平均的 SOC 截流速率为 33.2 ~ 33.8g/(m^2 · a)。

退耕还林还草引起的土地利用变化是土壤有机碳变动的重要影响因素。黄土高原退耕还林后 SOC 变化的研究已开展较多，但本区域自然环境因素复杂，随着退耕还林工程的实施，生态系统结构、功能与景观格局发生了显著变化，SOC 受环境因素影响较大（张锋等，2006；马玉红等，2007），表现出复杂的时空变化，样地条件控制不一致导致研究结果出现较大差异。有些研究发现坡耕地退耕为人工乔灌林后，林木生长中期 SOC 增长速率最高，后期增长较平稳（许明祥和刘国彬，2004；彭文英等，2006）；而另外一些研究结果则显示在后期仍有显著的提高（戴全厚等，2008；薛萐等，2008）。在坡耕地退耕撂荒的报道中，一般研究认为初期 SOC 增长较缓慢，以后则快速提高（薛萐等，2009）；另一些研究则显示撂荒初期快速提高，以后则增长较缓慢（周印东等，2003；郭曼等，2010）；又有研究表明其呈现先增加再降低再增加的变化趋势（焦峰等，2006；刘雨等，2007）。总之，由于缺少对于黄土丘陵区退耕还林工程的土壤碳截流效应的整体系统评价，导致了这种退耕还林还草后 SOC 时空变化的不确定性，严重影响本区域退耕还林还草的土壤固碳效果的准确评价和对未来固碳前景的科学预测。

从黄土丘陵区不同植被恢复措施对表层（0 ~ 20 cm）土壤有机碳累积的整体效应而言，退耕还林（乔木、灌木）的土壤固碳效益>退耕撂荒>退耕还草、退耕还果（图 3-1）。退耕还灌的土壤固碳效益大于退耕还乔（$p<0.05$）。与坡耕地相比，退耕还灌、退耕还乔、退耕撂荒有显著的碳增汇效应，分别较坡耕地增汇 7.8 t/hm^2、4.1 t/hm^{2}和 2.1 t/hm^2，增幅分别为 90.6%、61%和 27.5%。而退耕还草、退耕还果碳增汇效应不显著。以天然草地土壤有机磷密度（SOCD）为目标，撂荒地表层土壤有机碳增汇潜力可达 8.3 t/hm^2，增幅 83.6%。以天然灌木林地和乔木林地 SOCD 为目标，人工灌木和人工乔木林地表层土壤有机碳增汇潜力可达 11.13 t/hm^{2}和 30.65 t/hm^2，增幅分别为 74.8%和 244.1%。

植被自然修复是黄土丘陵区退化生态系统植被恢复的重要措施。通过封山禁牧，荒地植被土壤系统得到协同恢复。荒地植被自然恢复的各个土层的 SOC 含量都显著高于坡耕地重建植被 1 倍左右（$p<0.05$，表 3-1），表明免受耕作干扰且保有原有植被繁殖体和种子库的荒地植被自然恢复的 SOC 截流效果要显著好于坡耕地重建植被。退耕还林和退耕撂荒具有显著的碳增汇效应，而退耕还草、退耕还果没有明显的碳增汇效应。天然草地经过长期自然恢复，土壤有机碳累积

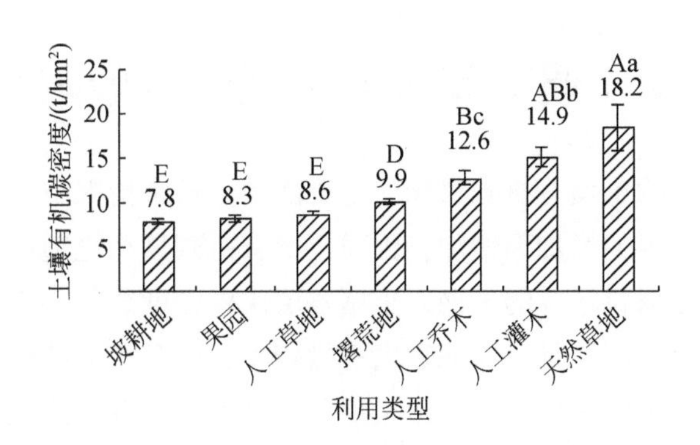

图 3-1　黄土丘陵区退耕后不同植被类型下土壤有机碳密度（0～20 cm，n=303）

不同字母表示差异显著，下同

量可达到坡耕地的 2.3 倍。从长远看，经过长期的自然恢复，撂荒地的土壤固碳潜力十分可观（达 8.3 t/hm²），通过自然恢复可以显著增加土壤有机碳储量。退耕还草、退耕还果没有显著的碳增汇效应，这与人工草地、果园的经营管理方式有直接关系。人工草地累积的地上生物量大多被刈割利用，果园累积的地上生物量以果实、修剪枝条等形式携出，归还土壤的有机物量有限，因此土壤有机碳的净累积没有显著增加也就可以理解。因此，面向减排增汇的植被恢复方式应当以退耕还灌、退耕还乔、退耕撂荒较为适宜。

表 3-1　退耕还林还草及荒坡封禁的土壤固碳效应

土地利用	土层深度/ cm	土壤有机碳含量/(g/kg)			
		平均值	标准误差	最小值	最大值
坡耕地重建植被	0～5	8.82	0.62	3.39	21.74
	5～10	5.29	0.35	2.84	11.59
	10～20	3.12	0.14	1.63	8.31
	20～30	2.67	0.09	1.35	4.75
荒地自然恢复植被	0～5	16.45	1.92	8.02	27.09
	5～10	10.50	0.85	5.67	15.97
	10～20	7.83	0.69	4.21	13.96
	20～30	6.98	0.67	3.49	10.84

3.2 退耕年限与土壤有机碳固存

退耕年限是影响土壤有机碳累积的重要因素。通常情况下，地表生物量和地下根系随着退耕年限的增加而增加，因而土壤有机碳累积也随着较长一段时间的退耕而增加。但在退耕还林的早期，土壤各层次碳密度往往小于退耕前，造成碳密度先降后升的主要原因是早期地表生物量较小，而有机质持续分解，另外，退耕过程促进了有机碳的氧化分解。彭文英等（2006）对陕西省安塞县退耕还林的研究得出，以坡耕地为对照，将退耕年限划分为7年、10～20年、20～30年后，土壤有机碳分别比前一阶段增加了17.3%、35.8%、20.3%。高亚琴等（2009）对陇中黄土高原地区农田退耕为苜蓿地3年、5年、8年后表层20 cm内平均有机碳固存率分别为0.17 mg/(hm^2·a)、0.23 mg/(hm^2·a)、0.25 mg/(hm^2·a)。黄土丘陵区植被恢复年限显著影响土壤有机碳累积量。SOCD随退耕年限的变化（图3-2）表明，在坡耕地退耕为人工乔木、灌木林的前10年以及转化为撂荒地前15年，SOCD变化很小（增加或降低）。但在这个缓慢变化期之后，3种土地利用类型SOCD均显著增加。到退耕还林20年左右时，人工乔木、灌木林的SOCD显著提高（$p<0.05$），到退耕35年分别提高到24.79 t/hm^2和21.58 t/hm^2，积累速率分别为0.66 t/(hm^2·a)和0.53 t/(hm^2·a)。撂荒地SOCD增长相对缓慢，但在撂荒35年时仍显著提高到了15.26 t/hm^2，积累速率为0.23 t/(hm^2·a)。在恢复35年内，SOCD随植被重建年限的变化符合二项式曲线（图3-2），并且3种土地利用的SOCD的测定值与模拟曲线显著相关（$p<0.05$）。在退耕恢复短期内（0～10/15年），坡耕地恢复不同植被类型的SOC积累差异很小，但其后人工乔木、灌木林的SOCD的积累速率要显著高于撂荒地（$p<0.05$）。

综上所述，人工乔木林、人工灌木林、撂荒地3种典型退耕还林还草方式的土壤有机碳累积动态显示，退耕还林还草前期（0～10年）土壤有机碳增加不明显，退耕十年左右有机碳积累速率开始显著提高。退耕前期虽然表层SOC含量（0～5 cm）有所增加，但土壤下层SOC含量提高不明显甚至下降，说明土壤表下层SOC得不到新建植被有机物的有效补充，这也正是退耕还林前期土壤有机碳密度增加不明显的原因。在植被建成初期，同化作用较强，有机质被大量消耗，土壤有机碳含量会下降。而退耕十多年后植被形成较稳定群落，随着凋落物量增加，土壤有机碳累积量逐步升高。目前黄土丘陵区坡耕地大面积退耕还林还草已开展了十多年，如果以现阶段的状况来评价坡耕地退耕后的土壤碳截流效

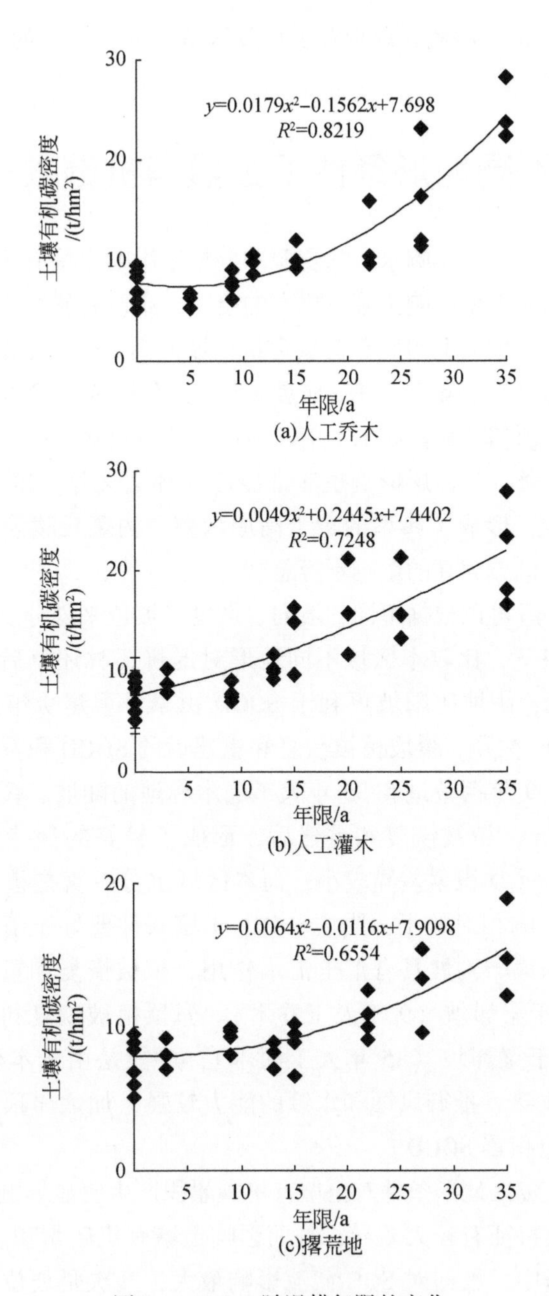

图 3-2　SOCD 随退耕年限的变化

应，则形成的是一个不明显的土壤碳汇。退耕还林还草的长期固碳效应相当可观，退耕 35 年时，退耕还林、退耕撂荒的碳增汇分别为 16 t/hm^2 和 6 t/hm^2，较坡耕地增加了2～3倍。因此在评价黄土丘陵区退耕还林还草的土壤固碳效应时，应着眼于长期效应。

3.3 不同地形条件下土壤有机碳累积特征

地形因素一方面通过影响水、热资源的分配来影响土壤有机碳的输入，一方面通过侵蚀和水土流失来影响土壤有机碳的空间分布。有研究表明，在半干旱地区的小流域，同一个坡面上沟底有机碳含量比坡面高154%（郭胜利等，2003）。土壤有机碳的空间分布表现为沟底>峁坡>峁顶，有机碳含量以峁顶为对照，沟底和峁坡分别是峁顶的1.9倍和1.7倍。地形因素不仅对表层土壤有机碳含量空间分布差异影响显著，对深层影响也非常显著（孙文义等，2010）。黄土高原地形破碎，复杂多样，形成了典型的黄土高原沟壑、沟壑丘陵等流域侵蚀地貌特征，地形对土壤有机碳固存的影响不容忽视。

黄土丘陵区一般可以根据不同的坡向、坡度、坡位来划分复杂地形，在相同的退耕类型及年限下，比较本区域不同地形对退耕还林还草后SOCD积累的影响。从表3-2可见，阴坡比阳坡更利于SOCD积累，重建9年人工乔木林地出现显著（$p<0.05$）差异。缓坡植被恢复和重建后的SOCD积累稍好于陡坡，但二者差异不明显，9年撂荒地和35年人工灌木林地的陡坡、缓坡SOCD均无显著（$p>0.05$）差异。植被恢复和重建后，形成了较好的保持水土作用，可能因此陡坡、缓坡SOCD积累差异较小；而本区域水分一直是植被生长的主要限制因素，光照的影响相对较小，阴坡水分、土壤条件要好于阳坡，更有利于植被生长和SOCD积累。沟坡具有汇土汇水作用，植被恢复和重建后SOCD也显著（$p<0.05$）高于梁峁坡（9年人工乔木）。峁顶植被恢复和重建后SOCD显著（$p<0.05$）高于梁峁坡（35年人工灌木），可能是由于本研究选用的样地植被群落已趋于成熟，抵御风蚀和水蚀的能力较强，加之峁顶地势较平坦，反而比坡面能更好地积累SOCD。

可见，黄土丘陵区地形条件对土壤有机碳累积产生明显影响。在不同的地形条件下植被类型及特征有较大差异，进而影响土壤有机碳累积。在坡向、坡度、坡位三种地形因子中，坡向对SOC截流影响最大，其次是坡位，而坡度的影响在变小。总体而言，地形条件对土壤有机碳空间分布的影响符合常规认识，即阴坡SOC积累好于阳坡，缓坡好于陡坡，沟坡较梁峁坡有利于SOC积累。

表 3-2　不同地形的 SOCD 差异

项目	坡向		坡度		坡位		
	HSH	HS	SS	GS	R	G	V
土壤有机碳密度/(t/hm^2)	[1]10.74±0.83a	[1]7.64±0.61b	[2]8.80±0.98	[2]10.41±0.84	—	[1]7.64±0.61a	[1]8.62±0.58b
	[3]9.42±0.43	[3]9.27±0.41	[3]8.12±0.95	[3]9.27±0.41	—	[4]10.28±1.03	[4]10.88±1.57
	[4]14.11±1.31a	10.88±1.57b	[5]20.29±0.76	[5]21.57±2.13	[5]23.68±1.23	[5]21.57±2.13	—
	[6]17.31±2.10a	10.42±1.87b	—	—	—	—	—

注：1. 恢复 9 年人工乔木林地 SOCD；2. 恢复 15 年人工乔木林地 SOCD；3. 恢复 9 年撂荒地 SOCD；4. 恢复 35 年天然草地 SOCD；5. 恢复 35 年人工灌木林地 SOCD；6. 恢复 9 ~ 35 年天然灌木林地 SOCD 的增加量；HSH 为阴坡；HS 为阳坡；SS 为陡坡；GS 为缓坡；R 为峁顶；G 为峁坡；V 为沟底

一般认为不同小地形的小气候具有一定差异，会影响植被生长，形成特定的土壤环境（Shi and Shao，2000；Wang，2002），最终影响 SOC 的积累。随着黄土丘陵区植被恢复，尤其是林、灌、草长期生态效应的发挥，使原有小地形的环境因素差异也在发生显著的变化，不同地形条件下 SOC 积累表现出了不同于以往研究的特点：陡坡、缓坡地差异在减小；阴坡、阳坡差异很明显；峁顶逐渐比梁峁坡有利于 SOC 积累。这些复杂地形造成的 SOC 积累的差异达到了植被恢复后每年 SOCD 积累量的几倍多，黄土丘陵区都处于这种复杂的地形条件下，因此科学准确地评价本区域植被恢复的土壤固碳效应时，应充分考虑不同地形造成的碳截流差异及其动态变化。同时不同地形条件的植被恢复 SOC 积累差异的研究，也会对今后植被恢复工程的实施起到一定的指导作用。

前期关于纸坊沟小流域的研究发现，与小流域退耕后的土地利用相比，小流域尺度上 SOCD 的空间分布与小流域土地利用变化具有很强的一致性。小流域东北部 SOCD 要明显高于其他区域，这正是该流域植被恢复多年后形成的成熟乔木和灌木林地集中分布的区域；而其他区域，尤其是中部和南部主要为未退耕农地和植被恢复时间较短的幼林、荒地，表现为较低的 SOCD。表明小流域内的 SOCD 空间分布的变化是由土地利用所主导。

SOCD 在空间分布上与土地利用变化相对应，植被恢复是小流域内 SOC 空间分布发生变化的主要原因。但地形导致的小气候差异影响 SOC 积累。植被恢复后：阴坡积累好于阳坡，沟坡好于梁峁坡，长期植被恢复后峁顶 SOC 积累也优于梁峁坡，而缓坡与陡坡差异不大。黄土丘陵区的复杂地形造成的 SOC 积累的差异达到了植被恢复后每年 SOCD 积累速率的几倍多，因此准确地评价本区域植被恢复的土壤固碳效果应注意考虑不同地形造成的碳截流差异及其动态变化。

3.4 土壤有机碳成层性

表层 SOC 与下层 SOC 的比例（stratification ratio of SOM，SR）对土壤有机碳累积具有良好的指示作用。由于消除了本底差异，SR 适用于不同地理区域和土地利用背景的大范围研究。多种土壤性质随土层深度增加而降低，而 SR 则升高（Franzluebbers et al.，2007）。SR 受到植物耕作的干扰，且随着保护性耕作年限的延长呈现升高的趋势，并且长期的耕作导致各层的 SR 相同，相反长期的免耕则恢复 SR。SR 与 SOC 储量以及 SOC 积累速率均呈显著线性相关，表明 SR 对碳积累具有良好的指标作用（Sa and Lal，2009）。成层性过程造成了不同土层 SR 的差异，这种分布差异可能与枯落物的性质（有机组成，如蜡质、木质素）、根系析出物的总量和多样性有关。耕作干扰并且使有机质暴露给微生物分解，而减少扰动和持续的表层土壤枯落物的输入为增加土壤生物活性以及团聚体提供了良好的环境。

植被恢复后 SOCD 与恢复年限存在线性关系，随植被恢复年限的延长总体呈增加的趋势（图 3-3），0 ~35 年积累速率分别为人工乔木 0.70 t/(hm^2 · a)、人工灌木 0.57 t/(hm^2 · a)、自然撂荒 0.26 t/(hm^2 · a)。SR（0 ~ 5/5 ~ 10 cm、0 ~ 5/20 ~ 30 cm）存在同样的变化趋势（图 3-3），且与恢复年限极显著线性相关（$p<0.01$）。人工乔木、人工灌木和自然撂荒 SR（0 ~ 5/5 ~ 10 cm、0 ~ 5/20 ~ 30 cm）增长速率分别为 0.14/a 和 0.038/a、0.10/a 和 0.029/a、0.068/a 和 0.023/a。SR 的年增长速率与 3 种植被恢复类型相应的 SOCD 年增长率存在大约 1 : 5 或1 : 15 左右的比例关系，这种准确数量化的比例关系如果在本区域植被恢复过程中普遍存在，将为植被恢复过程中 SOC 积累变化研究提供准确、方便的良好指标。

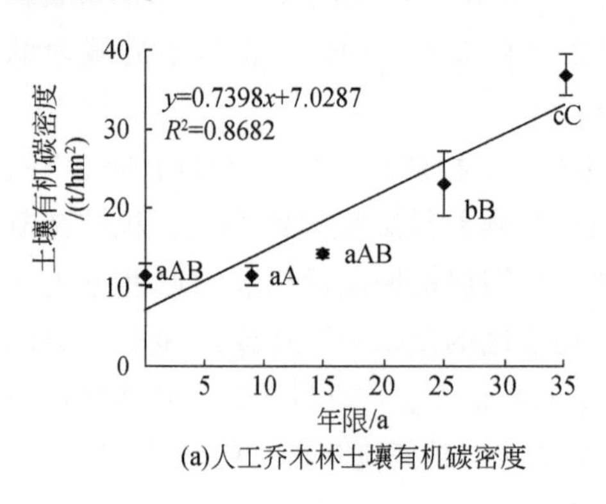

(a)人工乔木林土壤有机碳密度

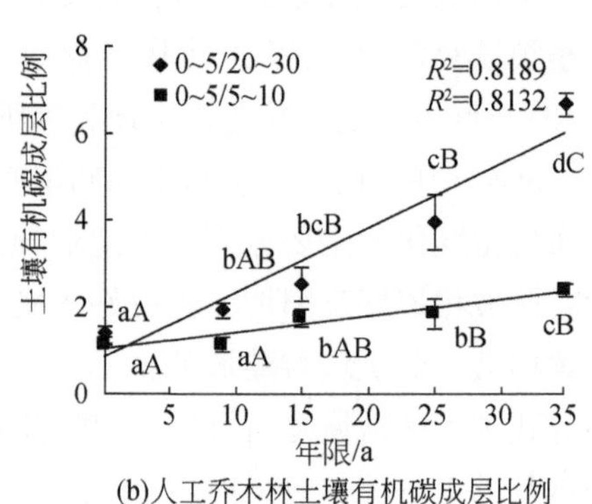

(b)人工乔木林土壤有机碳成层比例

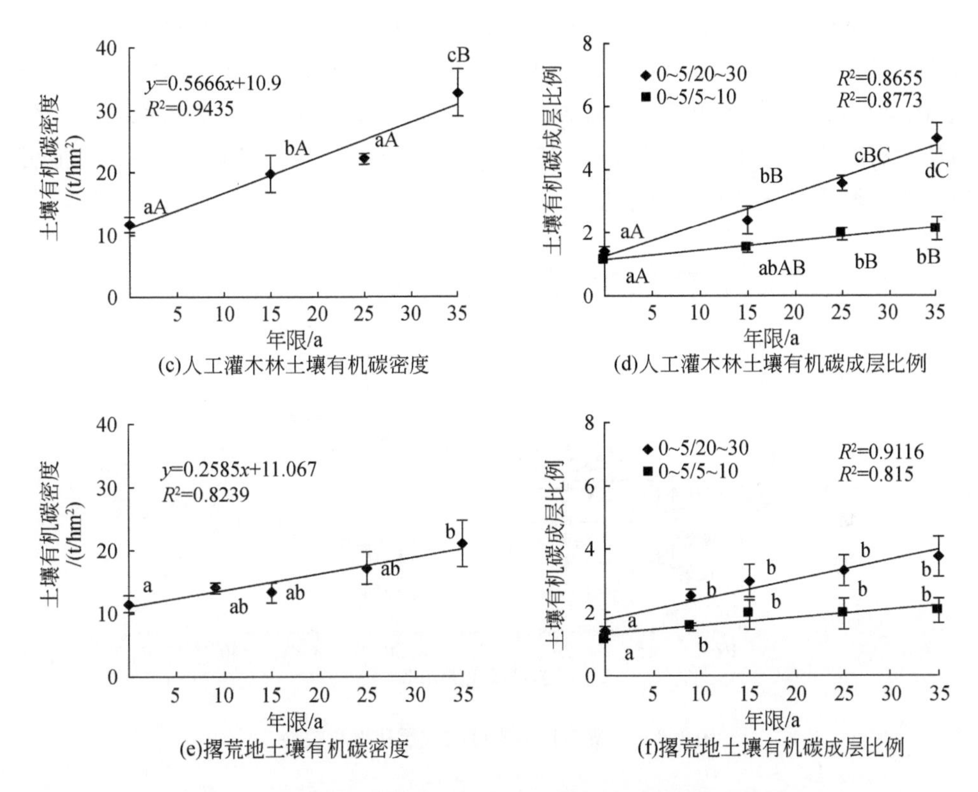

(c)人工灌木林土壤有机碳密度

(d)人工灌木林土壤有机碳成层比例

(e)撂荒地土壤有机碳密度

(f)撂荒地土壤有机碳成层比例

图 3-3　土壤有机碳密度和成层比例与植被恢复年限的相关性（0～5/5～10 cm，0～5/20～30 cm）

农地持续的翻耕使得表层土壤与下层土壤混合，破坏了 SOC 原有的稳定环境和土壤团聚体的保护，使得 SOC 更易受到微生物的分解，降低了 SOC 的积累（Lal，1997；Diaz-Zorita and Grove，2002；Franzluebbers et al.，2007）；而在扰动较少的土壤中，存在着表层土壤有机物的供应高于下层土壤的自然过程，这种自然过程和扰动的减少有利于 SOC 的积累（Franzluebbers，2002a，2002b）。在黄土丘陵区，SOC 成层性是植被恢复过程中 SOC 积累的良好指标，尤其是可以用表层（0～5/5～10 cm）的比例指示更深层次（0～30 cm）的 SOC 积累的变化。

深层 SR（0～5/20～30 cm）与 SOCD 相关性（0.7995）明显高于表层 SR（0～5/5～10 cm）（0.5214）（图 3-4），且与土壤质量指标有更高的相关性，说明 SR（0～5/20～30 cm）更加敏感，因此宜选用较深或相隔土层的 SOM 成层性作为 SOC 积累和土壤质量变化指标。Franzluebbers（2002a）指出在免耕条件下，土壤有机碳库成层性（0～5/12.5～20 cm 或 0～2.5/7.5～15 cm）>2 可能预示着土壤质量的改善。本研究表明，坡耕地、梯田和果园的 SR（0～5/20～30 cm）分别达到了1.44、1.54 和1.82；而植被恢复的区域一般SR（0～5/20～30 cm）>2。因此在黄土丘陵区植被恢复过程中，SR（0～5/20～30 cm）>2 可能就表明土壤质量有所改善；而一般植被恢复30 多年后 SR（0～5/20～30 cm）>3，可能可以作为土壤质量显著改善的标志。

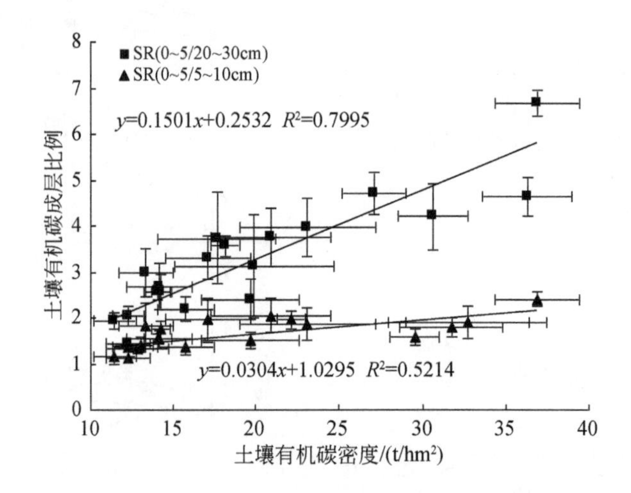

图 3-4　土壤有机碳密度与成层比例相关性

SOM 成层性作为 SOC 积累指标在生态恢复过程中的应用具有重要的意义。不同地区尤其是大尺度空间上的植被恢复效果的比较，常常存在植被恢复前原有土壤状况（本底）不清的问题，直接应用碳积累和土壤质量指标比较往往受此影响比较大，使得大范围植被恢复的土壤碳截流的评价很不准确。SR 可以将不同区域的指标标准化，最大限度消除本底差异（Diaz-Zorita and Grove，2002），因此 SR 作为 SOC 积累指标的引入可能会使得大尺度空间上的植被恢复效果的评价更加准确。为区域生态恢复以及大尺度上评价生态恢复对 SOC 的影响提供方便、有效的评价指标。

3.5　土壤呼吸与土壤有机碳库变化

土壤呼吸是土壤碳输出到大气中的主要途径，每年因土壤呼吸而排放的碳约为68～100 Pg，仅次于全球陆地总初级生产力的估算值（100～120 Pg/a），而高于净初级生产力的估算值（50～60 Pg/a），土壤呼吸贡献于大气 CO_2 的年通量是燃烧化石燃料贡献量的近10 倍，所以土壤呼吸即使发生较小的变化也会对大气

的 CO_2 年输入量产生不可估量的影响（Grace and Rayment，2000）。土壤呼吸是一种复杂的生物学过程，受到多种因素的影响。它的变化主要由活跃的植物根系、寄生性真菌，以及独立生活的微生物和土壤动物所决定（Gallardo and Schlesinger，1994）。此外土壤温度、土壤含水量、降水、凋落物，以及土壤碳、氮含量等非生物因子，还有植被类型、叶面积指数、根系生物量等生物因子和人类活动都对其有影响（Gallardo and Schlesinger，1994；Davidson et al.，1998）。在全球尺度上，土壤呼吸速率主要由年均气温和年均降水量控制，而土壤碳、氮含量和碳氮比影响较小（Raich and Tufekcioglu，2000）。许多研究表明，土壤呼吸和温度之间具有显著的相关关系，温度变化一般可以解释土壤呼吸日变化和季节性变化的大部分变异（Heinemeyer et al.，2007；Almagro et al.，2009）。

测定结果表明，三种刺槐林地（阴坡9年林龄、阳坡9年林龄、阳坡25年林龄，分别用ch9h、ch9y和ch25表示）整个生长季节的日均土壤呼吸速率为2.14～2.75 μmol/(m² · s)，显著高于非生长季节的0.20～0.49μmol/(m² · s)（$p<0.01$，图3-5），但非生长季节仍占有较高比例，为生长季节的日均土壤呼吸速率的10%～18%，占据此估算的全年平均土壤呼吸速率的17%～30%。ch25的总土壤呼吸速率较ch9h和ch9y高出20%～90%。

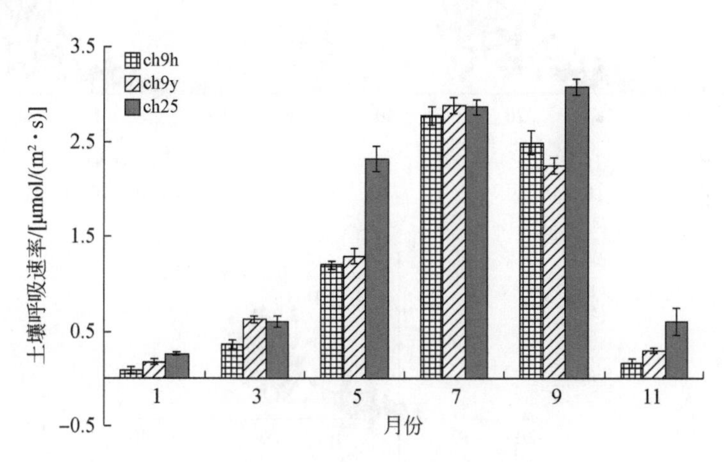

图3-5　土壤呼吸速率的季节变化

温度是影响土壤呼吸速率的主要因素（Heinemeyer et al.，2007）。土壤呼吸速率随温度的变化符合二项式函数（$p<0.05$，图3-6）。土壤呼吸与温度和水的关系表明，在正常范围内更高的温度和更高的水分将导致更高的土壤呼吸和碳释放。温度对土壤呼吸的季节变化起主导作用，水分、呼吸分解底物（易氧化

SOC）和分解者（微生物量碳）起调控作用。呼吸分解底物（易氧化 SOC）和分解者（微生物量碳）对不同植被类型间土壤呼吸差异起非常重要的作用，ch25 的总土壤呼吸速率明显高于 ch9h 和 ch9y。但成熟人工林（ch25）有更大的 SOC 积累量，尤其是面对未来更加湿润温暖的气候变化趋势具有更加稳定的内部温度和土壤水分条件，因此本区域已有人工成熟林的保护对于缓解未来土壤碳排放量增加的威胁具有重大意义。

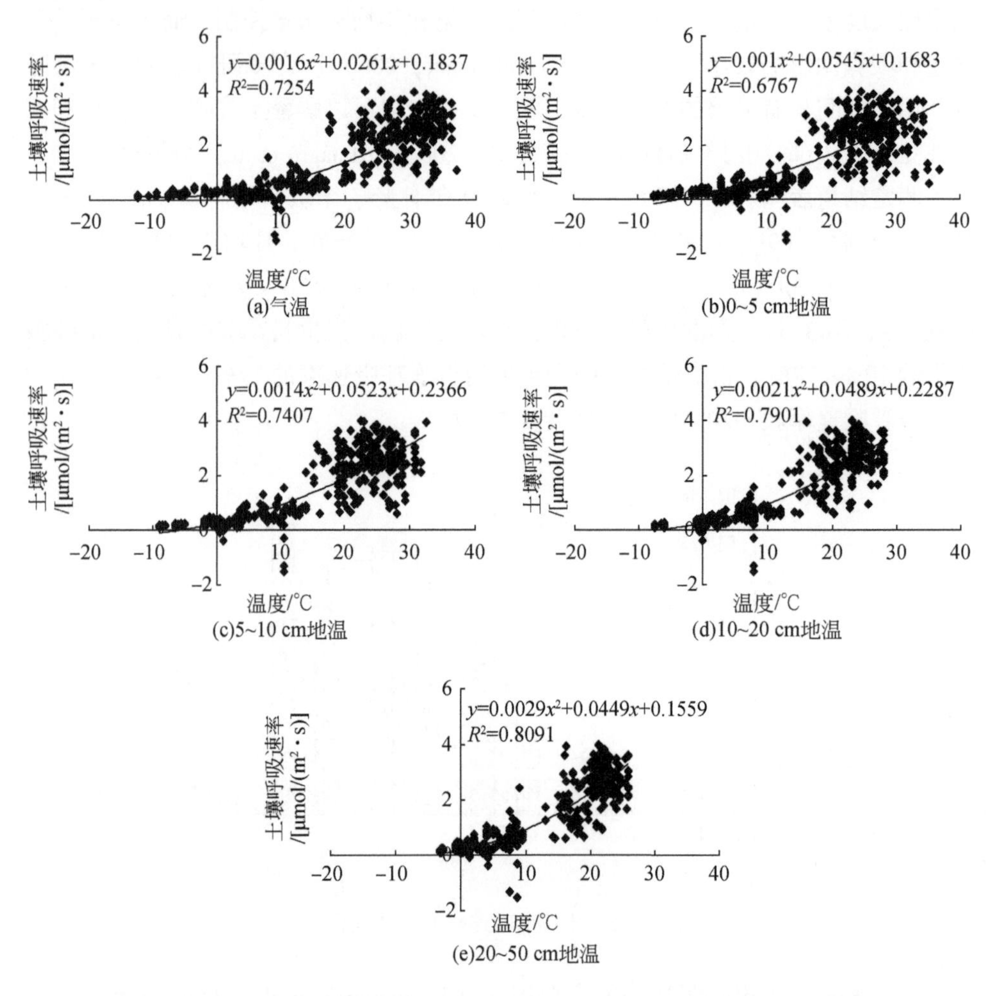

图 3-6　土壤呼吸速率与近地面温度和不同深度土壤温度的相关性（$n=484$）

三种植被类型普遍都存在着生长季节 SOC 含量降低的趋势，与土壤呼吸速率的季节变化趋势相反，很可能与土壤呼吸导致的碳释放有直接关系。表层

(0 ~ 5 cm) 的 SOC 含量降幅大于 5 ~ 10 cm，0 ~ 10 cm 微生物量碳含量也极显著高于下层 20 ~ 50 cm，0 ~ 5 cm 同样含有最高的易氧化 SOC，因此土壤表层可能是土壤碳释放的主要层次。微生物量碳含量只有易氧化 SOC 含量的 10% 左右，而易氧化 SOC 占 SOC 含量的 20% 左右。SOC 含量变化与 SOC 活性组分的含量变化有很强的相关性，环境因子变化导致的 SOC 库变化的主要部分可能就是 SOC 的活性组分。微生物量碳和易氧化 SOC 在春季和秋季有较高的含量，而夏季和冬季处于较低值，表明中等的温度和水分条件有利于微生物的繁殖和易氧化 SOC 的形成。但作为呼吸分解底物（易氧化 SOC）和分解者（微生物量碳），季节变化受土壤呼吸和温度、水分变化影响。未来气候将向着更加温暖湿润的方向发展，因此本区域也存在碳释放加剧的风险。

3.6 不同因素对土壤有机碳固存的影响程度

对于影响土壤碳库变化的因素，国内外也有广泛的研究。有机物质的输入量在很大程度起决定作用，但与之相关的气候条件、土壤水分状态、养分的有效性以及人类活动等因素也会有很大的影响，而土壤中有机物质的分解速率则受制于有机物的化学组成、土壤水热状况以及物理化学特性等因素（Fettweis et al., 2005；Pagani et al., 2009）。因此，SOC 并不简单地随生态系统初级生产力的变化而变化，不同生态系统中温度和湿度等条件变化将强烈地影响 SOC 的矿化输出（Pagani et al., 2009；Gudasz et al., 2010）。正因为如此，国内外大量研究表明不同植被类型引起土壤碳库不同的响应，土壤碳库存在明显差异；而对于不同的小地形条件，也有研究指出形成不同的微环境条件，造成碳积累和动态的差异（Don et al., 2007；Wang et al., 2009）。土壤侵蚀和再分布对 SOC 储量和土壤 CO_2 释放量均有显著影响（Lal, 2008）。

本章利用线性回归模型（GLM）中的方差成分估计模块，计算了不同植被恢复类型（人工乔木、人工灌木、果园、人工草地、天然草地、撂荒地）、恢复年限、地形（坡向、坡位、坡度）等因子对黄土丘陵区土壤有机碳密度变异性的贡献（表 3-3）。结果表明，在黄土丘陵区区域尺度上，植被恢复的土壤固碳效应主要受植被恢复方式及年限的影响，两者分别可解释 55.6% 和 24.1% 的有机碳变异性；地表凋落物量反映了地上植被的生长发育状况，对表层土壤有机碳累积有显著影响，可解释 11.8% 的土壤有机碳变异性。地形因子对土壤固碳也有显著影响，可解释 8.5% 的有机碳变异性。一般认为，特定小地形的小气候具有一定差异，会影响植被生长、形成特定的土壤环境，最终影响 SOC 的积累。随着黄土丘陵区退耕还林工程的实施，尤其是林灌草长期生态效应的发挥，原有小地形环境差异的影响也发生变化，不同地形条件下 SOC 积累表现为：陡坡、缓坡地差异减小；阴坡、阳坡差异明显；峁顶比梁峁坡有利于 SOC 积累。地形造成的 SOC 积累的差异达到了退耕后年土壤碳汇效应的几倍多。因此，评估该区退耕还林的土壤固碳效应时应当充分考虑退耕年限和地形因子的影响。

表 3-3 不同因子在土壤有机碳密度变异（方差）中的贡献（GLM 模型，方差成分估计，n=221）

有机碳密度	方差来源					
	植被类型	恢复年限	凋落物量	坡位	坡向	坡度
方差	20.9	9.1	4.5	2.1	1.1	0
占总方差的比例/%	55.6	24.1	11.8	5.7	2.8	0

综上所述，土壤有机碳固存及其活动性是植被、土壤、土地利用、地形、管理措施等自然和人为因素综合作用的结果。这些因素通过调节有机碳输入和输出影响土壤有机碳动态。由人类活动引起的土地利用/覆被的变化是导致土壤有机碳变化的重要原因。同时，土壤侵蚀和水土流失也对黄土丘陵区土壤有机碳固存产生重要影响。此外，植被类型制约着土壤有机质的输入量，而气候条件（如温度、水分等）可以通过影响植被的生产力和凋落速率来影响有机质的输入。另外，气候条件还可以通过微生物活性来影响地表凋落物和土壤有机碳的分解和转化速率。黄土丘陵区植被恢复过程中土壤有机碳受植被类型、恢复年限、地形等因素影响较大，表现出复杂的时空分布格局（许明祥等，2012）。在评估黄土丘陵区退耕还林还草的土壤固碳效应时应考虑退耕类型、退耕年限以及地形条件对土壤固碳的影响。

参考文献

戴全厚，薛萐，刘国彬，等. 2008. 黄土丘陵区封禁对侵蚀土壤微生物生物量的影响. 土壤学报，45（3）：518-525.

高亚琴，黄高宝，王晓娟，等. 2009. 退耕土壤的碳、氮固存及其对 CO_2、N_2O 通量的影响. 生态环境学报，18（3）：1071-1076.

郭曼，郑粉莉，安韶山，等. 2010. 植被自然恢复过程中土壤有机碳密度与微生物量碳动态变化. 水土保持学报, 24 (1): 229-238.
郭胜利, 刘文兆, 史竹叶, 等. 2003. 半干旱区流域土壤养分分布特征及其与地形、植被的关系. 干旱地区农业研究, 21 (4): 40-43.
焦峰, 温仲明, 焦菊英, 等. 2006. 黄丘区退耕地植被与土壤水分养分的互动效应. 草业学报, 15 (2): 79-84.
刘雨, 郑粉莉, 安韶山, 等. 2007. 燕沟流域退耕地土壤有机碳、全氮和酶活性对植被恢复过程的响应. 干旱地区农业研究, 25 (6): 220-226.
马玉红, 郭胜利, 杨雨林, 等. 2007. 植被类型对黄土丘陵区流域土壤有机碳氮的影响. 自然资源学报, 22 (1): 97-105.
彭文英, 张科利, 杨勤科. 2006. 退耕还林对黄土高原地区土壤有机碳影响预测. 地域研究与开发, 25 (3): 94-99.
孙文义, 郭胜利, 宋小燕. 2010. 地形和土地利用对黄土丘陵沟壑区表层土壤有机碳空间分布影响. 自然资源学报, 25 (3): 443-453.
许明祥, 刘国彬. 2004. 黄土丘陵区刺槐人工林土壤养分特征及演变. 植物营养与肥料学报, 10 (1): 40-46.
许明祥, 王征, 张金, 等. 2012. 黄土丘陵区土壤有机碳固存对退耕还林草的时空响应. 生态学报, 32 (17): 5405-5415.
薛萐, 刘国彬, 戴全厚, 等. 2008. 黄土丘陵区人工灌木林恢复过程中的土壤微生物生物量演变. 应用生态学报, 19 (3): 517-523.
薛萐, 刘国彬, 戴全厚, 等. 2009. 黄土丘陵区退耕撂荒地土壤微生物量演变过程. 中国农业科学, 42 (3): 943-950.
张锋, 郑粉莉, 安韶山, 等. 2006. 子午岭地区林地破坏加速侵蚀对土壤养分流失和微生物的影响研究. 植物营养与肥料学报, 12 (6): 826-833.
周印东, 吴金水, 赵世伟, 等. 2003. 子午岭植被演替过程中土壤剖面有机质与持水性能变化. 西北植物学报, 23 (6): 895-900.
Almagro M, López J, Querejeta J I, et al. 2009. Temperature dependence of soil CO_2 efflux is strongly modulated by seasonal patterns of moisture availability in a Mediterranean ecosystem. Soil Biology & Biochemistry, 41 (3): 594-605.
Davidson E A, Belk E, Boone R D. 1998. Soil water content and temperature as independent or confounded factors controlling soil respiration in a temperate mixed hardwood forest. Global Change Biology, 4 (2): 217-227.
Diaz-Zorita M, Grove J H. 2002. Duration of tillage management affects carbon and phosphorus stratification in phosphatic paleudalfs. Soil & Tillage Research, 66 (2): 165-174.
Don A, Schumacher J, Scherer-Lorenzen M, et al. 2007. Spatial and vertical variation of soil carbon at two grassland sites: Implications for measuring soil carbon stocks. Geoderma, 141 (3-4): 272-282.

Fettweis U, Bens O, Htl R F. 2005. Accumulation and properties of soil organic carbon at reclaimed sites in the Lusatian lignite mining district afforested with *Pinus* sp. Geoderma, 129 (1-2): 81-91.

Franzluebbers A J. 2002a. Water infiltration and soil structure related to organic matter and its stratification with depth. Soil & Tillage Research, 66 (2): 197-205.

Franzluebbers A J. 2002b. Soil organic matter stratification ratio as an indicator of soil quality. Soil & Tillage Research, 66 (2): 95-106.

Franzluebbers A J, Schomberg H H, Endale D M. 2007. Surface-soil responses to paraplowing of long-term no- tillage cropland in the Southern Piedmont USA. Soil & Tillage Research, 96 (1-2): 303-315.

Gallardo A, Schlesinger W H. 1994. Factors limiting microbial biomass in the mineral soil and forest floor of a warm-temperate forest. Soil Biology & Biochemistry, 26 (10): 1409-1415.

Grace J, Rayment M. 2000. Respiration in the balance. Nature, 404 (6780): 819-820.

Gudasz C, Bastviken D, Steger K, et al. 2010. Temperature- controlled organic carbon mineralization in lake sediments. Nature, 466 (7305): 478-481.

Heinemeyer A, Hartley I P, Evans S P, et al. 2007. Forest soil CO_2 flux: Uncovering the contribution and environmental responses of ectomycorrhizas. Global Change Biology, 13 (8): 1786-1797.

Lal R. 1997. Long- term tillage and maize monoculture effects on a tropical Alfisol in western Nigeria. 2. Soil chemical properties. Soil & Tillage Research, 42 (3): 161-174.

Lal R. 2008. Carbon sequestration. Philosophical Transactions of the Royal Society B- Biological Sciences, 363 (1492): 815-830.

Pacala S, Socolow R. 2004. Stabilization wedges: Solving the climate problem for the next 50 years with current technologies. Science, 305 (5686): 968-972.

Pagani M, Caldeira K, Berner R, et al. 2009. The role of terrestrial plants in limiting atmospheric CO_2 decline over the past 24 million years. Nature, 460 (7251): 85-88.

Post W M, Kwon K C. 2000. Soil carbon sequestration and land- use change: Processes and potential. Global Change Biology, 6 (3): 317-327.

Raich J W, Tufekcioglu A. 2000. Vegetation and soil respiration: Correlations and controls. Biogeochemistry, 48 (1): 71-90.

Rumpel C, Kogel-Knabner I, Bruhn F. 2002. Vertical distribution, age, and chemical composition of organic, carbon in two forest soils of different pedogenesis. Organic Geochemistry, 33 (10): 1131-1142.

Rumpel C, Chabbi A, Nunan N, et al. 2009. Impact of landuse change on the molecular composition of soil organic matter. Journal of Analytical and Applied Pyrolysis, 85 (1-2): 431-434.

Sa J C D, Lal R. 2009. Stratification ratio of soil organic matter pools as an indicator of carbon sequestration in a tillage chronosequence on a Brazilian Oxisol. Soil & Tillage Research, 103 (1): 46-56.

Shi H, Shao M G. 2000. Soil and water loss from the Loess Plateau in China. Journal of Arid Environments, 45 (1): 9-20.

Wang G H. 2002. Plant traits and soil chemical variables during a secondary vegetation succession in abandoned fields on the Loess Plateau. Acta Botanica Sinica, 44 (8): 990-998.

Wang Y Q, Zhang X C, Zhang J L, et al. 2009. Spatial variability of soil organic carbon in a watershed on the Loess Plateau. Pedosphere, 19 (4): 486-495.

Wutzler T, Reichstein M. 2007. Soils apart from equilibrium- consequences for soil carbon balance modelling. Biogeosciences, 4 (1): 125-136.

第4章 黄土高原退耕还林工程土壤固碳速率

4.1 前　言

土地利用变化通过改变土壤有机碳（SOC）的积累与周转过程、水土流失状况、植被生物量特征等影响着全球碳循环（Fang et al.，2001；Lal，2002）。近两个世纪以来，由于人口扩张引起的自然植被的破坏导致大量的碳从陆地生物圈进入大气圈，这是引起温室气体增加的一个主要原因（Foley et al.，2005）。为了恢复退化的生态系统，植被恢复措施的实施被认为是减轻气候变化的一个有效策略（Miles and Kapos，2008；Deng et al.，2013a；Feng et al.，2013）。

近几十年来，广泛的生态退化限制了我国经济社会的可持续发展，尤其20世纪末期更为严重。为了防止水土流失以及其他环境问题，1999年，我国政府实施了退耕还林工程（Deng et al.，2012）。目前，退耕还林工程是我国投资最多、涉及范围最广的生态服务工程（Uchida et al.，2009；Zhang et al.，2010；Feng et al.，2013）。我国政府承诺在2050年以前将投入400亿美元用于该工程的建设，而且这还不包括在过去十年已经投入的282.8亿美元，希望我国坡度≥25°的耕地都能转化为乔、灌、草等植被（Feng et al.，2013）。

虽然退耕还林工程实施的最初目的是控制水土流失，但是该工程对我国土壤碳汇的功能也产生了较大的影响（Chang et al.，2011）。自该工程实施以来，关于其对我国土壤固碳作用的影响已经有很多报道（Zhang et al.，2010；Chang et al.，2011；Deng et al.，2013a，2014a；Feng et al.，2013）。例如，Zhang等（2010）研究表明，全国范围内上层20 cm土壤碳储量的平均累积速率为36.67 g/(m^2·a)［0.37 Mg/(hm^2·a)］；Chang等（2011）研究表明，黄土高原地区0~20 cm土壤SOC平均固碳量为0.712 Tg/a，该固碳可以持续近60年；Feng等（2013）研究表明，2000~2008年，黄土高原地区0~20 cm土壤固碳量从2.64 Pg增加到2.68 Pg，平均固碳速率为8.5 g/(m^2·a)［0.085 Mg/(hm^2·a)］。但是，目前的研究还存在一些问题：①采用国外的一些经验参数来评估我国退耕还林工程土壤 SOC 储量的变化（Chen et al.，2009）；②用较少的样本数据来评估较大尺度上退耕还林工程的土壤碳储量变化（Zhang et al.，2010；Chang et al.，2011）；③采用 CENTURY 模型来估算多样化生态系统下的土壤碳储量精度问题，CENTURY 模型是基于草地生态系统开发出来的，后来经过不断的改进，但是很多应用结果表明该模型应用到农田和草地生态系统比较精确，而退耕还林工程是以造林为主的生态工程，显然用该模型来估算退耕还林工程的土壤碳储量变化是不合适的。因此，我们需要一个更加精确的方法来估算大尺度 SOC 储量的变化。

黄土高原地区是我国退耕还林工程重点实施的区域，大约有 2.03×10^6 hm^2 坡度大于 15°的坡耕地退耕为林地和草地（Chang et al.，2011）。自从该工程在黄土高原实施以后，已有很多研究关注该工程对土壤碳储量的影响（Fu et al.，2000，2010；Chen et al.，2007；Wei et al.，2010；Deng et al.，2013a，2013b）。但是，许多研究仅关注某一地点植被恢复序列的土壤碳储量变化，而对大域尺度土壤固碳量及其变化过程的研究还存在争议。

因此，本研究的主要目的是：①评估黄土高原退耕还林工程的固碳潜力和固碳速率；②揭示不同区域不同恢复类型（乔、灌、草）的固碳差异；③探讨影响土壤碳储量变化的控制因子。

4.2 研究方法

4.2.1 数据的整理

对发表在 1999 ~ 2012 年与黄土高原地区退耕还林工程（包括退耕还乔、灌、草）土壤 SOC 变化有关的文献数据进行整理。原始数据通过收集文献中的表格和图获得。图中的数据通过 GetData Graph Digitizer（version 2.24）软件进行萃取。对每篇文献来说，主要收集如下内容：数据来源、经纬度、年均温、年降水、土地利用类型（农田、乔木、灌木、草地）、退耕年限、土层厚度、土壤容重、SOC 和土壤碳储量。由于很多研究表明，退耕还林还草后，土壤 SOC 储量变化主要发生在表层土壤中（Richter et al.，1999；Chen et al.，2007），而且 0 ~ 100 cm 土壤 SOC 储量可以用 0 ~ 20 cm 土壤碳储量进行估算（Zhang et al.，

2010）。因此，本研究仅对 0 ~ 20 cm 土壤固碳特征进行了估算。最终，本研究收集到的有效数据库来自于 44 篇已发表文献，共包括 70 个样点的 424 个样本，其中，256 个样本来源于 43 篇文献，其他 168 个样本来自于 Chang 等（2011）的论文。所有样点广泛地分布于黄土高原整个退耕还林工程所涉及区域。

根据降水量黄土高原可以分为 3 个气候区：年降水量<450mm 的黄土高原北部地区，年降水量 450 ~ 550mm 的黄土高原中部地区，年降水量>550mm 的黄土高原南部地区（Li et al.，2008），因此，我们可以根据此气候分区研究不同气候区土地利用类型对土壤 SOC 储量的影响。另外，本研究中，恢复年龄分为 4 个组，分别为：0 ~ 5 年、6 ~ 10 年、11 ~ 30 年和>30 年。

4.2.2 数据的计算

在所收集的文献数据中，土壤碳储量的单位 kg/m^2 统一转换为 Mg/hm^2。

如果所收集的样本仅包含土壤有机质（soil organic matter，SOM）数据，那么它们的 SOC 数据可以根据 SOM 与 SOC 之间的关系计算出来。计算公式如下（Guo and Gifford，2002）：

$$\mathrm{SOC} = \mathrm{SOM} \times 0.58 \tag{4-1}$$

对所收集的文献中土壤容重（BD）数据没有测定的样本，我们可以根据 SOC 与 BD 之间的经验关系模型进行估算（Wu et al.，2003）：

$$\mathrm{BD} = -0.1229\ln(\mathrm{SOC}) + 1.2901(\mathrm{SOC} < 6\%)$$

$$\mathrm{BD} = 1.3774e^{-0.0413\mathrm{SOC}}(\mathrm{SOC} > 6\%) \tag{4-2}$$

土壤碳储量采用如下公式进行计算：

$$C_s = \frac{\mathrm{SOC} \times \mathrm{BD} \times D}{10} \tag{4-3}$$

式中，C_s为土壤碳储量（Mg/hm^2）；SOC 为土壤有机碳含量（g/kg）；BD 为土壤容重（g/cm^3）；D 为土层厚度（cm）。

固碳速率根据不同时间序列土壤碳储量的变化量进行估算。本研究把农田阶段的土壤碳储量作为基准值来计算退耕还林还草后的土壤碳储量的变化率。我们首先计算退耕后恢复到各阶段的土壤固碳量（Mg/hm^2）：

$$\Delta C_s = C_{\mathrm{LU}n} - C_{\mathrm{LU}_0} \tag{4-4}$$

式中，$C_{\mathrm{LU}n}$为退耕后恢复到各阶段的土壤碳储量（Mg/hm^2）；C_{LU_0}为退耕前初始土壤碳储量，即农田阶段土壤碳储量（Mg/hm^2）。

其次，我们建立土壤固碳量（ΔC_s）与恢复年限（ΔAge）之间的一元线性回归方程[$y=f(x)=y_0+kx$]：

$$\Delta C_s = f(\Delta \mathrm{Age}) = y_0 + k \times \Delta \mathrm{Age} \tag{4-5}$$

我们知道一元线性方程的一阶导数表示曲线的变化率，所以土壤固碳量对恢复年限的一阶导数可以表示土壤碳储量的变化速率：

$$固碳速率[\mathrm{Mg/(hm^2 \cdot a)}] = f'(\Delta \mathrm{Age}) = \frac{\mathrm{d}f(\Delta \mathrm{Age})}{\mathrm{d}\Delta \mathrm{Age}} = k \tag{4-6}$$

式中，y_0 是式（4-5）的常量；k 表示土壤固碳速率[$\mathrm{Mg/(hm^2 \cdot a)}$]，也是式（4-5）的斜率；$\Delta$Age 表示恢复年限（年），$\Delta \mathrm{Age}>0$。

黄土高原地区退耕还林工程土壤 SOC 的固碳潜力可以由土壤固碳速率和该工程所涉及的退耕还林还草面积计算出来，具体研究思路如图 4-1 所示。

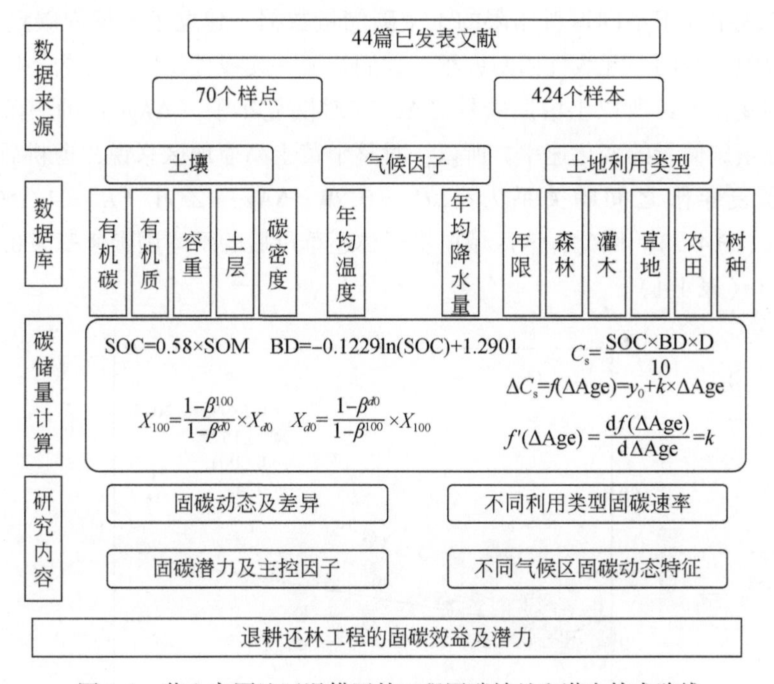

图 4-1　黄土高原地区退耕还林工程固碳效益和潜力技术路线

4.2.3　数据分析

采用多因素方差分析对不同气候区、不同土地利用类型、不同年龄组之间的土壤固碳量进行比较，当显著水平 $p<0.05$ 时表示差异性显著。采用逐步回归分

析对各龄组中土壤固碳量（ΔC_s）与年均温（T）、年均降水量（P）、恢复年限（A）、初始土壤碳储量（I）之间的关系进行分析，得出最佳回归方程。采用Pearson相关分析对黄土高原整个区域的土壤固碳量（ΔC_s）和年均温（T）、年均降水量（P）、恢复年限（A）、初始土壤碳储量（I）之间相关关系进行分析。

4.3 结果分析

4.3.1 退耕还林工程的固碳速率和潜力

为了评估黄土高原地区退耕还林还草后土壤碳储量变化速率，我们根据所收集到的424个处于不同退耕年限的土壤碳储量数据，建立了土壤固碳量（ΔC_s）与恢复年限之间的一元线性回归方程。我们知道一元线性回归方程的一阶导数表示曲线的变化率，所以土壤固碳量（ΔC_s）对恢复年限（ΔAge）的一阶导数可以表示土壤碳储量的变化速率。所以，对整个黄土高原地区来说，退耕后土壤固碳量与恢复年限之间的关系为：$\Delta C_s = 0.29 \times \Delta \text{Age} + 2.71$（$R^2 = 1.1527$，$p < 0.0001$）（图4-2）。因此，该区域退耕还林还草以后的平均固碳速率为0.29 Mg/(hm^2·a)（表4-1）。

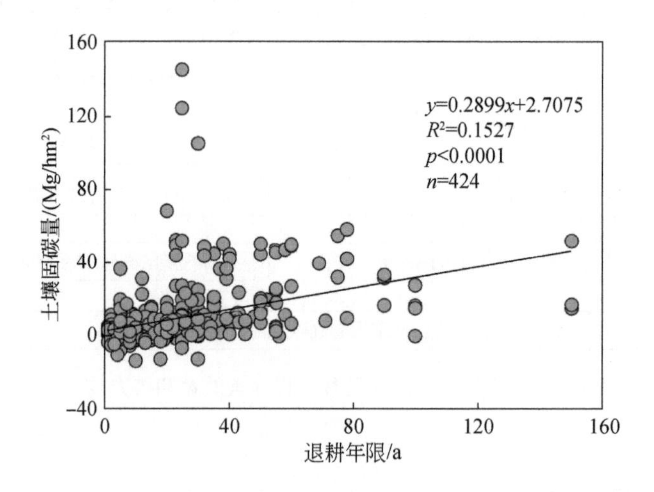

图4-2 土壤固碳量与退耕年限之间的一元线性回归关系（$y=kx+y_0$）

表 4-1 黄土高原退耕还林工程 0 ~ 20 cm 土壤固碳速率和潜力

项目	固碳速率 /[Mg/ (hm^2 · a)]	土地利用变化	平均恢复年限/a	面积/hm^2	固碳潜力 /(Tg/a)
退耕还林工程	0.29	乔木、灌丛、草地	23	2.03×10^6	0.59

资料来源：Deng et al., 2014c; Chang et al., 2011

4.3.2 退耕还林工程的固碳潜力

在黄土高原地区，规定坡度大于15°的坡耕地可以退耕为林地或草地。Chang等（2011）根据黄土高原地区2000年的TM和ETM的遥感影像，分辨率为200 m，解译出黄土高原大约有2.03×10^6 hm^2坡度大于15°的坡耕地可以退耕为林地和草地，所以我们就用该数据作为黄土高原地区退耕还林工程实施的理想面积，然后结合退耕还林还草后的平均固碳速率对黄土高原退耕还林工程覆盖区域的年平均固碳潜力进行评估，结果表明，黄土高原地区整个退耕还林工程的固碳潜力为0.59 Tg/a（表4-1）。

4.3.3 气候区、恢复阶段和土地利用类型对土壤固碳量的影响

不同气候区（年降水量<450mm、450 ~ 550mm和>550mm）具有不同的土壤固碳速率，其中，降水量介于450mm和550mm之间的黄土高原中部固碳速率最大，为0.51 Mg/(hm^2 · a)，而且年降水量较高的黄土高原南部（>550mm）固碳速率最低，为0.21 Mg/(hm^2 · a)（表4-2）。退耕还乔、灌、草后，退耕还草具有较高的土壤固碳速率。虽然从整体上来说，退耕还乔木林的固碳速率最低，但是乔木林和灌木林的固碳速率较为接近（表4-2）。退耕后，灌木林的固碳速率[0.29 Mg/(hm^2 · a)]与整个黄土高原地区的平均固碳速率一致（表4-2）。而且，退耕还林还草以后，不同气候区的土壤碳储量的变化动态不同，表现为：①先增加后降低，然后又增加（<450 mm）；②先降低然后一直增加（450 ~ 550 mm）；③一直增加（>550 mm）（表4-3）。整个黄土高原地区的土壤碳储量变化动态与黄土高原北部（<450 mm）的变化趋势一致（表4-3）。

另外，方差分析表明：退耕后，不同气候区之间、不同土地利用类型之间土壤固碳量差异不显著（$p>0.05$），但是不同恢复年龄之间的土壤固碳量差异显著

表 4-2　黄土高原不同气候区不同土地利用变化类型的土壤固碳速率

土地利用变化类型	<450mm			450 ~ 550mm			>550mm			总		
	样本数	平均恢复年限/a	固碳速率[Mg/(hm^2·a)]	样本数	平均恢复年限/a	固碳速率[Mg/(hm^2·a)]	样本数	平均恢复年限/a	固碳速率[Mg/(hm^2·a)]	样本数	平均恢复年限/a	固碳速率[Mg/(hm^2·a)]
森林	14	26	0. 02	58	23	0. 30	76	35	0. 19	148	29	0. 19
灌木	27	20	0. 17	14	21	0. 27	18	34	0. 21	59	24	0. 29
草地	88	19	0. 50	82	19	0. 68	47	17	0. 23	217	19	0. 52
总	129	20	0. 43	154	21	0. 51	141	29	0. 21	424	23	0. 29

表 4-3　黄土高原不同气候区不同龄组的土壤固碳速率

龄组/a	<450mm			450 ~ 550mm			>550mm			总		
	样本数	平均恢复年限/a	固碳速率[Mg/(hm^2·a)]	样本数	平均恢复年限/a	固碳速率[Mg/(hm^2·a)]	样本数	平均恢复年限/a	固碳速率[Mg/(hm^2·a)]	样本数	平均恢复年限/a	固碳速率[Mg/(hm^2·a)]
<5	33	3	1. 65	25	4	−0. 53	21	4	1. 17	79	4	0. 56
6 ~ 10	20	8	−1. 62	28	9	−0. 28	16	8	0. 81	64	8	−0. 69
11 ~ 30	54	22	0. 04	76	23	0. 67	64	21	0. 34	194	22	0. 45
>30	22	52	0. 44	25	45	0. 13	40	62	0. 12	87	55	0. 11
总	129	20	0. 43	154	21	0. 51	141	29	0. 21	424	23	0. 29

(p<0.01)(表 4-4)。对整个黄土高原地区来说,退耕还林还草后,恢复年限是影响土壤固碳量的主要因子。然而,不同的气候区的主控因子不同,在黄土高原北部(<450mm)地区,年均温(T)和恢复年限是影响土壤固碳量的主要因子,在黄土高原中部,恢复年限和初始碳储量是影响土壤固碳量的主要因子,但是,在黄土高原南部,恢复年限是主要的控制因子,对整个黄土高原来说,年均温(T)和恢复年限共同影响土壤固碳量(表 4-5)。

表 4-4 黄土高原土壤固碳量的三因素(气候区、土地利用变化类型和龄组)方差分析及其之间的交互分析

来源	自由度 df	F	显著性 Sig.(p)
气候区	2	1.644	0.194
土地利用变化类型	2	0.254	0.776
龄组	3	5.318	0.001 **
气候区×土地利用变化类型	4	2.150	0.074
气候区×龄组	6	0.893	0.500
土地利用变化类型×龄组	6	0.829	0.548
气候区×土地利用变化类型×龄组	10	1.365	0.194

** 表示在 0.01 水平上差异性显著(p<0.01)

资料来源:Deng et al., 2014c

表 4-5 退耕后土壤固碳量与各因子(年均温、年均降水量、退耕年限和初始碳储量)之间的逐步回归分析

气候区	方程	决定系数 R^2	显著性 Sig.(p)	样本数 n
<450mm	$\Delta C_s=-5.00T+0.37A+36.42$	0.491	0.000 **	129
450~550mm	$\Delta C_s=0.63A+0.74I-6.57$	0.206	0.000 **	154
>550mm	$\Delta C_s=0.21A+1.70$	0.356	0.000 **	141
总	$\Delta C_s=-2.78T+0.28A+26.46$	0.202	0.000 **	424

注:ΔC_s 表示退耕后的土壤固碳量;T(℃)表示年均温;A(a)表示退耕年限;I(Mg/hm^2)表示初始碳储量

资料来源:Deng et al., 2014c

4.3.4 土壤固碳量影响因子的比较分析

土地利用变化后,植被恢复时间的长短对土壤碳储量产生较大的影响(Guo

and Gifford, 2002; Zhang et al., 2010; Deng et al., 2014a)。本研究中，土壤固碳量与恢复年限呈显著正相关（表 4-6），而且不同恢复阶段土壤固碳量差异显著（$p<0.01$），这主要是由于随着植被恢复，土壤中碳的输入量增加，而且随着群落微观气候的改变，提高了土壤有机质的保护（Del Galdo et al., 2003）。然而，在植被恢复的初期，土壤碳储量是减少的（Paul et al., 2002; Zhang et al., 2010），本研究在黄土高原中部（450 ~ 500 mm）地区也发现了这种结果。这种情况的原因可能是：在退耕早期由于缺少农业措施的维持、施肥的减少、植被群落盖度较低造成严重的水土流失，从而使退耕早期土壤碳储量显著减少（林昌虎等，2005）。

表 4-6　黄土高原土地利用变化后土壤固碳与因子的皮尔逊相关系数：年平均气温、年平均降水量和土壤初始碳储量

项目	恢复年限/a	年均温/℃	年均降水量/mm	初始碳储量/(Mg/hm²)
土壤固碳量/(Mg/hm²)	0.391 ** (424)	−0.233 ** (424)	0.017 (424)	0.159 * (256)
初始碳储量/(Mg/hm²)	—	−0.438 ** (256)	0.210 ** (256)	—

* 表示在 0.05 水平上相关性显著（双尾）（$p<0.05$）；** 表示在 0.01 水平上相关性显著（双尾）（$p<0.01$）；括号内的数值为样本数量

另外，土壤固碳量与年降水量之间呈正相关关系（$p>0.05$），这表明土地利用改变后，降水的增加能够增加土壤的固碳量，与 Paul 等（2002）的研究发现一致。然而，土壤固碳量与年均温呈显著的负相关关系（$p<0.05$）（表 4-6），这可能是因为高温促进了土壤有机质的分解，从而引起土壤 SOC 的流失。而且，土壤固碳量与退耕前初始碳储量呈显著的正相关关系（$p<0.05$）（表 4-6），这与 Zhang 等（2010）的研究结果不一致，这可能是由于研究区的气候条件和营养条件的差异性决定的。同时，本研究也发现了初始碳储量与年均温和年均降水量之间有很强的相关性（表 4-6）。Vesterdal 等（2002）的研究表明，在土壤养分条件较为匮乏的农田上造林后，较低的土壤分解速率可能导致土壤碳储量的累积增加。

4.4 讨　　论

4.4.1 土壤的固碳潜力与动态特征

在全世界，退耕还林、灌、草后的平均土壤固碳速率分别为 0.45 Mg/(hm^2 · a)、0.47 Mg/(hm^2 · a) 和 1.1 Mg/(hm^2 · a)（IPCC，2000；Murty et al.，2002；Vleeshouwers and Verhagen，2002；Shi et al.，2013）。本研究中，我们的估算结果表明，黄土高原地区退耕还林、灌、草后的平均土壤固碳速率为 0.19 Mg/(hm^2 · a)、0.29 Mg/(hm^2 · a)和 0.52 Mg/(hm^2 · a)（表 4-2），略低于全球土壤固碳速率的平均水平。Zhang 等（2010）研究表明，我国退耕还林还草以后的平均固碳速率为 0.37 Mg/(hm^2 · a)，而本研究结果表明，黄土高原地区退耕还林还草以后的平均固碳速率为 0.29 Mg/(hm^2 · a)（表 4-2），略低于我国土壤固碳速率的平均水平。Feng 等（2013）研究表明，2000 ~ 2008 年，黄土高原地区 0 ~ 20 cm 土壤固碳量从 2.64 Pg 增加到 2.68 Pg，平均固碳速率为 8.5 g/(m^2 · a) [0.085 Mg/(hm^2 · a)]，显著低于本研究的估算结果（0.29 Tg/a）。Chang 等（2011）的研究表明，黄土高原地区整个退耕还林还草范围在 60 年的植被恢复过程中，0 ~ 20 cm 土壤 SOC 储量增加速率为 0.712 Tg /a，高于本研究的估算结果（0.59 Tg/a），这主要是由于所采用的研究方法不同造成的差异。另外，Martens 等（2003）在美洲中部的研究发现，农田转换为多年生草地和天然次生林后，平均土壤固碳速率为 0.62 Mg/(hm^2 · a) 和 1.60 Mg/(hm^2 · a)。Silver 等（2000）在热带地区的研究发现，农田转换成草场后，上层 25 cm 土壤平均固碳速率为 0.41 Mg/(hm^2 · a)，持续累积达 100 年；农田弃耕后，土壤固碳速率在数值上的差异主要是由所研究的气候和土壤条件的差异造成的。

本研究中，不同气候区的土壤碳储量表现出不同的动态特征，分别为：①先增加后降低，然后又增加（<450 mm）；②先降低然后一直增加（450 ~ 550 mm）；③一直增加（>550 mm）。虽然农田退耕后，土壤碳储量的累积速率的差异机制不同，但是关于土壤碳储量时间动态特征的研究已经有很多野外调查研究结果：①持续增加（Morris et al.，2007；Deng et al.，2013a）；②持续减少（Smal and Olszewska，2008）；③不变（Sartori et al.，2007）；④ 先降低后增加（Zhang et al.，2010；Karhu et al.，2011；Deng et al.，2013b）。Paul 等（2002）的一篇综述表明，农田弃耕以后，土壤碳储量在弃耕早期阶段减少的时间大概可以持续 3 ~ 35 年。然而，造成这种过程变化的驱动因子还不清楚，因为土层厚度不一、气候和土壤条件的多样化使得该研究发现无法准确定性。

4.4.2 退耕还林还草土壤固碳影响因子分析

植被的演替动态影响土壤的理化过程（Woods，2000）。虽然一些研究表明植物演替限制土壤 SOC 变化（Bonet，2004），但大多研究证实土壤 SOC 含量随着植被演替的进行而增加（Brye and Kucharik，2003）。Deng 等（2014c）发现随着植被恢复，各土层土壤碳储量均增加，这与植物碳储量的动态变化特征一致，因为土壤理化性质的变化与地下生物量的输入有关（Potthoff et al.，2005）。农田弃耕以后，随着植被恢复，植物群落生物量的累积主要来源于地下生物量贡献而不是地上生物量（Deng et al.，2014c），较高的地下生物量导致较高的地下碳输入。由植物调控的生物过程以及土壤微生物、大气和生物化学过程驱使非生物过程导致了土壤表面养分和土壤有机质的积累（Hooper et al.，2000）。在较小的空间尺度上，除了气候因子的影响，土壤理化性质的变化主要受植被的生态学特征调控。Li 等（2007）研究发现，植被的恢复与重建为植物的再生和繁殖提供良好的土壤环境条件。

许多研究表明，农田弃耕后，植被恢复能显著增加土壤的固碳量（Mensah et al.，2003；Nelson et al.，2008），随着植被恢复，固碳速率显著下降（Deng et al.，2014c）。Zhou 等（2011）的研究结果与之基本一致，他们发现在半干旱草地生态系统中，减少放牧强度后，植被恢复 20 年，土壤的碳储量保持不变，固碳速率很小。弃耕后植被恢复早期，土壤固碳速率较高的原因可能是恢复早期矿物质土壤的碳还未达到饱和的状态，地上、地下生物质碳的不断输入，以及植被恢复后多年生草本的增加，降低了土壤侵蚀，从而增加了土壤 SOC 含量（Nelson et al.，2008）。另外，在黄土高原地区 50 年植被恢复过程中，植被恢复初期的土壤理化性质（包括土壤养分、结构和质地）和植被群落特征改变较为迅速，而植被恢复的晚期改变较慢（An et al.，2009），表明在土壤退化地区的植被恢复是缓慢的过程（Li et al.，2007）。Deng 等（2014c）也发现类似的结果，生态系统的固碳速率在植被恢复初期（0 ~ 23 年）最大，随后逐渐降低，与 Izaurralde 等（1998）研究结果一致。An 等（2009）在云雾山自然保护区的研究发现，在植被恢复的前 23 年，土壤养分和微生物种类迅速增加，随后变化不显著，逐渐趋于稳定。土壤微生物含量和种类的增加是由于植被恢复后土壤中有机质的不断输入引起的（Jangid et al.，2011）。土壤微生物数量的增加也会提高土壤养分和有机质含量，这也可能是影响植物和土壤固碳速率的原因。

许多研究表明退耕还草能显著增加土壤固碳量（Mensah et al.，2003；Nelson et al.，2008）。一般来说，SOC 含量随着植被演替的进行而增加（Brye and Kucharik，2003），虽然也有关于 SOC 变化不明显的报道（Bonet，2004）。Deng 等（2014d）发现了类似的现象：不同土层土壤碳储量在种植 30 年苜蓿后增加，尤其在表层 0 ~ 5 cm 土壤中增加最显著，本研究发现与其他地区的研究结果一致。Mensah 等（2003）在加拿大中东部地区的萨斯喀彻温省的研究表明，退耕还草5 ~ 12 年后，表层 0 ~ 5 cm 土壤碳储量增加 52.7%。Nelson 等（2008）研究表明，地上/地下生物量碳输入的增加以及植被的恢复降低了土壤侵蚀可能是造成土壤固碳量增加的主要原因。Deng 等（2014d）研究表明，退耕还草以后，生物量的累积主要贡献于地下生物量而不是地上生物量，导致了较多的地下碳输入到土壤中，因此，我们可以推断生态系统的净初级生产力可能是决定生态系统碳固定的最重要因子，这与已有的研究结果一致（Potthoff et al.，2005；Wang et al.，2011）。而且，本研究中土壤碳储量与凋落物生物量呈显著正相关（$p<0.05$），土壤碳的输入主要来源于凋落物的分解（Wang et al.，2011）。

根据土地利用的不同，土壤可以表现为碳源也可以表现为碳汇，土地利用变化改变着土壤的碳源/汇功能（Guo and Gifford，2002）。Deng 等（2013a）发现在植被恢复早期（<50 年）土壤碳储量不断增加，表明在这段时间土壤表现为碳汇功能，可能是由于植被恢复中有机质的不断输入促进了土壤 SOC 的积累（Tang et al.，2010）。由环境因素驱使的微生物过程和植物及土壤微生物调控的非生物过程之间的复杂交互作用共同促进土壤表层养分与有机质的累积（Hooper et al.，2000）。除了气候因子外，在小尺度上，土壤资源是决定植被特征的重要因子。土壤颗粒大小、微生物群落组成与动态、不断增加的生物量随着植被演替的变化影响着土壤碳和其他养分的生物化学循环，导致较高的固碳速率（Cleveland et al.，2004；Li et al.，2005）。

一般来说，当土壤深度一定的时候，土壤碳储量主要由 SOC 和 BD 决定。随着植被恢复，土壤 BD 变化不显著（$p>0.05$），使 SOC 成为影响土壤碳储量的关键因子。Li 等（2007）研究表明，植被恢复与重建可以改善土壤的理化环境，进而促进物种的生长与繁殖。在黄土高原地区，土壤理化性质在植被恢复早期变化显著，而在恢复后期（>50 年）趋向稳定（An et al.，2009），本研究发现了同样的变化趋势。在植被恢复的过程中，SOC、全氮（TN）、C/N 和 C_s 表现出相同的变化趋势，均随植被恢复的增加而增加，因此，本研究发现土壤碳储量与SOC、TN 和 C/N 显著正相关（$p<0.01$）（表 4-7），表明土壤碳储量的增加是土壤碳、氮累积的结果。Fu 等（2010）研究表明，长期的植被恢复促进土壤 SOC 和 TN 的固定，因为植被恢复减少了水土流失，进而减少了土壤 SOC 和 TN 的流失，相反，在半干旱地区，植被移除使土壤 SOC 和 TN 流失增加（Murty et al., 2002）。本研究发现，各土层碳储量随植被恢复的增加均增加。因植被生物量的增加和水土流失的减少导致地上和地下碳输入的增加可能是土壤固碳量增加的主要因子（Nelson et al., 2008）。而且，下层土壤（>20 cm）碳储量的固碳增量大于表层（0～20 cm）土壤，主要是由于深根系物种的根系分泌物和根系等对土壤有机质的输入造成的（Nelson et al., 2008）。

表 4-7 随着植被恢复土壤碳储量与土壤有机碳、全氮、碳氮比以及土壤容重之间的 Pearson 相关关系

土层/cm	有机碳 SOC	全氮 TN	碳氮比 C/N	容重 BD
0～20	0.983**	0.934**	-0.613	-0.724
20～40	0.998**	0.415	0.944**	0.057
40～60	0.999**	0.835*	0.488	-0.173
0～60	0.996**	0.953**	0.936**	-0.449

*表示在 0.05 水平上相关性显著（$p<0.05$）（双尾）；**表示在 0.01 水平上相关性显著（$p<0.01$）（双尾）；样本 $n=7$

资料来源：Deng et al., 2013a

在植被的自然恢复中，越来越多的植物枯落物残体逐渐转化为土壤有机质（Castro et al., 2010），使土壤有机质逐渐积累，最终改变土壤孔隙度（Zhao et al., 2010）。有机质是土壤团聚体最重要的凝结物质。不同的有机质组成可能导致不同的土壤颗粒和团聚体结构，最终使土壤孔隙度发生改变（Zhao et al., 2010），因此，自然植被演替增加了土壤有机质的积累，进而对土壤孔隙度产生重要的影响。在黄土高原地区，自然植被恢复过程中，土壤孔隙度是影响土壤水库的关键土壤属性（Zhao et al., 2010）。因此，土壤水储量是指示土壤有机质积累的重要因子，而土壤有机质决定土壤碳储量（Smith, 2008；Jangid et al., 2011），所以，土壤水储量可以反映土壤碳储量。控制坡地水土流失是土壤 SOC 富集的重要因素（Jia et al., 2012）。水蚀和风蚀使土壤 SOC 和养分含量显著减少（Jacinthe et al., 2001）。Martinea-Mena 等（2002）研究发现，在土地利用变化的初期，SOC 含量的减少主要受土壤侵蚀而不是受矿化作用的影响。黄土高原地区在雨季遭受严重的水蚀，在大风季节遭受严重的风蚀（Tang，2004），植被恢复是控制水土流失、减少 SOC 流失的重要途径。另外，由于农作物收获后植物残体的及时移除，深层土壤无较多根系的输入，所以深层土壤碳储量在退耕初期逐渐减少，之后逐渐恢复到退耕前水平（Deng et al.，2013b；Deng et al.，2014d）。

4.4.3 退耕还林工程的碳管理意义

土地利用变化是影响土壤碳储量变化和全球碳平衡的主要因子（Chen et al.，2007）。本研究结果表明，土地利用变化增加了土壤碳储量，尤其是退耕还草后增加显著（图 4-2，表 4-2），这说明退耕还林工程是恢复退化土地的一个有效措施。Fu 等（2010）研究发现，退耕后灌木比草地累积更多的土壤碳，但是也有研究表明两者没有差异（Wang et al.，2001）。Chang 等（2011）研究表明，在黄土高原北部地区（<450 mm），退耕还乔、灌、草后，三者之间的土壤固碳量差异不显著，但是，在黄土高原中部地区（450 ~ 550 mm），退耕后，乔木林比草地和灌木累积更多的土壤碳，而在黄土高原南部地区（>550 mm），乔木林比草地固碳效果较好，但是与灌木林之间没有差异。然而，本研究表明，三种土地利用类型之间的土壤固碳量差异不显著（$p>0.05$）。

我国退耕还林工程的初始目的是控制黄土高原地区的水土流失状况，但是，该工程的实施对土壤碳储量的增加也产生了显著的影响（Zhang et al.，2010；Chang et al.，2011；Feng et al.，2013）。为了增加土壤固碳量、减轻碳排放，通过可持续的科学管理增加人工林的数量、提高人工林的质量是十分必要的，而且不同恢复模式的建立应该基于平均固碳速率的大小以及固碳能力的持续性来考虑。在降水量较少的黄土高原北部（<450 mm），与乔木和灌木林相比，草地表现出较高的土壤固碳速率，所以在该地区，农田退耕后适合还草；在黄土高原中部地区（450 ~ 550 mm），草地和乔木林表现出比灌木林较高的土壤固碳速率，所以在该地区适合种植乔木林和草地；在黄土高原南部（>550 mm），虽然灌木林的固碳量低于乔木林，但是其平均土壤固碳速率与乔木林接近，而且灌木林比草地具有较持久的固碳能力，所以乔木和灌木适合在该区种植。另外，土壤平均固碳速率随着恢复时间的增加而降低，因此，当固碳能力维持到一定水平后，需要对土地利用进行适当管理或调整。但是在黄土高原北部地区（<450 mm），退耕

30年以后，土壤固碳速率仍然保持较高的水平，因此，为了提高生态系统的固碳效益，需要优先考虑对该区植被采取长期封育的措施。

虽然本研究为估算黄土高原地区退耕还林工程土壤固碳潜力的评估提供了一个较为精确的方法，但是仍然存在一些不确定性：首先，由于所收集的数据分配不均，各区域样本和样点分配不均；其次，已有研究发现，土壤SOC的累积是按照非线性的方式进行的（Zhang et al.，2010；Deng et al.，2013a），本研究采用了线性模型进行估算；最后，许多样点没有较长时期的土壤SOC的观测值从而增加了估算的不确定性。

4.5 小　结

土地利用变化是影响土壤碳储量的一个主要因子。黄土高原地区的退耕还林工程对土壤碳汇的增加起着非常重要的作用。黄土高原地区退耕还林工程的固碳潜力为0.59 Tg/a，平均固碳速率为0.29 Mg/(hm^2 · a)；退耕年限是影响土壤固碳量的主要因子；年均温度和初始土壤碳储量对土壤固碳量产生显著的影响，但土地利用类型、气候区和年均降水量的影响不显著。在退耕还乔木、灌木和草地中，退耕还草地的固碳速率最高。为了增加土壤固碳量、减轻碳排放，通过可持续的科学管理增加人工林的数量、提高人工林的质量是十分必要的，而且不同恢复模式的建立应该基于平均固碳速率的大小以及固碳能力的持续性来考虑。该研究结果为退耕还林工程生态效应评估、我国生态系统碳汇能力的估算、全球碳循环建模等工作提供了参考。

参考文献

An S S，Huang Y M，Zheng F L. 2009. Evaluation of soil microbial indices along a revegetation chronosequence in grassland soils on the Loess Plateau，Northwest China. Appl Soil Ecol，41：286-292.

Bonet A. 2004. Secondary succession of semi-arid Mediterranean old-fields in south-eastern Spain：Insights for conservation and restoration of degraded lands. J Arid Environ，56：213-223.

Brye K R，Kucharik C J. 2003. Carbon and nitrogen sequestration in two prairie topochronosequences on contrasting soils in Southern Wisconsin. Am Mid Nat，149：90-103.

Castro H，Fortunel C，Freitas H. 2010. Effects of land abandonment on plant litter decomposition in a Montado system：Relation to litter chemistry and community functional parameters. Plant and Soil，

333: 181-190.

Chang R Y, Fu B J, Liu G H, et al. 2011. Soil carbon sequestration potential for "Grain for Green" Project in Loess Plateau, China. Environmental Management, 48: 1158-1172.

Chen L D, Gong J, Fu B J, et al. 2007. Effect of land-use change conversion on soil organic carbon sequestration in the loess hilly area, Loess Plateau of China. Ecological Research, 22: 641-648.

Chen X G, Zhang X Q, Zhang Y P, et al. 2009. Carbon sequestration potential of the stands under the grain for green program in Yunnan Province, China. Forest Ecology and Management, 258: 199-206.

Cleveland C C, Townsend A R, Constance B C, et al. 2004. Soil microbial dynamics in Costa Rica: Seasonal and biogeochemical constraints. Biotropica, 36: 184-195.

Del Galdo I, Six J, Peressotti A, et al. 2003. Assessing the impact of land-use change on soil C sequestration in agricultural soils by means of organic matter fractionation and stable C isotopes. Global Change Biology, 9: 1204-1213.

Deng L, Shangguang Z P, Li R. 2012. Effects of the grain-for-green program on soil erosion in China. International Journal of Sediment Research, 27: 120-127.

Deng L, Wang K B, Chen M L, et al. 2013a. Soil organic carbon storage capacity positively related to forest succession on the Loess Plateau, China. Catena, 110: 1-7.

Deng L, Shangguan Z P, Sweeney S. 2013b. Changes in soil carbon and nitrogen following land abandonment of farmland on the Loess Plateau, China. PLoS one, 8: e71923.

Deng L, Liu G B, Shangguan Z P. 2014a. Land use conversion and changing soil carbon stocks in China's 'Grain-for-Green' Program: A synthesis. Global Change Biology, DOI: 10.1111/gcb.12508.

Deng L, Shangguan Z P, Sweeney S. 2014b. "Grain for Green" driven land use change and carbon sequestration on the Loess Plateau, China. Scientific Reports, 4: 7039.

Deng L, Sweeney S, Shangguan Z P. 2014c. Long-term effects of natural enclosure: Carbon stocks, sequestration rates and potential for grassland ecosystems in the Loess Plateau. Clean-Soil Air Water, 42 (5): 617-625.

Deng L, Wang K B, Li J P, et al. 2014d. Carbon storage dynamics in alfalfa (*Medicago sativa*) fields on the Loess Plateau, China. Clean-Soil Air Water, 42 (9): 1253-1262.

Fang J Y, Chen A P, Peng C H, et al. 2001. Changes in forest biomass carbon storage in China between 1949 and 1998. Science, 292: 2320-2322.

FAO. 1976. A Framework for Land Evaluation. Soils Bulletin, vol. 32. Rome: FAO.

Feng X M, Fu B J, Lu N, et al. 2013. How ecological restoration alters ecosystem services: An analysis of carbon sequestration in China's Loess Plateau. Scientific Reports, 3: 2846.

Foley J A, DeFries R, Asner G P, et al. 2005. Global consequences of land use. Science, 309: 570-574.

Fu B J, Chen L D, Ma K M, et al. 2000. The relationships between land use and soil conditions in the hilly area of the Loess Plateau in northern Shaanxi, China. Catena, 39: 69-78.

Fu X L, Shao M A, Wei X R, et al. 2010. Soil organic carbon and total nitrogen as affected by vegetation types in Northern Loess Plateau of China. Geoderma, 155: 31-35.

Guo L B, Gifford R M. 2002. Soil carbon stocks and land use change: A meta analysis. Global Change Biology, 8: 345-360.

Hooper D U, Bignell D E, Brown V K. 2000. Interactions between aboveground and underground biodiversity in terrestrial ecosystems: Patterns, mechanisms and feedbacks. BioScience, 50: 1049-1061.

IPCC. 2000. Land Use, Land- use Change, and Forestry. Cambridge, U K: Cambridge University Press.

Izaurralde R C, McGill W B, Bryden A, et al. 1998. Scientific challenges in developing a plan to predict and verify carbon storage in Canadian prairie soils//Lal R, Kimble J, Follett R, et al. Advances in Soil Science: Management of Carbon Sequestration in Soil. Boca Raton: CRC Press.

Jacinthe P A, Lal R, Kimble J M. 2001. Assessing water erosion impacts on soil carbon pools and fluxes//Lal R, Kimble J M, Follet R F, et al. Assessment Methods for Soil Carbon. Boca Raton: CRC Press: 427-449.

Jangid K, Williams M A, Franzluebbers A J, et al. 2011. Land-use history has a stronger impact on soil microbial community composition than aboveground vegetation and soil properties. Soil Biol Biochem, 43: 2184-2193.

Jia X X, Wei X R, Shao M A, et al. 2012. Distribution of soil carbon and nitrogen along a revegetational succession on the Loess Plateau of China. Catena, 95: 160-168.

Karhu K, Wall A, Vanhala P, et al. 2011. Effects of afforestation and deforestation on boreal soil carbon stocks: Comparison of measured C stocks with Yasso07 model results. Geoderma, 164: 33-45.

Kriegler E, Edenhofer O, Reuster L, et al. 2013. Is atmospheric carbon dioxide removal a game changer for climate change mitigation. Climatic Change, 118: 45-57.

Lal R. 2002. Soil carbon sequestration in China through agricultural intensification, and restoration of degraded and desertified ecosystems. Land Degradation & Development, 13: 469-478.

Lal R. 2005. Forest soils and carbon sequestration. Forest Ecology and Management, 220: 242-258.

Li X R, Kong D S, Tan H J, et al. 2007. Changes in soil and vegetation following stabilization of dunes in the southeastern fringe of the Tengger Desert, China. Plant Soil, 300: 221-231.

Li R, Yang W Z, Li B C. 2008. Research and Future Prospects for the Loess Plateau of China. Beijing: Science Press.

Lin C H, Tu C L, Lu X H, et al. 2005. Soil nitrogen variation features of de-farming and wasteland in western karst desertification region, Guizhou province. Journal of Soil Water Conservation, 19:

14-17.

Martens D A, Reedy T E, Lewis D T. 2003. Soil organic carbon content and composition of 130-year crop, pasture and forest land-use managements. Global Change Biology, 10: 65-78.

Martinea-Mena M, Rogel J A, Castillo V, et al. 2002. Organic carbon and nitrogen losses influenced by vegetation removal in a semiarid Mediterranean soil. Biogeochemistry, 61: 309-321.

Mensah F, Schoenau J J, Malhi S S. 2003. Soil carbon changes in cultivated and excavated land converted to grasses in east-central Saskatchewan. Biogeochem, 63: 85-92.

Miles L, Kapos V. 2008. Reducing greenhouse gas emissions form deforestation and forest degradation: Global land-use implications. Science, 320: 1454-1455.

Morris S, Bohm S, Haile-Mariam S, et al. 2007. Evaluation of carbon accrual in afforested agricultural soils. Global Change Biology, 13: 1145-1156.

Murty D, Kirschbaum M U F, Mcmurtrie R E, et al. 2002. Does conversion of forest to agricultural land change soil carbon and nitrogen? A review of the literature. Global Change Biology, 8: 105-123.

Nelson J D J, Schoenau J J, Malhi S S. 2008. Soil organic carbon changes and distribution in cultivated and restored grassland soils in Saskatchewan. Nutr Cycl Agroecosyst, 82: 137-148.

Paul K I, Polglase P J, Nyakuengama J G, et al. 2002. Change in soil carbon following afforestation. Forest Ecology and Management, 168: 241-257.

Potthoff M, Jackson L E, Steenwerth K L, et al. 2005. Soil biological and chemical properties in restored perennial grassland in California. Restor Ecol, 13: 61-73.

Richter D D, Markewitz D, Trumbore S E, et al. 1999. Rapid accumulation and turnover of soil carbon in a re-establishing forest. Nature, 400: 56-58.

Sartori F, Lal R, Ebinger M H, et al. 2007. Changes in soil carbon and nutrient pools along a chronosequence of poplar plantations in the Columbia Plateau, Oregon, USA. Agriculture, Ecosystems & Environment, 122: 325-339.

Shi S W, Zhang W, Zhang P, et al. 2013. A synthesis of change in deep soil organic carbon stores with afforestation of agricultural soils. Forest Ecology and Management, 296: 53-63.

Silver W L, Ostertag R, Lugo A E. 2000. The potential for carbon sequestration through reforestation of abandoned tropical agricultural and pasture lands. Restoration Ecology, 8: 394-407.

Smal H, Olszewska M. 2008. The effect of afforestation with Scots pine (*Pinus silvestris* L.) of sandy post-arable soils on their selected properties. Ⅱ. Reaction, carbon, nitrogen and phosphorus. Plant and Soil, 305: 171-187.

Smith P. 2008. Land use change and soil organic carbon dynamics. Nutrient Cycling in Agroecosystems, 81: 169-178.

Tang K L. 2004. Soil and Water Conservation in China. Beijing: Science Press.

Tang X Y, Liu S G, Liu J X, et al. 2010. Effects of vegetation restoration and slope positions on soil aggregation and soil carbon accumulation on heavily eroded tropical land of Southern China. Journal of Soils and Sediments, 10: 505-513.

Uchida E, Rozelle S, Xu J. 2009. Conservation payments, liquidity constraints, and off-farm labor: Impact of the Grain-for-Green Program on rural households in China. American Journal of Agricultural Economics, 91: 70-86.

Vesterdal L, Ritter E, Gundersen P. 2002. Change in soil organic carbon following afforestation of former arable land. Forest Ecology and Management, 169: 137-147.

Vleeshouwers L M, Verhagen A. 2002. Carbon emission and sequestration by agricultural land use: A model study for Europe. Globe Change Biology, 8: 519-530.

Wang J, Fu B J, Qiu Y, et al. 2001. Soil nutrients in relation to land use and landscape position in the semi-arid small catchment on the loess plateau in China. Journal of Arid Environments, 48: 537-550.

Wang B, Liu G B, Xue S. 2011. Changes in soil physico-chemical and microbiological properties during natural succession on abandoned farmland in the Loess Plateau. Environ Earth Sci, 62: 915-925.

Wei X R, Shao M A, Fu X L, et al. 2009. Distribution of soil organic C, N and P in three adjacent land use patterns in the northern Loess Plateau, China. Biogeochemistry, 96: 149-162.

Wei X R, Shao M A, Fu X L, et al. 2010. Changes in soil organic carbon and total nitrogen after 28 years of grassland afforestation: Effects of tree species, slope position, and soil order. Plant and Soil, 331: 165-179.

Woods D K. 2000. Dynamics in late-successional hemlock-hardwoods forests over three decades. Ecology, 81: 110-126.

Wu H B, Guo Z T, Peng C H. 2003. Land use induced changes of organic carbon storage in soils of China. Global Change Biology, 9: 305-315.

Zhang K R, Dang H, Tan S, et al. 2010. Change in soil organic carbon following the 'Grain-for-Green' programme in China. Land Degradation & Development, 21: 16-28.

Zhao S W, Zhao Y G, Wu J S. 2010. Quantitative analysis of soil pores under natural vegetation successions on the Loess Plateau. Science China Earth Sciences, 53: 617-625.

第5章　黄土高原退耕还林深层土壤固碳效应

随着人们对全球气候变暖现象的关注以及有机碳库动态变化的研究的深入，国内外相继出现了大量的关于有机碳储量的研究成果。例如，Lal（2004）研究发现，每年由于人类活动向大气中排放的8.6 Pg的碳中约有3.5 Pg又重新被陆地生物圈截流，其中SOC的截流能力高达0.4～1.2 Pg/a，而土地利用变化被广泛认为是影响SOC截流的主要原因之一。

土地利用的变化是影响土壤有机碳库的重要因素。土地利用类型发生变化后，地面植被覆盖度得到改变，影响土壤有机质的累积与分解速率，从而引起土壤有机碳储量发生相应的变化。土地利用方式的转变是浅层土壤有机碳时空变化的直接驱动因子，而对于深层土壤有机碳，尤其是土地利用类型改变后土壤有机碳累积的特征还缺乏足够的认识。本章通过野外调查和室内分析相结合的方法，针对黄土高原退耕还林还草的土壤有机碳固碳效应评估需求，主要研究黄土高原不同土地利用方式对深层土壤固碳效应的影响，为区域土壤有机碳固存的定量评估和认证提供依据。

5.1　不同土地利用类型深层土壤有机碳剖面特征

5.1.1　研究区域

研究区域位于黄土丘陵区中部的陕西省安塞县纸坊沟流域（109°13′46″E～109°16′03″E，36°46′42″N～36°46′28″N），研究区域属于暖温带半干旱季风气候，年均气温8.8℃，年均降水量为505mm，其中60%多发生在6～8月，且多暴雨，日照时间2300～2400 h，≥10℃的积温为3282℃，干燥度指数K=1.48，无霜期160天左右，属于暖温带半干旱季风气候。地形破碎，沟壑纵横，属典型的黄土高原丘陵区，平均海拔1200 m，相对高差100～300 m，植被类型处于暖温带落叶阔叶林向干草原过渡的森林草原带。土壤以黄土母质上发育而成的黄绵土为主，抗冲抗蚀能力差。由于严重的水土流失，该区是生态环境恢复与重建的重点区域。经过 30 多年水土保持综合治理，特别是近年来大面积实施的坡耕地退耕还林还草生态环境建设工程，有效地遏制了该区域的水土流失，逐步恢复了退化生态系统，也为植被恢复的生态效益研究提供了良好的试验平台。该区常见的植被恢复类型有：以刺槐（*Robinia pseudoacacia*）为主的人工林；以柠条（*Caragana korshinskii*）和沙棘（*Hippophae rhamnoides*）等为主的人工林灌丛以及封禁后形成的黄刺玫（*Rosa xanthina*）、丁香（*Sainga oblata*）、虎榛子（*Ostryopsis davidiana*）、白刺花（*Sophora viciifolia*）、扁核木（*Prinsepia utilis*）、杠柳（*Periploca sepium*）等天然灌丛；以及以铁杆篙（*Artemisia gmelinii*）、茭篙（*Artemisia giraldii*）、长芒草（*Stipa bungeana*）、白羊草（*Bothriochloa ischaemum*）、狗尾草（*Setaria viridis*）、披针薹草（*Carex lanceolata*）等为主要植被的撂荒恢复草地。在研究区内选取刺槐林、灌木林（柠条林、沙棘林）、天然草地、人工草地、果园、梯田（谷子、玉米）、坝田（玉米）和坡耕地 10 种土地利用类型，年限为 25 ~ 30 年。每样地选 3 个采样点，用土钻分层采集土样，采样深度为 0 ~ 500 cm。

5.1.2 碳储量计算

土壤有机碳含量测定采用重铬酸钾–外加热容量法。

SOC 储量的计算：

$$\text{TSOC} = \sum \text{SOC}_i \times B_i \times D_i \tag{5-1}$$

式中：TSOC 为 SOC 储量（kg/m^2）；SOC_i 为第 i 层土壤 SOC 含量（g/kg）；B_i 为第 i 层土壤容重（g/cm^3）；D_i 为第 i 土层厚度（cm）。

按照国际惯例，土壤有机碳储量估算大多数以 1 m 土层为准。但对黄土高原地区，由于其深厚的黄土层以及深根系植被的影响，1 m 土层可能会低估退耕还林的土壤固碳量。为此，我们以坡耕地为对照，对退耕还林 0 ~ 500 cm 剖面土壤有机碳累积状况进行了研究。目前，对于土壤有机碳储量和动态变化研究，多数关注在 100 cm 以下的土层，因此本研究为表征植被恢复对土壤浅层和深层有机碳的影响，将 0 ~ 100 cm 作为一个整体，划分为浅层，将 100 ~ 500 cm 作为一个整体，划分为深层。

5.1.3 结果分析

5.1.3.1 不同土地利用类型下不同土壤深度的土壤有机碳含量

双因素方差分析表明土地利用类型和土壤深度对土壤有机碳含量具有显著影响（$p<0.001$）（表 5-1）。相比于其他土地利用类型，天然草地在 0 ~ 60 cm 时的土壤有机碳含量更高。土壤有机碳含量最高值出现在天然草地的表层土壤（0 ~ 10 cm），其次是柠条林、刺槐林、沙棘林和果园，而梯田玉米和种植谷子的耕地土壤有机碳含量最低，梯田谷子在土层为 0 ~ 10 cm 和 10 ~ 20 cm 时的土壤有机碳含量分别为 3.74 g/kg 和 2.82 g/kg，坡耕地为 3.33 g/kg 和 2.89 g/kg。土层为 60 ~ 100 cm 时的土壤有机碳含量最高值出现在梯田玉米，其中 60 ~ 80 cm 和80 ~ 100 cm 的含量分别为 3.19 g/kg 和 3.00 g/kg，而刺槐林和柠条林的土壤有机碳含量最低。相比之下，土层为 150 ~ 500 cm 时人工草地的土壤有机碳含量最高，两种梯田最低。深土层时，林地、天然草地和果园含有土壤有机碳含量相当高。显然，0 ~ 500 cm 土层的最高土壤有机碳含量可以归为 3 类：天然草地（0 ~ 60 cm）、梯田玉米（60 ~ 80 cm）和人工草地（150 ~ 500 cm）。在 0 ~ 100 cm 时，土壤有机碳含量随着土壤深度的增加而逐渐减小，但是在 20 ~ 100 cm 时并无显著差异（表 5-1）。100 cm 以下时，各土地利用类型的土壤有机碳含量均无显著差异。与表层土壤有机碳含量相比，天然草地从顶层（0 ~ 10 cm）到深层（450 ~ 500 cm）含量急剧下降，其次是梯田玉米、果园、刺槐、坝田、柠条、梯田谷子、沙棘、人工草地和坡耕地。

5.1.3.2 不同土地利用类型下不同土壤深度的土壤有机碳储量

不同土地利用类型显著影响着不同土壤深度的土壤有机碳储量（表 5-2）。0 ~ 20 cm 土层的土壤有机碳储量平均值为 0.76 ~ 3.19 kg/m^2，整个土壤剖面（0 ~ 500 cm）的为 10.98 ~ 23.97 kg/m^2。和林地、灌木、人工草地、坝田相比，不同土层的天然草地土壤有机碳储量明显更高。坡耕地和梯田谷子土壤剖面的土壤有机碳储量最低，比 0 ~ 20 cm 的 1.0 kg/m^2 和 0 ~ 500 cm 的 15.0 kg/m^2 储量更小。不同土地利用类型的土壤有机碳储量随着深度的增加而变化。表层（0 ~ 20 cm）和深层土壤（0 ~ 100 cm、0 ~ 300 cm 和 0 ~ 500 cm）的土壤有机碳相关性分析如图 5-1 所示。土壤有机碳储量随深度增加的变化可以用相关系数 $R>0.80$ 的

表 5-1　不同土地利用类型不同深度的土壤有机碳分布　　（单位：g/kg）

深度/cm	刺槐林	柠条	沙棘	天然草地	人工草地	果园	坝田	梯田谷子	梯田玉米	坡耕地
0 ~ 10	7. 63 Ba	8. 22Ba	5. 99BCa	15. 31Aa	5. 05 BCa	5. 95 BCa	5. 37 BCa	3. 74 Ca	5. 82BCa	3. 33 Ca
10 ~ 20	3. 14Bb	4. 48Bb	3. 93Bb	10. 09Ab	3. 41Bbc	4. 18 Bb	4. 60Bab	2. 82Bb	4. 36Bb	2. 89Bab
20 ~ 40	2. 01Ccde	2. 50Ccd	2. 73Ccde	5. 05Ac	2. 65Cd	3. 08BCc	3. 98ABb	2. 04Cc	3. 08BCc	2. 63Cab
40 ~ 60	1. 87Cde	2. 20BCcd	1. 90Cde	3. 53Ac	2. 70ABCd	2. 64ABCcd	2. 85ABCc	1. 94Ccd	3. 05ABc	2. 62ABCab
60 ~ 80	1. 51Ce	1. 97BCd	2. 27BCde	2. 25BCc	2. 61ABd	2. 19BCcd	2. 63ABc	2. 05BCc	3. 19Ac	2. 42ABb
80 ~ 100	1. 51Ce	1. 71Cd	2. 58ABcde	2. 21ABCc	2. 67ABd	2. 24ABCcd	2. 21ABCc	1. 92BCcd	3. 00Ac	2. 34ABCb
100 ~ 150	2. 24BCbcde	2. 05BCcd	2. 69BCcde	6. 01Ac	3. 26Bc	2. 58BCcd	2. 14BCc	1. 38Ce	1. 92BCd	2. 43BCb
150 ~ 200	2. 61BCbcd	1. 91CDd	2. 09BCDde	2. 53BCc	3. 76Abc	2. 70Bc	2. 08BCDc	1. 21E e	1. 72DEd	2. 43BCDb
200 ~ 250	2. 59Bbcd	1. 94BCDd	1. 90BCDde	2. 54BCc	3. 90Ab	2. 27BCcd	2. 12BCc	1. 19De	1. 72CDd	2. 30BCb
250 ~ 300	2. 77Bbcd	2. 13BCcd	1. 73CDe	2. 48Bc	3. 60Abc	2. 56Bcd	2. 39BCc	1. 27De	1. 73CDd	2. 13BCb
300 ~ 350	2. 61Bbcd	2. 47Bcd	1. 68CDe	2. 36Bc	3. 50Abc	2. 63B cd	2. 56Bc	1. 28De	1. 71CDd	2. 15BCb
350 ~ 400	3. 03Bbc	2. 57BCcd	2. 17CDde	2. 42Cc	3. 64Abc	2. 55BCcd	1. 76DEc	1. 33Ee	1. 46Ed	2. 17CDb
400 ~ 450	2. 93Bbc	2. 68BCcd	2. 85BCcd	2. 56BCc	3. 61Abc	2. 22BCcd	2. 71BCc	1. 47Dde	1. 46Dd	2. 17Cb
450 ~ 500	2. 93Bbc	3. 42Abc	3. 47Abc	2. 44BCc	3. 45Abc	1. 56Dd	2. 08Cc	1. 58Dcde	1. 41Dd	2. 60Bab

注：同一行不同大写字母表示不同土地利用方式差异显著（$p<0.05$）；同一列不同小写字母表示不同土壤深度差异显著（$p<0.05$）

表 5-2 不同土地利用类型不同深度土壤有机碳储量（单位：kg/m^2）

深度/cm	刺槐林	柠条	沙棘	天然草地	人工草地	果园	坝田	梯田谷子	梯田玉米	坡耕地
0～20	1.29 b	1.50 b	1.27 b	3.19 a	1.00 b	1.20 b	1.38 b	0.78 c	1.26 b	0.76 c
0～40	1.80 b	2.13 b	2.03 b	4.58 a	1.62 b	1.98 b	2.54 b	1.34 c	2.15 b	1.45 c
0～100	3.44 cd	3.74 bcd	4.00 bcd	6.89 a	3.67 bcd	4.05 bcd	4.75 bc	3.06 d	4.97 b	3.09 d
0～300	9.95 d	10.40 cd	10.19 cd	16.81 a	13.23 b	11.80 bc	11.06 cd	6.80 e	10.35 cd	9.82 d
0～500	17.72 bc	17.26 bc	17.68 bc	23.97 a	22.57 a	18.67 b	17.62 bc	10.98 e	16.07 cd	14.93 d

注：同一行不同字母表示不同土地利用方式差异显著（$p<0.05$）

线性函数进行建模（$y=ax+b$）。

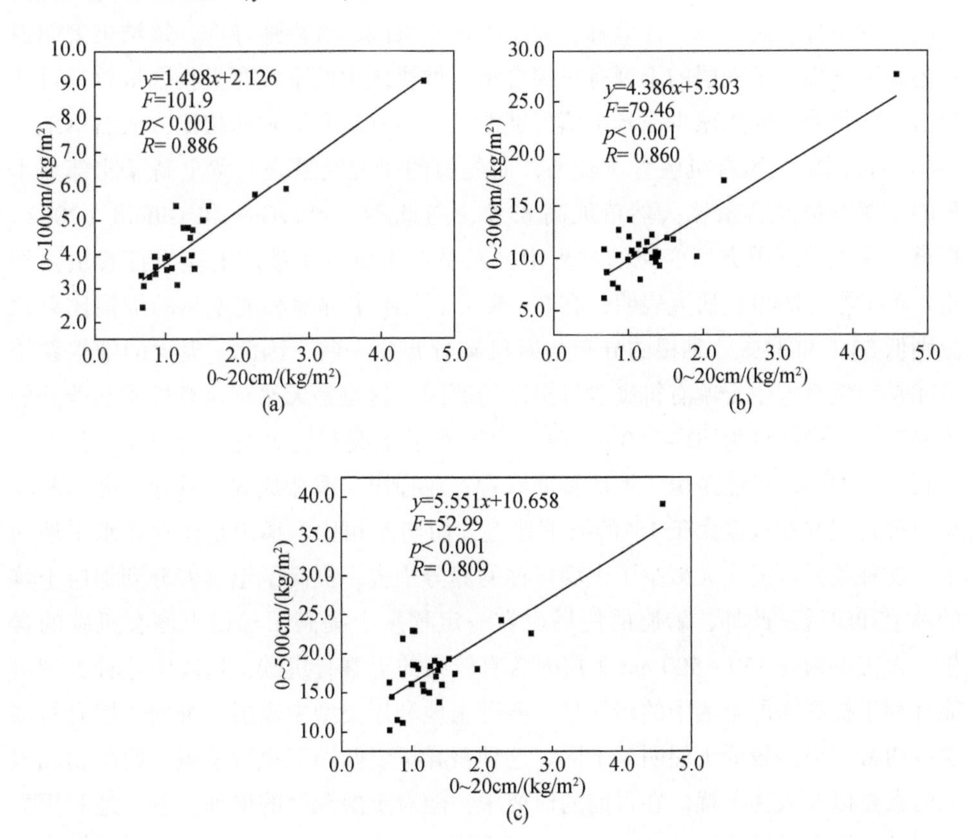

图 5-1 0～20 cm 与 0～100 cm、0～300 cm、0～500 cm 土壤有机碳储量之间的关系

5.1.4 讨论

5.1.4.1 土地利用类型中不同土层土壤有机碳

土地利用类型和土壤深度以及它们的相互作用对土壤有机碳含量的影响显著，说明它们是影响土壤中碳分布的重要因素，该结果与以往研究相一致。退耕地变成多年生植被增加了土壤有机碳含量。与之相反，当植被遭到破坏，多年生植物变为耕地时，对土壤中有机碳的分解和腐蚀增强，从而增加了大气中的二氧化碳。在目前的研究中，在 0 ~ 10 cm 土层中天然草地的土壤有机碳含量最高，其次是柠条林、刺槐林、沙棘林、人工草地和果园，坡耕地最低，该结果表明退耕还林还草提高了表层的土壤有机碳含量。坡耕地中的土壤有机碳含量较低可能是由于残留物的输入减少或者土壤侵蚀严重。与林地和灌木丛相比，天然草地在 0 ~60 cm 时的土壤有机碳含量较高，而先前的研究结果表明黄土高原北部灌木丛的土壤有机碳含量比天然草地高 83%，与此不一致。Guo 和 Gifford（2002）报道，在土地利用类型变化的过程中，根系对土壤有机碳的响应发挥着重要作用。Wei 等（2009）研究表明，在 0 ~ 40 cm 土层中林地和灌木丛的细根比草地分别低 33% 和 34%。细根的分布与有机碳分布相一致，因此，庞大的细根系统可能是天然草地中土壤有机碳含量更高的原因，这也是天然草地有机质和养分的主要来源。当深度为 60 ~ 100 cm 时，梯田谷子土壤有机碳的含量均高于其他土地利用类型，这可能是由于地形特征或者农业梯田实践造成的。林地、灌木丛和草地都是建立在坡度大于 15°的撂荒地上，而与此相比，梯田是建立在水平地面上。这种差异可能大大减少了土壤侵蚀的养分损失，提高了土壤养分到深层土壤的淋溶和渗透。此外，磷肥的使用也在一定程度上提高了梯田土壤有机碳的含量。人工草地在 150 ~ 500 cm 土层时含有较高的土壤有机碳，这表明这种类型可能有利于提高深层土壤中的碳含量。各种土地利用类型中表层土壤的土壤有机碳含量通常与那些较低土层明显不同。这种差异可以归因于植被覆盖、凋落物和根系的数量以及人为干扰。在目前的研究中，随着土层深度的增加，各土地利用类型间的土壤有机碳含量差异减小。表层土壤（0 ~ 10 cm）的土壤有机碳含量变化范围为 3.33 ~ 15.31 g/kg，450 ~ 500 cm 土层为 1.58 ~ 4.45 g/kg。所有土地利用类型的表土层（0 ~ 20 cm）的土壤有机碳含量均显著高于深层土壤，尤其是天然草地，表层土壤中高残留物的输入是土壤有机碳含量增加的原因。然而，随着深度的增加，很少有残留物被引入，并且土壤中养分被根系系统吸收来进行光合作用。先前的研究表明土壤表层的土壤有机碳的合成更加迅速，本研究结果与此相一致。此外，刺槐、柠条和两种草地的碳含量在大于 1 m 的深度时明显再次增加。原因可能跟深层土壤中水分有关。Wang 等（2010）的发现表明，草地和林地土壤水分在 0 ~ 100 cm 时表现为下降趋势，而在 100 ~ 200 cm 时略有上升。Bai 等（2003）研究表明，土壤有机碳含量跟水分呈正相关，而且较高的土壤含水量可以将更多的碳组分释放进入土壤。此外，微生物通过分解植物残留物释放一部分有机碳，这些可以通过水分渗透进入深层土壤。各土地利用类型在 150 ~ 500 cm 时土壤有机碳随深度的增加并无显著差异，这表明土壤有机碳在深层土壤中保持相对稳定。

5.1.4.2 不同土地利用类型的土壤有机碳储量

刺槐、柠条、沙棘、天然草地、人工草地、坝田、果园和梯田玉米的土壤有机碳储量均显著高于坡耕地和梯田谷子，这表明坡耕地转变成以上土地利用类型提高了土壤有机碳含量。耕地转变成林地、灌木丛、草地和果园应该受到保护，因为植被提高了土壤有机碳储量和减轻了土壤侵蚀。果园还增加了当地农民的收入。Fang 等（2012）研究表明，黄土高原退耕还草会大大增加土壤有机碳储量。同样，我们的研究表明各土地利用类型中天然草地的土壤有机碳储量在表层（0 ~ 20 cm）和深层（0 ~ 100 cm、0 ~ 300 cm 和 0 ~ 500 cm）均最大，因此，天然草地应当通过限制或者禁止放牧来保护起来，因为它有利于碳的存储。此外，天然草地的土壤有机碳储量在表层（0 ~ 20 cm）和深层（0 ~ 500 cm）时均高于人工草地，尽管在深土层（100 ~ 500 cm）时人工草地提高了土壤有机碳的含量。较长的恢复和地上植被生长可能有利于土壤有机碳含量的增加。人工草地的植物物种都是人为选择的，与之相比，自然植被恢复通过自发的自然演替而发生，没有人为的直接影响。它取决于在更广泛的生态系统演替过程中的植物群落、土壤质量和动物，尤其是土壤生物的发展，这有助于增强自然植被对环境变化的适应性。此外，由于具有较高的生境多样性，自然植物演替可以使更多的物种定居在一个区域，这是很难或不可能通过种植来实现的。上述因素可能会直接或间接地影响碳分布和存储。坝田和梯田玉米比梯田谷子和坡耕地拥有更高的碳含量，这可以归因于作物类型的差异。坝田玉米和梯田玉米碳储量高于梯田谷子和坡耕地，这表明在黄土高原玉米可能比谷子更有利于土壤碳的存储。

0 ~ 20 cm 和深层（0 ~ 100 cm、0 ~ 300 cm、0 ~ 500 cm）的土壤有机碳储量

之间的关系可以用线性回归函数进行建模（$y=ax+b$）。此外，0～20 cm 土层的土壤有机碳储量占 0～100 cm 土层的 32.7%。因此，深土层的碳含量可以根据表层（0～20 cm）数据计算出来。整个黄土高原的平均土壤有机碳储量在 0～20 cm 土层时为 1.14 kg/m^2，0～100 cm 土层为 4.55 kg/m^2。在我们的研究中，0～20 cm 和 0～100 cm 土层的土壤有机碳储量的平均值分别为 1.36 kg/m^2 和 4.16 kg/m^2，虽然 0～20 cm 时土壤有机碳储量略高于黄土高原平均值，而 0～100 cm 土层有机碳储量较低。因此，需要更多的植被恢复或土地利用改变措施来提高纸坊沟流域的土壤碳的现状。

5.1.4.3 对土地管理的启示及进一步研究的建议

我们的研究结果支持这一假设：土地利用类型显著影响有机碳在土壤中的分布和存储。表层中的土壤有机碳含量比深层更高。这项研究结果表明，坡耕地转变成林地和草地可以提高土壤有机碳含量。0～40 cm 土层天然草地的土壤有机碳储量最高，其次是柠条、坝田、林地、沙棘、果园和人工草地，坡耕地和梯田谷子最低。因此，天然草地可能是土壤有机碳存储的最优选择。灌木、林地、人工草地、果园、坝田和种植玉米的梯田也能促进研究区域土壤有机碳的存储，所以也应受到保护。多数学者指出，除了土地利用类型，森林火灾是改变土壤有机碳存储和影响碳循环的一个重要因素，因为它能增强土壤侵蚀，进而导致土壤碳变化，这种现象在干旱半干旱气候区是严重的，虽然黄土高原几乎没有报道过严重的森林火灾，但是大面积退耕还林还草也存在着潜在的风险，因此要揭示该地区火灾对土壤有机碳的影响应进行进一步研究。此外，由于土地利用转换通常伴随着整地，而且土壤侵蚀和整地都可以改变土壤性质，如水分的可利用性、团聚体的稳定性、土壤孔隙度和质地，这些会显著影响土壤有机碳和养分在土壤中的分布。因此，关于这些因素对土壤有机碳和养分影响的评估，我们建议做进一步的研究。

5.1.5 小结

黄土丘陵区实施坡耕地退耕还林能够有效提高土壤碳储量，天然草地效果最佳，其次为灌木林、刺槐林、人工草地、果园和坝田。不同植被表层土壤有机碳含量显著高于深层土壤，且含量随着土壤深度的增加逐渐降低，并在 150 cm 以下无明显变化。表层土壤碳库与不同深度的土壤碳库呈显著线性关系，因此，可用于估算土壤深层碳储量。此外，本研究区域土壤 0 ~ 100 cm 平均有机碳储量为 4.16 kg/m^2，显著低于黄土高原的平均水平（4.55 kg/m^2），因此，对该地区实施生态恢复仍将继续开展退耕还林工程，提高土壤碳库含量。

5.2 不同土地利用类型深层土壤易氧化有机碳组分分布

土壤有机碳的氧化促进矿质元素和 CO_2 的大量释放，从而影响土壤质量和有机碳的固定（Majumder et al., 2007；Mosquera et al., 2012）。基于易氧化有机碳的传统测定方法（Walkley and Black, 1934），Chan 等（2001）根据不同的氧化能力对其加以改进，将总土壤有机碳划分为 4 个组分（C_1、C_2、C_3 和 C_4），发现用土壤有机碳中活性较强的组分来表征总有机碳的变化效果更好。C_1、C_2、C_3 和 C_4 组分活性依次降低，C_1 和 C_2 组分主要由活性较强的碳化合物，如凋落物、根生物量及分泌物等组成，这些活性碳组分易被氧化和分解，从而释放出植物生长需要的氮、磷等营养物质，促进团聚体的形成，影响土壤质量（Benbi et al., 2012）。C_3 和 C_4 组分主要由化学性质稳定和分子量大的碳化合物组成，属于惰性碳库，因为不易被氧化和分解，它们对土壤有机碳的固存贡献很大（Chan et al., 2001）。

土地利用方式显著影响土壤质量和有机碳固定（Chen et al., 2007a；Zhang, 2010）。土壤有机碳中活性和非活性组分的分配形式影响土壤理化及生物特性和大气 CO_2 的存留，因此，研究不同土地利用方式下易氧化有机碳组分随土层的分配特征很有必要（Maia et al., 2007；Majumder et al., 2008；Benbi et al., 2012；Guareschi et al., 2013）。然而，有关易氧化有机碳组分的研究大多集中在农业生态系统和浅层土层，土地利用方式转换对易氧化有机碳组分影响的研究较少。因此，本章研究了黄土高原地区 10 种土地利用方式下易氧化有机碳组分随土层的垂直分布特征，分析不同土地利用方式对 0 ~ 5 m 易氧化有机碳垂直分布的影响，在此基础上根据碳氧化水平评价不同土地利用方式的固碳潜力。

5.2.1 结果与分析

5.2.1.1 易氧化有机碳组分的垂直分布

多数土地利用方式的 C_1 含量在 0 ~ 0.2 m 显著降低（除坝地外），在 0.2 m

以下基本保持不变（表5-3）。刺槐林、两个灌木地和人工草地的 C_2 含量在0～0.2 m 显著减少，所有土地利用方式的 C_2 含量在 0.2m 以下变化不明显（表5-4）。两个梯田 1 m 以下的 C_4 含量显著降低，其他土地利用方式的 C_4 含量随土层变化不显著（表5-5）。与 C_1、C_2 和 C_4 相比，C_3 随土层变化较小（表5-6）。刺槐林、柠条林和天然草地的 C_1 含量随土层的变异系数大于80%，最高的 C_2 的变异系数出现在天然草地（87%），两个梯田的 C_4 的变异系数最大，分别是94.48%和94.41%，而所有土地利用方式的 C_3 的变异系数较小，不足50%。

5.2.1.2 不同土地利用方式易氧化有机碳组分的差异

土地利用方式对 C_1 和 C_2 的影响相似。相比坡耕地，天然草地 0～0.4 m 土层 C_1 和 C_2 含量最高。对0～0.1 m 土层，不同土地利用方式 C_1 和 C_2 含量从高到低依次是天然草地>柠条林>刺槐林、果园、沙棘林、人工草地、梯田（玉米）和坝地>梯田（谷子）和坡耕地。不同土地利用方式 0.4～1.0 m 土层 C_1 和 C_2 含量与坡耕地相比差异不明显。人工草地 1.5～5.0 m 土地 C_1 和 C_2 含量显著高于沙棘林和天然草地。不同土地利用方式 C_3 含量的差异仅出现在 0.1～0.2 m 和 3.5～4.0 m土层，且没有明显趋势。天然草地 0～0.2 m 和 1.0～4.5 m 土层的 C_4 含量最高，与坡耕地相比，两个梯田 1.0～3.0 m 土层的 C_4 含量相对较低。

5.2.1.3 易氧化有机碳组分占总有机碳的比例随土层深度的变化

在0～1.5 m 土层，C_1/TOC 显著高于 C_2/TOC，且 C_3/TOC 和 C_4/TOC 最低（图5-2）。2 m 以下各组分比例表现为 C_1/TOC 和 C_4/TOC>C_2/TOC>C_3/TOC。随土层加深，C_1/TOC 在0～0.6 m 土层显著降低，在0.6～1.5 m 略有增加，在1.5 m 以下保持不变。C_2/TOC 和 C_3/TOC 随土层变化不显著。C_4/TOC 随土层增加而增加，但在2.5 m 以下保持不变。

5.2.1.4 易氧化有机碳组分和总有机碳垂直分布的多维尺度分析

C_1 和 TOC 的多维尺度分析结果相似，即天然草地和人工草地各为一类，刺槐林和柠条林为一类，梯田（谷子）和坡耕地为一类，果园、坝地、梯田（玉米）和沙棘林为一类［拟合优度统计量 Stress＝0.092，图 5-3（a）；Stress＝0.066，图5-3（b）］。C_2 的分析结果显示，天然草地单独为一类，刺槐林和柠条林及人工草地为一类，其他土地利用方式为一类［Stress＝0.119，图5-3（c）］。C_3 的分析结果为梯田（谷子）、天然草地和人工草地各为一类，果园、刺槐林和

表 5-3　不同土地利用方式 C_1 随土层分布特征　（单位：g/kg）

土层/m	刺槐林	果园	柠条林	沙棘林	人工草地	天然草地	梯田谷子	梯田玉米	坝地	坡耕地
0.0～0.1	4.30Abc	2.48Abc	4.87Ab	3.05Abc	2.32Abc	8.41Aa	1.69Ac	2.67Abc	2.37Abc	1.46Ac
0.1～0.2	1.43Bb	1.64Bb	2.34Bb	1.79Bb	1.48Bb	4.78Ba	1.11Bb	1.80Bb	2.08Ab	0.98Bb
0.2～0.4	0.65Bc	1.16BCbc	0.99BCbc	1.16BCbc	0.95Ebc	2.22Ca	0.70Cbc	1.28BCbc	1.60ABab	0.83Bbc
0.4～0.6	0.65Bb	0.85BCab	0.78Cab	0.61Cb	0.98DEab	1.27Ca	0.67Cb	0.93CDab	1.11BCab	0.85Bab
0.6～0.8	0.53B	0.71BC	0.67C	0.71C	1.01DE	0.80C	0.70C	1.13CD	0.97BC	0.88B
0.8～1.0	0.61Bb	0.77BCab	0.64Cb	0.79Cab	0.95DEab	0.92Cab	0.67Cb	0.99CDab	1.13BCa	0.82Bab
1.0～1.5	0.77Bb	0.84BCb	0.62Cb	0.86Cb	1.05CDEb	2.35Ca	0.50Cb	0.88CDb	0.67BCb	0.80Bb
1.5～2.0	0.85Bab	0.90BCab	0.48Cb	0.58Cb	1.28BCDa	0.62Cb	0.45Cb	0.77CDb	0.65BCb	0.81Bb
2.0～2.5	0.91Bab	0.71BCb	0.54Cb	0.55Cb	1.36BCa	0.39Cb	0.42Cb	0.86CDab	0.65BCb	0.68Bb
2.5～3.0	0.90Bab	0.84BCab	0.61Cb	0.51Cb	1.24BCDEa	0.52Cb	0.46Cb	0.83CDab	0.79BCab	0.68Bab
3.0～3.5	0.87Bab	0.79BCab	0.67Cab	0.39Cb	1.07CDEa	0.49Cb	0.53Cab	0.79CDab	0.86BCab	0.73Bab
3.5～4.0	1.12Ba	1.16BCa	0.75Cab	0.54Cb	1.14CDEa	0.43Cb	0.45CEb	0.59CDab	0.46Cb	0.79Bab
4.0～4.5	1.06Bab	0.72BCabc	0.78Cabc	0.53Cbc	1.15CDEa	0.46Cc	0.65Cabc	0.59CDbc	0.76BCabc	0.70Babc
4.5～5.0	1.06Babc	0.40Ce	1.25BCa	0.52Cde	1.14CDEab	0.46Cde	0.66Ccde	0.55Dde	0.92BCabcd	0.74Bbcde
变异系数/%	84.15	51.52	102.69	79.56	28.93	132.09	48.94	54.10	52.48	23.43

注：同一行不同大写字母表示不同土地利用方式差异显著（$p<0.05$）；同一列不同小写字母表示不同土壤深度差异显著（$p<0.05$）。下同

表 5-4　不同土地利用方式 C_2 随土层分布特征　（单位：g/kg）

土层/m	刺槐林	果园	柠条林	沙棘林	人工草地	天然草地	梯田谷子	梯田玉米	坝地	坡耕地
0.0～0.1	2.13Aabc	1.53Abc	2.38Aab	1.98Aabc	1.63Abc	2.97Aa	1.07Ac	1.65Abc	1.50Abc	1.11Ac
0.1～0.2	1.09Bb	1.18ABb	1.36Bb	1.25Bb	0.97Bb	3.13Aa	0.89ABb	1.39ABb	1.36ABb	0.96ABb
0.2～0.4	0.61BCb	1.02ABCb	0.76BCb	0.99BCb	0.89Bb	1.75BCa	0.62BCb	1.07BCb	1.17ABCb	0.80ABb
0.4～0.6	0.60BC	0.93ABC	0.68BC	0.66CD	0.87B	1.08BCD	0.50BC	0.90CD	0.88ABCD	0.82AB
0.6～0.8	0.47BCb	0.64BCab	0.69BCab	0.57CDab	0.82Bab	0.72BDab	0.59BCab	0.96BCDab	1.08ABCDa	0.70ABab
0.8～1.0	0.30C	0.71BC	0.51C	1.00BC	0.82B	0.82BCD	0.56BC	0.92CD	0.46D	0.79AB
1.0～1.5	0.59BCb	0.81BCb	0.68BCb	0.76CDb	0.85Bb	1.95Ba	0.60BCb	0.81CDb	0.62CDb	0.70ABb
1.5～2.0	0.67BCab	0.82BCab	0.54BCb	0.50CDb	1.05Ba	0.51CDb	0.40Cb	0.75CDab	0.58CDb	0.63ABab
2.0～2.5	0.69BCb	0.62BCb	0.66BCb	0.42Db	1.20ABa	0.31Db	0.48Cb	0.64CDb	0.69BCDb	0.56Bb
2.5～3.0	0.82BCab	0.65BCab	0.67BCab	0.28Db	1.22ABa	0.44CDab	0.44Cab	0.49Dab	0.64CDab	0.58ABab
3.0～3.5	0.78BCab	0.72BCab	0.78BCab	0.34Db	1.01Ba	0.39CDb	0.52BCb	0.62CDab	0.71BCDab	0.56Bb
3.5～4.0	0.93BCab	0.62BCc	0.73BCbc	0.44Dc	1.08Ba	0.49CDc	0.65BCbc	0.47Dc	0.47Dc	0.58ABc
4.0～4.5	0.86BCab	0.55BCb	0.81BCab	0.47Db	1.05Ba	0.47CDb	0.53BCb	0.62CDab	0.77BCDab	0.61ABab
4.5～5.0	0.87BCab	0.42Cc	1.08BCa	0.45Dc	1.02Ba	0.44CDc	0.65BCbc	0.57CDbc	0.44Dc	0.78ABab
变异系数/%	52.63	35.94	54.77	63.27	20.83	87.13	29.33	40.37	41.92	22.60

表 5-5　不同土地利用方式 C_4 随土层分布特征　（单位：g/kg）

土层/m	刺槐林	果园	柠条林	沙棘林	人工草地	天然草地	梯田谷子	梯田玉米	坝地	坡耕地
0.0～0.1	0.53b	0.98b	0.36BCb	0.37Cb	0.57ABb	3.12Aa	0.58Ab	0.94Ab	0.89b	0.23b
0.1～0.2	0.25b	0.89ab	0.24Cb	0.55Cab	0.63ABab	1.31ABa	0.43Ab	0.62ABab	0.67ab	0.51ab
0.2～0.4	0.50	0.52	0.50ABC	0.33C	0.45B	0.58AB	0.43A	0.35BC	0.85	0.57
0.4～0.6	0.30	0.54	0.54ABC	0.44C	0.57AB	0.71AB	0.51A	0.74AB	0.61	0.65
0.6～0.8	0.21	0.51	0.44ABC	0.64C	0.49AB	0.32B	0.56A	0.64AB	0.40	0.54
0.8～1.0	0.23	0.43	0.39BC	0.62C	0.60AB	0.24B	0.44A	0.61AB	0.39	0.47
1.0～1.5	0.59b	0.61b	0.60ABCb	0.89BCab	0.88ABab	1.05ABa	0.08Bc	0.09Cc	0.61b	0.56b
1.5～2.0	0.66ab	0.56b	0.60ABCb	0.80Cab	0.90ABab	1.03ABa	0.06Bc	0.10Cc	0.61b	0.62b
2.0～2.5	0.63b	0.56b	0.52ABCb	0.76Cb	0.89ABb	1.49ABa	0.05Bc	0.08Cc	0.56b	0.75b
2.5～3.0	0.69b	0.74b	0.60ABCb	0.67Cb	0.65ABb	1.18ABa	0.09Bc	0.14Cc	0.67b	0.53b
3.0～3.5	0.67ab	0.80ab	0.83Aab	0.74Cab	0.89ABa	1.03ABa	0.02Bc	0.11Cc	0.70ab	0.41bc
3.5～4.0	0.59abc	0.43bcd	0.83Aab	0.87Cab	1.00Aa	0.84ABab	0.03Bd	0.09Cd	0.61abc	0.40cd
4.0～4.5	0.56bc	0.62bc	0.81Ab	1.48ABa	0.89ABb	1.27ABa	0.04Bd	0.07Cd	0.84b	0.38cd
4.5～5.0	0.57bc	0.47bcd	0.75ABb	1.72Aa	0.86ABb	0.90ABb	0.07Bd	0.05Cd	0.20cd	0.60bc
变异系数/%	34.79	27.73	32.11	50.52	25.24	64.20	94.48	94.41	31.00	25.34

表 5-6　不同土地利用方式 C_3 随土层分布特征　（单位：g/kg）

土层/m	刺槐林	果园	柠条林	沙棘林	人工草地	天然草地	梯田谷子	梯田玉米	坝地	坡耕地
0.0～0.1	0.68	0.95A	0.61A	0.59	0.53	0.81AB	0.41A	0.56A	0.61A	0.53
0.1～0.2	0.37b	0.46Bab	0.54ABab	0.35b	0.33b	0.87Aa	0.39ABb	0.56Aab	0.49ABab	0.44b
0.2～0.4	0.25	0.39B	0.25BC	0.25	0.37	0.52ABC	0.30AB	0.38ABC	0.36AB	0.42
0.4～0.6	0.32	0.32B	0.20BC	0.19	0.29	0.48ABC	0.27AB	0.48AB	0.26AB	0.30
0.6～0.8	0.31	0.33B	0.18BC	0.34	0.30	0.41BC	0.21AB	0.46ABC	0.18B	0.31
0.8～1.0	0.37	0.34B	0.17BC	0.18	0.30	0.23C	0.26AB	0.49AB	0.24AB	0.28
1.0～1.5	0.29b	0.31Bb	0.16Cb	0.18b	0.48ab	0.66ABCa	0.21ABb	0.14BCb	0.24ABb	0.37ab
1.5～2.0	0.43ab	0.42Bab	0.29ABCab	0.21bc	0.53a	0.36BCabc	0.30ABabc	0.14BCc	0.25ABabc	0.37abc
2.0～2.5	0.35	0.37B	0.23BC	0.17	0.45	0.34BC	0.24AB	0.14BC	0.21B	0.32
2.5～3.0	0.36	0.33B	0.25BC	0.27	0.50	0.35BC	0.28AB	0.27ABC	0.29AB	0.34
3.0～3.5	0.29ab	0.32Bab	0.19BCb	0.21b	0.53a	0.45ABCab	0.21ABb	0.19ABCb	0.29ABab	0.45ab
3.5～4.0	0.39b	0.33Bb	0.25BCbc	0.31b	0.42b	0.66ABCa	0.19ABc	0.31ABCb	0.23ABbc	0.40b
4.0～4.5	0.46	0.33B	0.29ABC	0.38	0.52	0.36BC	0.25AB	0.17BC	0.33AB	0.48
4.5～5.0	0.43ab	0.27Bb	0.34ABCab	0.44Ab	0.43ab	0.64ABCa	0.20ABb	0.24ABCb	0.52ABab	0.48ab
变异系数/%	27.68	43.10	48.03	42.26	21.66	37.28	25.48	49.68	39.61	20.14

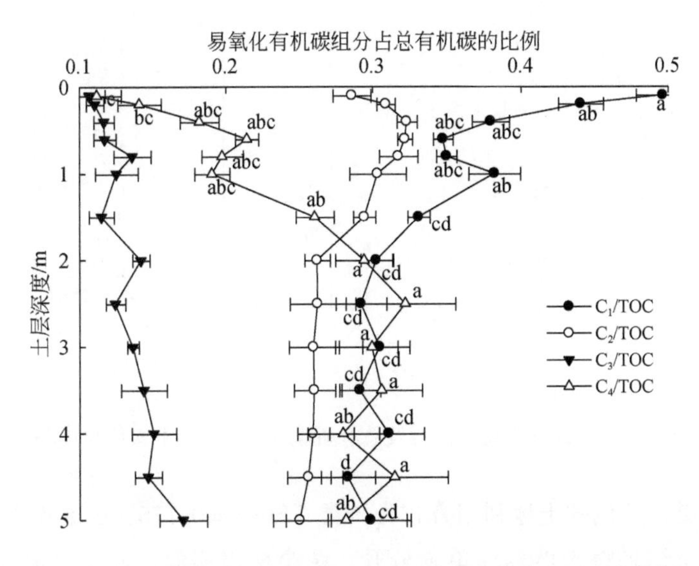

图 5-2　各易氧化有机碳组分占总有机碳的比例随土层变化特征

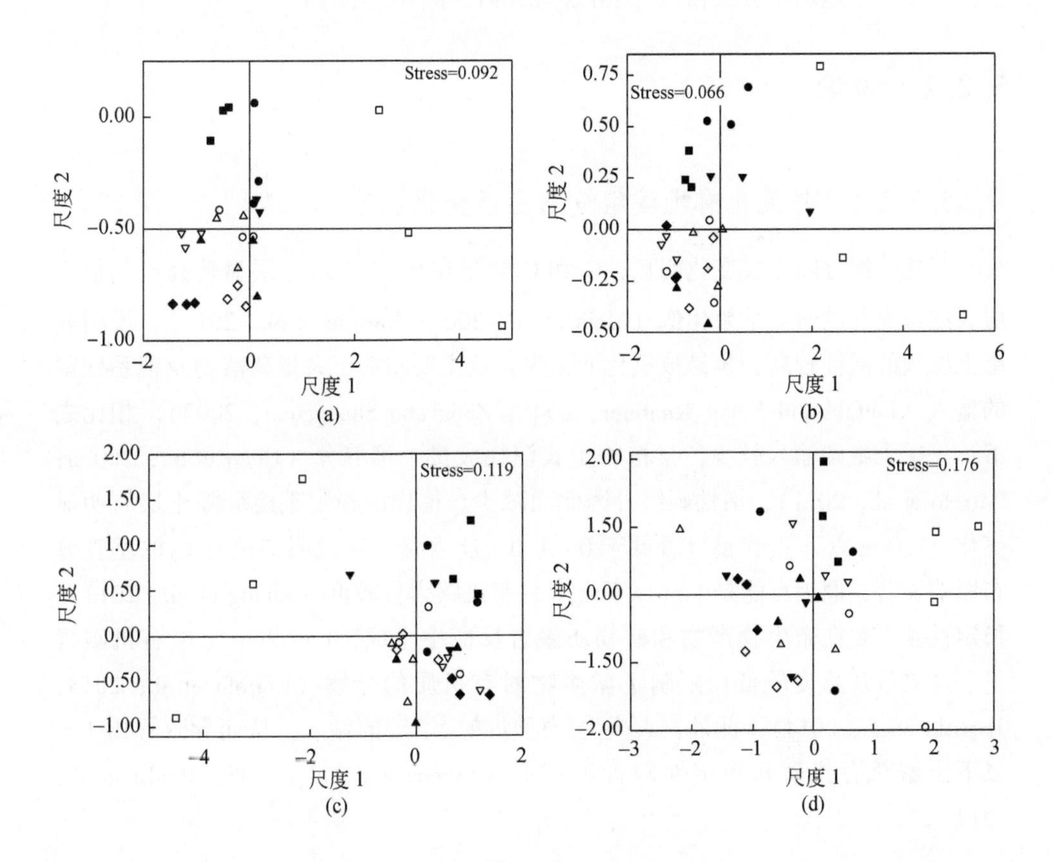

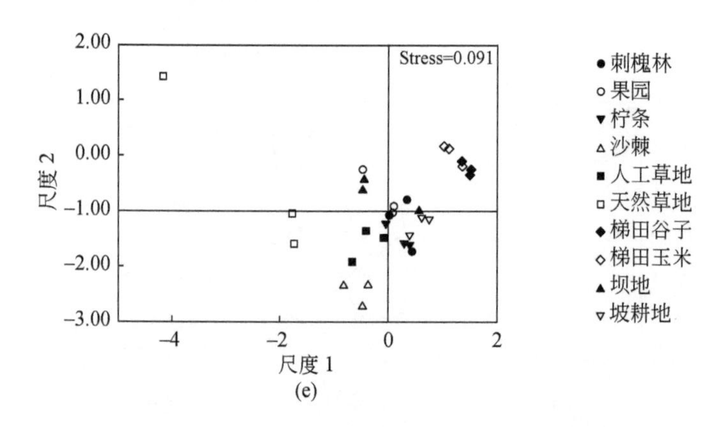

图 5-3　各易氧化有机碳组分及总有机碳随土层分布的多维尺度分析

坡耕地为一类，其他的土地利用方式为一类［Stress = 0.176，图 5-3（d）］。C_4的多维尺度分析结果将天然草地单独分开，两个梯田相似，人工草地和沙棘林相似，其他的土地利用方式相似［Stress = 0.091，图 5-3（e）］。

5.2.2　讨论

5.2.2.1　易氧化有机碳组分随土层变化显著

活性碳组分随土层变化明显，C_1和C_2含量在 0 ~ 0.2 m 土层显著高于其他土层，这与先前的研究结果相似（Maia et al.，2007；Barreto et al.，2011），说明表层土层碳的活性较高，容易被氧化而丢失，这主要归功于大量凋落物及根系残留的输入（Leifeld and Kögel-Knabner，2005；Zhou and Shangguan，2007）。相比之下，深层土壤碳输入较少，且植物生长消耗大量土壤养分（Chen et al.，2007a；Barreto et al.，2011），活性碳组分因此而减少。梯田的稳定碳组分随土层有明显变化，1.0 m 以下 C_4含量显著低于 0 ~ 1.0 mC_4含量。这说明梯田对 C_4的垂直分布影响显著，原因可能是 1 m 以下土层总有机碳含量较低（Zhang et al.，2013）。稳定性碳主要在微生物产物和矿物质聚合反应中生成，1 m 以下土层有机碳含量、含氧量及温度较低，限制了微生物对有机质的分解（Cotrofo et al.，2013，Tripathi et al.，2014），此外，人类生产活动减少了碳的输入，从而导致梯田 1 m 以下土壤总有机碳和稳定性碳含量较低（Lorenz and Lal，2005；Benbi et al.，2012）。

5.2.2.2 易氧化有机碳在总有机碳中分配比例随土层的变化

易氧化有机碳占总有机碳的比例随土层深度变化显著，1.5 m 以上土层表现为 $C_1/TOC>C_2/TOC>C_3/TOC$ 和 C_4/TOC，2 m 以下表现为 C_1/TOC 和 $C_4/TOC>C_2/TOC>C_3/TOC$。这种变化说明有机碳的组成和特征随土层深度变化明显，0 ~ 1.5 m 有机碳主要由活性有机碳组分组成，2 m 以下土层主要由稳定性有机碳组分组成。由于稳定性碳组分的周转周期很长（Harper and Tibbett，2013），深层土壤更有利于碳的固定，具有更大的固碳潜力，因此，应该获得更多关注（Harrison et al.，2011）。

5.2.2.3 易氧化有机碳在不同土地利用方式间差异明显

天然草地和柠条林有利于有机碳的氧化和土壤质量的提高。本研究中天然草地 0 ~0.4 m 土层 C_1 和 C_2 含量最高，柠条林 0 ~0.1 m 次之，由于 C_1 和 C_2 是活性有机碳组分，该研究结果表明天然草地和柠条林土壤有机碳较其他土地利用方式更易被氧化。有机碳被氧化后释放矿质养分，从而影响养分循环且有利于提高土壤质量（Majumder et al.，2007；Mosquera et al.，2012）。天然草地深层土壤具有很大的固碳潜力，因此坡耕地向天然草地转换可帮助减少大气 CO_2 排放。本研究中，天然草地 1.0 ~4.5 m 土层 C_4 含量显著高于坡耕地。由于 C_4 是惰性碳，天然草地深层土壤有机碳很难在短时间内被氧化成 CO_2，因此天然草地深层土壤有利于碳的固定和缓解温室效应。

5.2.2.4 易氧化有机碳组分和总有机碳的多维尺度分析

总有机碳和 C_1 组分的多维尺度分析结果相似，把 10 种土地利用方式大体分为 5 类，分别是天然草地和人工草地各为一类，刺槐林和柠条林为一类，梯田（谷子）和坡耕地为一类，果园、坝地、梯田（玉米）和沙棘林为一类，属于同一类的土地利用方式其总有机碳和 C_1 的垂直分布特征相似。该研究结果表明，C_1 可以表征总有机碳和土壤质量的变化，反映总有机碳随土层深度变化和在不同土地利用方式间的差异。类似的结论已被前人提出，Chan 等（2001）、Guareschi 等（2013）和 Majumder 等（2007）指出，C_1 更容易测定且价格低廉，是评价有机碳质量和土壤质量的更好的指标。

5.2.3 小结

土层深度显著影响各易氧化有机碳组分及其占总有机碳的比例。表层土壤活性碳组分显著高于深层土壤。C_1/TOC 在 0 ~ 0.6 m 土层显著降低，在 1.5 m 以下基本不变，而 C_4/TOC 在 0 ~ 2.5 m 显著增加，在 2.5 m 以下保持不变，说明有机碳组成及特征随土层深度变化显著。鉴于深层土壤稳定性碳组分含量较高，今后的研究需更加重视深层碳库。土地利用方式也显著影响碳组分含量。天然草地 0 ~ 0.4 m 土层 C_1 和 C_2 含量最高，柠条林 0 ~ 0.1 m 土层 C_1 和 C_2 含量次之，天然草地 1.0 ~ 4.5 m 土层 C_4 含量最高。因此，天然草地和柠条林是提高黄土高原浅层土壤有机碳质量的理想选择，且天然草地的深层土壤具有很大的潜力。

参 考 文 献

Bai J H, Deng W, Zhu Y M. 2003. Spatial distribution characteristics and ecological effects of carbon and nitrogen of soil in Huolin River catchment's wetland. China Journal of Applied Ecology, 14: 1494-1498.

Barreto P A B, Gama-Rodrigues E F, Gama-Rodrigues A C, et al. 2011. Distribution of oxidizable organic C fractions in soils under cacao agroforestry systems in Southern Bahia, Brazil. Agroforestry Systems, 81 (3): 213-220.

Benbi D K, Brar K, Toor A S, et al. 2012. Soil carbon pools under poplar-based agroforestry, rice-wheat, and maize-wheat cropping systems in semi-arid India. Nutrient Cycling in Agroecosystems, 92 (1): 107-118.

Chan K Y, Bowman A, Oates A. 2001. Oxidizible organic carbon fractions and soil quality changes in an oxic paleustalf under different pasture leys. Soil Science, 166 (1): 61-67.

Chen L D, Gong J, Fu B J, et al. 2007a. Effect of land use conversion on soil organic carbon sequestration in the loess hilly area, loess plateau of China. Ecological Research, 22 (4): 641-648.

Chen L D, Wei W, Fu B J, et al. 2007b. Soil and water conservation on the Loess Plateau in China: Review and perspective. Progress in Physical Geography, 31 (4): 389-403.

Fang X, Xue Z J, Li B C, et al. 2012. Soil organic carbon distribution in relation to land use and its storage in a small watershed of the Loess Plateau, China. Catena, 88: 6-13.

Guareschi R F, Pereira M G, Perin A. 2013. Oxidizable carbon fractions in Red Latosol under different management systems. Revista Ciencia Agronomica, 44 (2): 242-250.

Guo L B, Gifford R M. 2002. Soil carbon stocks and land use change: A meta analysis. Global Change Biol, 8: 345-360.

Harper R J, Tibbett M. 2013. The hidden organic carbon in deep mineral soils. Plant and Soil, 368 (1-2): 641-648.

Harrison R B, Footen P W, Strahm B D. 2011. Deep soil horizons: Contribution and importance to soil carbon pools and in assessing whole- ecosystem response to management and global change. Forest Science, 57 (1): 67-76.

Lal R. 2004. Soil carbon sequestration impacts on global climate change and food security. Sciences, 304 (5677): 1623-1627.

Leifeld J, Kögel- Knabner I. 2005. Soil organic matter fractions as early indicators for carbon stock changes under different land-use? Geoderma, 124 (1): 143-155.

Lorenz K, Lal R. 2005. The depth distribution of soil organic carbon in relation to land use and management and the potential of carbon sequestration in subsoil horizons. Advances in Agronomy, 88: 35-66.

Maia S M F, Xavier F A S, Oliveira T S, et al. 2007. Organic carbon pools in a Luvisol under agroforestry and conventional farming systems in the semi- arid region of Ceará, Brazil. Agroforestry Systems, 71 (2): 127-138.

Majumder B, Mandal B, Bandyopadhyay P K, et al. 2007. Soil organic carbon pools and productivity relationships for a 34 year old rice- wheat- jute agroecosystem under different fertilizer treatments. Plant and Soil, 297 (1-2): 53-67.

Majumder B, Mandal B, Bandyopadhyay P K. 2008. Soil organic carbon pools and productivity in relation to nutrient management in a 20-year-old rice-berseem agroecosystem. Biology and Fertility of Soils, 44 (3): 451-461.

Mosquera O, Buurman P, Ramirez B L, et al. 2012. Carbon replacement and stability changes in short-term silvo-pastoral experimentsin Colombian Amazonia. Geoderma, 170: 56-63.

Tripathi R, Nayak A K, Bhattacharyya P, et al. 2014. Soil aggregation and distribution of carbon and nitrogen in different fractions after 41 years long- term fertilizer experiment in tropical rice- rice system. Geoderma, 213: 280-286.

Wang Z, Liu G B, Xu M X. 2010. Effect of revegetation on soil organic carbon concentration in deep soil layers in the hilly Loess Plateau of China. Acta Ecologica Sinica, 30: 3947-3952.

Wei X R, Shao M A, Fu X L, et al. 2009. Distribution of soil organic C, N and P in three adjacent land use patterns in the northern Loess Plateau, China. Biogeochemistry, 96: 149-162.

Zhang G L. 2010. Changes of soil labile organic carbon in different land uses in Sanjiang Plain, Heilongjiang Province. Chinese Geographical Science, 20 (2): 139-143.

Zhang C, Xue S, Liu G B, et al. 2011. A comparison of soil qualities of different revegetation types in the Loess Plateau, China. Plant and soil, 347 (1-2): 163-178.

Zhang C, Liu G B, Xue S, et al. 2013. Soil organic carbon and total nitrogen storage as affected by land use in a small watershed of the Loess Plateau, China. European Journal of Soil Biology, 54: 16-24.

Zhou Z C, Shangguan Z P. 2007. Vertical distribution of fine roots in relation to soil factors in *Pinus tabulaeformis* Carr. forest of the Loess Plateau of China. Plant and Soil, 291 (1-2): 119-129.

第6章　甘肃退耕还林工程固碳效应分析

6.1 研究背景

受气候条件、人类长期活动的影响，甘肃生态系统受到了严重的破坏，该区自1999年开始进行了大面积的生态修复，开展了一系列退耕还林工程。从目前的治理效果来看，退耕还林工程在解决水土流失、防风固沙、涵养水源和保护生物多样性等方面发挥了重大的生态作用，生态环境破坏的问题得到了一定程度的控制，已基本上遏制住了整体生态环境的退化趋势（李裕元等，2007；郭胜利等，2009）。关于甘肃省退耕还林工程固碳效益的研究报道相对较少，因此准确评价甘肃省退耕还林工程固碳效益问题亟须解决。

本章以甘肃省为例，通过对甘肃省退耕还林工程退耕资料的收集和对典型地区典型样地的调查，分析不同退耕模式下生物量碳密度和土壤碳密度的变化特征，研究甘肃省退耕还林工程固碳现状、固碳速率及固碳潜力，为准确估算典型地区碳储量和碳效益提供依据，为我国制定经济和生态可持续发展战略提供科技支撑。

6.2 区域概况及研究方法

6.2.1 自然区域状况

甘肃省位于我国西北地区，东经92°13′~108°46′，北纬32°11′~42°57′，是东南温暖多雨带向西北内陆干旱少雨带逐渐变化的过渡地带，境内由于许多高山和甘南高原的隆起，使气候变化出现复杂的格局。从东西变化看，东部的气候特征接近我国中部关中平原；西部甘南高原气候特征与青藏高原东部相同。甘肃省的气候变化不但具有东西经向性特征，而且具有南北纬向性变化。全省各地年平均气温0～15℃，大部分地区气候干燥，年降水量约300 mm，大致从东南向西北递减，多数地方海拔在1500 ～3000 m。

6.2.2 研究方法

6.2.2.1 样地设置

在甘肃省3个不同气候区选择典型退耕还林样地，具体为：半干旱半湿润区（庆阳市）、干旱区（敦煌市）、湿润区（天水市）。在充分考虑造林前土地利用方式、生境条件和人为干扰等因子的影响下，选择典型生境（阴坡和阳坡）、典型年限（选择间隔3年的还林树种，即2000年、2003年、2006年，或者选择间隔3年相近的退耕年限）、典型退耕类型（乔木、灌木、草本）的样地。半干旱半湿润区设置42个样点，主要退耕还林植被包括刺槐、油松、山杏、侧柏、柠条、沙棘、紫花苜蓿；干旱区设置14个样点，主要退耕还林植被包括刺槐、杨树、沙棘、柠条、紫花苜蓿；湿润区设置14个样点，主要退耕还林植被包括杏树、落叶松、沙棘、紫花苜蓿。以上每个样点设置3个重复的标准样地，样地大小为20 m×20 m。同时，在每个标准样地设置2 m×2 m灌木样方3个，1 m×1 m草本样方3个，1 m×1 m枯落物样方3个，并设置5个土壤采样点，沿土壤剖面按0～10 cm、10～20 cm、20～30 cm、30～50 cm和50～100 cm分层采集土壤样品。

6.2.2.2 固碳效益的计算

（1）生物量的计算：根据选择的标准木各器官组成（干、枝、叶、根、皮）生物量得到全株生物量，根据标准木生物量乘以样地株数，得到样地总生物量。灌木、草本和凋落物通过实地收获不同器官（枝、叶、根）生物量通过换算获得。

（2）植物碳储量的计算：根据植物不同器官、枯落物的平均碳含量乘以对应器官、枯落物的总生物量得到各器官的碳储量，相加得到主要退耕类型总碳储量。

（3）土壤碳储量计算：

$$SOC = \sum C_i \cdot B_i \cdot D_i \cdot (1 - \sigma_i) \tag{6-1}$$

式中，SOC为土壤有机碳密度（t/hm^2）；C_i、B_i、D_i分别为土壤坡面第i层土壤有机碳质量分数（g/g）、第 i 层土壤密度（g/cm³）和土层厚度（cm）；σ_i 为>2 mm砾石含量（体积百分比）。

（4）主要退耕类型群落碳储量：为植被生物量碳储量和土壤碳储量之和。

（5）主要退耕类型群落固碳速率：采用年固碳量作为估算指标，固碳速率由各组分年平均固碳量计算得到。

（6）主要退耕类型群落固碳潜力：

$$\mathrm{CSP} = \mathrm{CS} + \Delta VT \tag{6-2}$$

式中，CSP（carbon sequestration potential）为群落固碳潜力（t）；CS（carbon stock）为初始植被类型的碳储量（t）；ΔV 为固碳速率（t/a）；T 为年限（a）。

6.2.3 数据处理分析

采用 Excel、SPSS 13.0 软件对甘肃省退耕还林工程分布进行统计，并对主要退耕年限主要退耕树种碳含量、碳密度、碳储量等进行分析。

6.3 甘肃省退耕还林工程生态系统碳密度

6.3.1 半干旱半湿润区生态系统碳密度

半干旱半湿润区刺槐、油松、山杏、侧柏、柠条、沙棘、紫花苜蓿生态系统碳密度中，以刺槐为最大，退耕 5～11 年刺槐生态系统碳密度为 51.62～77.73 t/hm²，退耕 6～12 年柠条生态系统碳密度最小，为 37.66～44.93 t/hm²。半干旱半湿润区生态系统碳密度分配格局总体表现为：土壤层>乔木层>草本层>枯落物层>灌木层。土壤层是半干旱半湿润区人工林生态系统中的主要碳库，紫花苜蓿土壤层占比最大，为 95.98%～97.19%，刺槐土壤层占比最小，为 65.83%～72.74%。

6.3.2 干旱区生态系统碳密度

干旱区刺槐、杨树、沙棘、柠条、紫花苜蓿生态系统碳密度中，以刺槐为最大，退耕 5～11 年刺槐生态系统碳密度为 41.39～60.99 t/hm²，退耕 6～12 年柠条生态系统碳密度最小，为29.45～35.17 t/hm²。干旱区生态系统碳密度分配格局总体表现为：土壤层>乔木层>草本层>枯落物层>灌木层。土壤层是干旱区人工林生态系统中的主要碳库，紫花苜蓿土壤层占比最大，为96.08%～97.25%，刺槐土壤层占比最小，为73.00%～78.93%。

6.3.3 湿润区生态系统碳密度

湿润区杏树、落叶松、沙棘、紫花苜蓿生态系统碳密度中，以杏树为最大，退耕6～12年杏树生态系统碳密度为61.37～84.87 t/hm²，退耕6～12年沙棘生态系统碳密度最小，为43.41～55.04 t/hm²。湿润区生态系统碳密度分配格局总体表现为：土壤层>乔木层>草本层>枯落物层>灌木层。土壤层是湿润区人工林生态系统中的主要碳库，紫花苜蓿土壤层占比最大，为96.59%～97.61%，落叶松土壤层占比最小，为72.45～81.88%。

6.4 甘肃省退耕还林工程固碳现状

6.4.1 半干旱半湿润区碳储量的估算

1）碳密度与退耕年限的关系方程

由表6-1可知主要退耕树种的生物量碳密度和土壤碳密度的相关方程，由此计算出主要退耕树种不同退耕年限的碳密度变化，包括生物量碳密度和土壤碳密度。

表6-1 主要退耕树种碳密度与退耕年限的回归方程

类型	组分	方程	R^2
刺槐	生物量	$Y=5.423X-0.730X^2+0.0413X^3$	0.995
	土壤	$Y=33.287+0.209X+0.129X^2$	0.951
油松	生物量	$Y=1.326X+0.001X^2+0.001X^3$	0.979
	土壤	$Y=32.997-0.083X+0.086X^2$	0.961
山杏	生物量	$Y=2.236X-0.115X^2+0.004X^3$	0.979
	土壤	$Y=36.661-0.539X+0.144X^2$	0.981

续表

类型	组分	方程	R^2
侧柏	生物量	$Y=0.007+0.191X+0.098X^2-0.003X^3$	0.996
	土壤	$Y=28.387+1.087X+0.023X^2$	0.992
沙棘	生物量	$Y=2.029X-0.219X^2+0.011X^3$	0.986
	土壤	$Y=37.090-0.169X+0.109X^2$	0.900
柠条	生物量	$Y=0.642X-0.093X^2+0.005X^3$	0.886
	土壤	$Y=25.950+2.012X-0.053X^2$	0.917
紫花苜蓿	生物量	$Y=0.293+0.207X$	0.781
	土壤	$Y=34.333+1.499X$	0.943

2）不同退耕年限碳储量的变化

根据不同树种统计资料分别统计退耕还林地的主要退耕树种及其占总面积的比例，计算得到 1999 ~ 2010 年退耕还林地主要退耕树种每年退耕面积，具体结果见表 6-2。根据主要退耕树种每年碳密度及其退耕面积，计算出总碳储量，计算结果见表 6-3。

表 6-2　不同退耕年限退耕还林地面积　　（单位：万亩）

年限	刺槐	油松	山杏	侧柏	沙棘	柠条	紫花苜蓿	合计
12 年	9.76	1.06	5.03	0.18	0.48	0.00	17.44	33.95
11 年	10.03	1.33	11.42	0.08	2.70	4.30	5.53	35.38
10 年	7.92	1.11	5.80	0.28	2.41	1.78	1.84	21.15
9 年	24.33	3.24	32.75	1.32	19.57	7.88	1.84	90.94
8 年	59.66	8.87	80.61	4.11	52.54	22.56	0.97	229.32
7 年	43.47	5.67	41.97	1.56	18.50	10.54	28.88	150.60
6 年	34.29	4.47	33.11	1.23	14.60	8.32	22.78	118.81
5 年	9.86	1.29	9.52	0.35	4.20	2.39	6.55	34.16
4 年	10.31	1.34	9.95	0.37	4.39	2.50	6.85	35.71
3 年	7.17	0.94	6.92	0.26	3.05	1.74	4.76	24.84
2 年	6.00	0.78	5.80	0.22	2.56	1.46	3.99	20.81
1 年	6.32	0.82	6.10	0.23	2.69	1.53	4.20	21.89

表 6-3　主要退耕还林树种碳储量　（单位：万 t）

类型	组分	12 年	11 年	10 年	9 年	8 年	7 年	6 年	5 年	4 年	3 年	2 年	1 年
刺槐	生物量	305.77	263.70	178.43	481.37	1062.52	711.01	520.49	138.29	130.44	77.54	49.58	29.91
	土壤	530.77	513.45	382.35	1109.87	2578.21	1785.30	1343.69	370.27	372.98	251.49	205.49	212.46
	总计	836.53	777.15	560.78	1591.24	3640.73	2496.31	1864.18	508.56	503.42	329.03	255.07	242.38
油松	生物量	18.91	21.28	15.87	41.32	99.16	54.86	36.72	8.72	7.24	3.75	2.09	1.09
	土壤	47.19	56.39	45.06	127.14	335.49	207.74	159.25	44.67	45.78	31.36	25.99	27.20
	总计	66.09	77.68	60.93	168.46	434.65	262.60	195.97	53.40	53.02	35.11	28.08	28.30
山杏	生物量	86.44	182.71	86.22	449.52	1013.79	478.03	335.75	83.82	73.25	40.02	23.45	12.97
	土壤	256.19	549.73	265.00	1423.85	3350.67	1676.57	1278.45	357.62	366.34	251.60	209.66	221.27
	总计	342.63	732.44	351.22	1873.37	4364.46	2154.61	1614.20	441.44	439.59	291.62	233.11	234.23
侧柏	生物量	1.97	0.82	2.47	9.89	25.76	8.00	4.98	1.08	0.80	0.36	0.16	0.07
	土壤	7.85	3.53	11.79	52.96	158.35	58.05	44.08	12.20	12.27	8.22	6.62	6.70
	总计	9.82	4.35	14.26	62.86	184.10	66.05	49.06	13.28	13.07	8.57	6.79	6.77
沙棘	生物量	5.66	28.23	22.66	167.15	412.33	134.06	97.30	25.37	23.32	13.47	8.36	4.90
	土壤	24.32	130.68	111.73	868.91	2244.19	763.24	583.88	163.55	167.42	114.65	95.06	99.60
	总计	29.98	158.91	134.39	1036.06	2656.53	897.30	681.18	188.92	190.74	128.12	103.42	104.50
柠条	生物量	0.00	10.60	3.78	14.90	39.34	17.42	13.17	3.61	3.50	2.13	1.39	0.85
	土壤	0.00	179.18	72.69	313.52	872.03	394.68	300.34	82.93	82.87	54.79	43.34	42.77
	总计	0.00	189.78	76.47	328.43	911.38	412.09	313.52	86.54	86.37	56.92	44.73	43.62
紫花苜蓿	生物量	48.44	14.21	4.35	3.96	1.90	50.31	34.97	8.70	7.68	4.35	2.82	2.10
	土壤	912.59	280.97	90.83	87.81	45.06	1294.65	987.15	273.99	276.18	184.99	148.94	150.43
	总计	961.03	295.18	95.18	91.77	46.96	1344.96	1022.12	282.69	283.86	189.34	151.77	152.53
合计	生物量	467.18	521.55	313.79	1168.11	2654.80	1453.70	1043.39	269.59	246.22	141.63	87.84	51.89
	土壤	1778.90	1713.94	979.44	3984.07	9584.00	6180.23	4696.85	1305.23	1323.83	897.09	735.12	760.44
	总计	2246.09	2235.49	1293.23	5152.18	12238.80	7633.92	5740.24	1574.82	1570.06	1038.72	822.96	812.33
平均	生物量	13.76	14.74	14.84	12.85	11.58	9.65	8.78	7.89	6.90	5.70	4.22	2.37
	土壤	52.39	48.44	46.31	43.81	41.79	41.04	39.53	38.21	37.07	36.11	35.33	34.74
	总计	66.15	63.18	61.15	56.66	53.37	50.69	48.32	46.10	43.97	41.81	39.56	37.11

3）半干旱半湿润区碳储量

由半干旱半湿润区每年平均碳密度和半干旱半湿润区每年退耕还林面积，计算得到半干旱半湿润区各市县每年的碳储量。研究结果表明：半干旱半湿润区

1999～2010 年共计完成退耕还林 2087.83 万亩，其植被生物量碳储量和土壤碳储量总计 7247.61 万 t。1999～2010 年半干旱半湿润区总碳储量与退耕还林面积紧密相关，随退耕还林面积的变化而发生相应的变化。其中，退耕 9 年、退耕 8 年、退耕 7 年退耕还林碳储量均在 1000 万 t 以上，以退耕 8 年退耕还林碳储量 2229.09 万 t 为最大，占总碳储量的 30.76%；退耕 1 年退耕还林碳储量 116.14 万 t 为最小，占总碳储量的 1.60%。半干旱半湿润区 1999～2010 年退耕还林工程碳储量现状中，植被层占总碳储量的 20.14%，为 1459.59 万 t。植被层年均碳储量占年总碳储量的比例随着时间的增加而增大，退耕还林后 1 年为 6.39%，退耕还林后 10 年达最大，为 24.06%。半干旱半湿润区 1999～2010 年退耕还林工程碳储量现状中，土壤层占总碳储量的 79.86%，为 5788.02 万 t。土壤层年均碳储量占年总碳储量的比例随着时间的增加而减小，退耕还林后 1 年为 93.61%，退耕还林后 10 年达最小，为 75.74%。

6.4.2 干旱区退耕还林工程碳储量的估算

1）碳密度与退耕年限的关系方程

由表 6-4 可知主要退耕树种的生物量碳密度和土壤碳密度的相关方程。由此计算出主要退耕树种不同退耕年限的碳密度变化，包括生物量碳密度和土壤碳密度。

表 6-4 主要退耕树种碳密度与退耕年限的回归方程

类型	组分	方程	R^2
刺槐	生物量	$Y=1.77+1.292X$	0.954
	土壤	$Y=22.457+1.975X$	0.990
杨树	生物量	$Y=1.032+0.892X$	0.934
	土壤	$Y=23.082+1.538X$	0.980
沙棘	生物量	$Y=0.857+0.580X$	0.971
	土壤	$Y=23.435+1.448X$	0.900
柠条	生物量	$Y=0.553+0.128X$	0.872
	土壤	$Y=23.342+0.825X$	0.993
紫花苜蓿	生物量	$Y=0.765+0.072X$	0.762
	土壤	$Y=27.575+1.26X$	0.953

2）不同退耕年限碳储量的变化

根据不同树种统计资料分别统计退耕还林地的主要退耕树种及其占总面积的比例，计算得到1999～2010年退耕还林地主要退耕树种每年退耕面积，具体结果见表6-5。根据主要退耕树种碳密度及其退耕面积，计算出总碳储量，计算结果见表6-6。

表6-5　不同退耕年限退耕还林地面积　　（单位：万亩）

年限	刺槐	杨树	沙棘	柠条	紫花苜蓿	合计
12年	0.41	0.32	2.20	2.56	7.45	12.94
11年	0.41	0.70	0.51	2.67	1.74	6.03
10年	0.32	0.36	0.10	1.60	0.35	2.73
9年	1.05	1.97	0.08	6.86	0.28	10.25
8年	2.64	4.81	0.02	17.31	0.06	24.83
7年	1.93	2.51	3.60	11.37	12.22	31.63
6年	1.51	1.99	2.88	8.97	9.75	25.09
5年	0.41	0.59	0.71	2.58	2.39	6.67
4年	0.42	0.61	0.80	2.70	2.70	7.22
3年	0.27	0.43	0.41	1.87	1.39	4.38
2年	0.24	0.37	0.39	1.57	1.32	3.88
1年	0.25	0.38	0.39	1.65	1.34	4.01

表6-6　主要退耕树种碳储量　　（单位：万t）

类型	组分	12年	11年	10年	9年	8年	7年	6年	5年	4年	3年	2年	1年
刺槐	生物量	7.08	6.55	4.7	14.07	31.97	20.86	14.38	3.37	2.91	1.53	1.04	0.77
	土壤	18.93	18.11	13.51	42.24	101.01	70.02	51.81	13.26	12.75	7.66	6.34	6.11
	总计	26.01	24.66	18.21	56.31	132.98	90.88	66.19	16.63	15.66	9.19	7.38	6.88
杨树	生物量	3.76	7.58	3.59	17.83	39.31	18.28	12.69	3.22	2.79	1.6	1.03	0.73
	土壤	13.3	27.97	13.87	72.65	170.27	84.98	64.27	18.04	17.75	11.98	9.56	9.32
	总计	17.06	35.55	17.46	90.48	209.58	103.26	76.96	21.26	20.54	13.58	10.59	10.05
沙棘	生物量	17.2	3.69	0.67	0.49	0.11	17.71	12.5	2.67	2.54	1.07	0.79	0.56
	土壤	89.78	20.07	3.79	2.92	0.7	120.85	92.51	21.78	23.38	11.39	10.27	9.7
	总计	106.98	23.76	4.46	3.41	0.81	138.56	105.01	24.45	25.92	12.46	11.06	10.26

续表

类型	组分	12 年	11 年	10 年	9 年	8 年	7 年	6 年	5 年	4 年	3 年	2 年	1 年
柠条	生物量	5.36	5.23	2.92	11.74	27.35	16.48	11.84	3.07	2.88	1.76	1.27	1.12
	土壤	85.18	86.58	50.43	211.21	518.25	331.02	253.7	70.83	71.81	48.41	39.25	39.94
	总计	90.54	91.81	53.35	222.95	545.6	347.5	265.54	73.9	74.69	50.17	40.52	41.06
紫花苜蓿	生物量	12.14	2.71	0.53	0.39	0.08	15.51	11.7	2.7	2.83	1.36	1.2	1.12
	土壤	318.09	71.9	14.16	10.84	2.16	444.63	342.65	81.06	87.96	43.57	39.65	38.58
	总计	330.23	74.61	14.69	11.23	2.24	460.14	354.35	83.76	90.79	44.93	40.85	39.7
总和	生物量	45.54	25.76	12.41	44.52	98.82	88.84	63.11	15.03	13.95	7.32	5.33	4.3
	土壤	525.28	224.63	95.76	339.86	792.39	1051.5	804.94	204.97	213.65	123.01	105.07	103.65
	总计	570.82	250.39	108.17	384.38	891.21	1140.34	868.05	220	227.6	130.33	110.4	107.95
平均	生物量	3.52	4.27	4.54	4.34	3.98	2.81	2.52	2.25	1.94	1.67	1.37	1.07
	土壤	40.59	37.25	35.02	33.17	31.91	33.25	32.08	30.72	29.6	28.08	27.05	25.84
	总计	44.11	41.52	39.56	37.51	35.89	36.06	34.6	32.97	31.54	29.75	28.42	26.91

3）干旱区碳储量

由干旱区每年平均碳密度和干旱区每年退耕还林面积，计算得到干旱区各市县每年的碳储量。研究结果表明：干旱区 1999 ~ 2010 年共计完成退耕还林 190.80 万亩，其植被生物量碳储量和土壤碳储量总计 446.78 万 t。1999 ~ 2010 年干旱区总碳储量与该区退耕还林面积紧密相关，随该区各市县退耕还林面积的变化而变化。其中，退耕 8 年退耕还林碳储量最大，为 118.19 万 t，占总碳储量的 26.45%。干旱区 1999 ~ 2010 年退耕还林工程碳储量现状中，植被层占总碳储量的 8.70%，为 38.85 万 t。植被层年均碳储量占年总碳储量的比例随着时间的增加而增大，退耕还林后 1 年为 6.46%，退耕还林后 9 年达最大，为 11.58%。干旱区 1999 ~ 2010 年退耕还林工程碳储量现状中，土壤层占总碳储量的 91.30%，为 407.93 万 t。土壤层年均碳储量占年总碳储量的比例随着时间的增加而减小，退耕还林后 1 年为 96.02%，退耕还林后 9 年达最小，为 88.42%。

6.4.3 湿润区退耕还林工程碳储量的估算

1）碳密度与退耕年限的关系方程

由表 6-7 可知主要退耕树种的生物量碳密度和土壤碳密度的相关方程。由此计算出主要退耕树种不同退耕年限的碳密度变化，包括生物量碳密度和土壤碳密度。

表 6-7　主要退耕树种碳密度与退耕年限的回归方程

类型	组分	方程	R^2
杏树	生物量	$Y=1.807+1.547X$	0.990
	土壤	$Y=35.537+2.37X$	0.980
落叶松	生物量	$Y=-1.585+2.008X$	0.990
	土壤	$Y=35.583+1.96X$	0.989
沙棘	生物量	$Y=1.075+0.725X$	0.970
	土壤	$Y=31.425+1.938X$	0.980
紫花苜蓿	生物量	$Y=0.873+0.09X$	0.670
	土壤	$Y=42.053+1.63X$	0.890

2）不同退耕年限碳储量的变化

根据不同树种统计资料分别统计退耕还林地的主要退耕树种及其占总面积的比例，计算得到1999～2010年退耕还林地主要退耕树种每年退耕面积，具体结果见表6-8。根据主要退耕树种碳密度及其退耕面积，计算出总碳储量，计算结果见表6-9。

表 6-8　不同退耕年限退耕还林地面积　　（单位：万亩）

年限	杏树	落叶松	沙棘	紫花苜蓿	合计
12 年	2.01	0.21	0.12	2.37	4.72
11 年	2.08	0.28	0.68	1.07	4.10
10 年	1.59	0.23	0.61	0.36	2.78
9 年	5.37	0.72	4.95	0.36	11.39
8 年	18.31	2.01	13.29	0.19	33.80
7 年	9.77	1.27	4.68	5.58	21.30
6 年	7.66	1.00	3.69	4.40	16.75
5 年	2.04	0.27	1.06	1.27	4.63
4 年	2.14	0.28	1.11	1.32	4.85
3 年	1.42	0.19	0.77	0.92	3.30
2 年	1.15	0.15	0.65	0.77	2.72
1 年	1.22	0.16	0.68	0.81	2.87

表 6-9　主要退耕还林树种碳储量　　　　（单位：万 t）

类型	组分	12 年	11 年	10 年	9 年	8 年	7 年	6 年	5 年	4 年	3 年	2 年	1 年
杏树	生物量	41.04	39.10	27.50	84.41	259.69	123.43	84.91	19.44	17.12	9.15	5.64	4.10
	土壤	128.90	127.95	94.28	305.14	997.86	509.18	380.97	96.57	96.39	60.52	46.32	46.38
	总计	169.94	167.05	121.78	389.55	1257.55	632.61	465.88	116.01	113.51	69.67	51.95	50.49
落叶松	生物量	4.81	5.66	4.17	11.79	29.10	15.89	10.44	2.25	1.79	0.83	0.36	0.07
	土壤	12.64	15.77	12.43	38.07	103.04	62.82	47.25	12.10	12.08	7.72	5.90	5.95
	总计	17.45	21.42	16.60	49.86	132.15	78.71	57.70	14.36	13.87	8.55	6.26	6.02
沙棘	生物量	1.19	6.18	5.08	37.63	91.39	28.79	20.04	4.99	4.41	2.51	1.64	1.23
	土壤	6.64	36.03	30.98	241.95	623.81	210.58	159.03	43.69	43.51	28.74	22.86	22.71
	总计	7.83	42.21	36.05	279.58	715.20	239.37	179.07	48.68	47.93	31.24	24.50	23.93
紫花苜蓿	生物量	4.63	1.99	0.63	0.60	0.30	8.39	6.22	1.67	1.63	1.05	0.81	0.78
	土壤	145.99	64.09	20.74	20.16	10.32	298.30	228.12	63.53	64.28	43.17	34.93	35.45
	总计	150.61	66.08	21.37	20.76	10.62	306.69	234.34	65.20	65.91	44.22	35.74	36.23
合计	生物量	51.67	52.92	37.37	134.42	380.48	176.49	121.61	28.37	24.96	13.54	8.45	6.18
	土壤	294.16	243.83	158.44	605.32	1735.03	1080.88	815.38	215.89	216.27	140.15	110.01	110.49
	总计	345.83	296.76	195.81	739.75	2115.52	1257.37	936.98	244.26	241.23	153.68	118.46	116.67
平均	生物量	10.95	12.89	13.43	11.80	11.26	8.29	7.26	6.12	5.14	4.11	3.11	2.15
	土壤	62.33	59.41	56.95	53.16	51.33	50.74	48.68	46.60	44.56	42.51	40.48	38.44
	总计	73.28	72.30	70.38	64.96	62.59	59.03	55.94	52.73	49.70	46.62	43.58	40.59

3）湿润区碳储量

由湿润区每年平均碳密度和湿润区每年退耕还林面积，计算得到湿润区碳储量。研究结果表明：1999～2010 年湿润区共计完成退耕还林 477.17 万亩，其植被生物量碳储量和土壤碳储量总计 1911.29 万 t。1999～2010 年湿润区总碳储量与该区域完成的退耕还林面积紧密相关，随湿润区退耕还林面积的变化而变化。其中，退耕 8 年退耕还林碳储量最大，为 426.02 万 t，占总碳储量的 22.29%；退耕 2 年退耕还林碳储量最小，为 25.13 万 t，占总碳储量的 1.32%。湿润区 1999～2010 年退耕还林工程碳储量现状中，植被层占总碳储量的 15.36%，为 293.51 万 t。植被层年均碳储量占年总碳储量的比例随着时间的增加而增大，退耕还林后 1 年为 5.29%，退耕还林后 10 年达最大，为 19.09%。湿润区 1999～2010 年退耕还林工程碳储量现状中，土壤层占总碳储量的 86.64%，为 1617.78 万 t。土壤层年均碳储量占年总碳储量的比例随着时间的增加而减小，退耕还林后1年为94.71%，退耕还林后10年达最小，为80.91%。

6.4.4 甘肃省退耕还林工程碳储量固碳现状的估算

由表6-10可知，甘肃省1999～2010年退耕还林工程完成干旱区190.80万亩、半干旱半湿润区2087.83万亩、湿润区477.17万亩退耕还林任务，共计2755.80万亩。1999～2010年退耕还林工程碳储量为干旱区446.78万t、半干旱半湿润区7247.61万t、湿润区1911.29万t，共计9605.68万t。

表6-10　甘肃省退耕还林工程碳储量固碳现状分布

类型	组分	退耕面积/万亩	碳储量/万t
干旱区	生物量	190.8	38.85
	土壤	190.8	407.93
	总计	190.8	446.78
半干旱半湿润区	生物量	2087.83	1459.59
	土壤	2087.83	5788.02
	总计	2087.83	7247.61
湿润区	生物量	477.17	293.51
	土壤	477.17	1617.78
	总计	477.17	1911.29
总和	生物量	2755.8	1791.95
	土壤	2755.8	7813.73
	总计	2755.8	9605.68

1999～2010年干旱区碳储量占甘肃省总碳储量比例最小，为4.65%；其次为湿润区19.90%；半干旱半湿润区最大，为75.45%；大小顺序依次为半干旱半湿润区>湿润区>干旱区。这与甘肃省退耕还林工程实施情况相一致，干旱区因其年均降水量小于200 mm，气候干燥，环境相对较差，该区域退耕还林面积较小，是该区域碳储量较低的主要原因。半干旱半湿润区年均降水量相对充足，是甘肃省退耕还林工程实施的主要区域，该区域退耕还林面积最大，碳储量相对较高。湿润区年均降水量在800 mm以上，降水量充足，气候湿润，环境适宜，但该区域森林资源相对较好，适宜人工退耕还林的面积较少，承担甘肃退耕还林工程的退耕面积相对半干旱半湿润区较少，其碳储量比例也低于半干旱半湿润区。

甘肃省 1999 ~2010 年退耕还林工程碳储量以 2003 年碳储量最大，占总碳储量的 28.87%，以 2010 年碳储量最小，占总碳储量的 1.74%。

1999 ~2010 年退耕还林工程碳储量现状中，植被层占总碳储量的 18.66%，为 1791.96 万 t。植被层年均碳储量占年总碳储量的比例随着时间的增加而增大，退耕还林后 1 年为 5.90%，退耕还林后 10 年达最大，为 22.86%。

土壤层占总碳储量的 81.34%，为 7813.73 万 t。土壤层年均碳储量占年总碳储量的比例随着时间的增加而减小，退耕还林后 1 年为 94.10%，退耕还林后 10 年达最小，为 77.14%。

6.5 甘肃省退耕还林工程固碳速率及固碳潜力

6.5.1 甘肃省退耕还林工程固碳速率

由表 6-11 可以看出，甘肃省退耕还林工程不同气候区碳密度和年均固碳速率存在差异。甘肃省退耕还林工程碳密度为 52.28 t/hm^2，其中，生物量碳密度为 9.75 t/hm^2，土壤碳密度为 42.53 t/hm^2；单位面积固碳速率为 4.35 $t/(hm^2 \cdot a)$，其中，单位面积生物量固碳速率为 0.81 $t/(hm^2 \cdot a)$，单位面积土壤固碳速率为 3.54 $t/(hm^2 \cdot a)$；固碳速率为 800.47 万 t/a，其中，生物量固碳速率为 149.33 万 t/a，土壤固碳速率为 651.14 万 t/a。不同气候区碳密度按大小排列顺序依次为：湿润区（60.09 t/hm^2）>半干旱半湿润区（52.07 t/hm^2）>干旱区（35.12 t/hm^2）。不同气候区单位面积固碳速率按大小排列顺序依次为：湿润区［5.01 $t/(hm^2 \cdot a)$］>半干旱半湿润区［4.34 $t/(hm^2 \cdot a)$］>干旱区［2.92 $t/(hm^2 \cdot a)$］。不同气候区固碳速率按大小排列顺序依次为：半干旱半湿润区（603.97 万 t/a）>湿润区（149.33 万 t/a）>干旱区（37.23 万 t/a）。

表 6-11 甘肃省不同气候区碳密度和固碳速率

类型	组分	碳密度 /(t/hm^2)	单位面积固碳速率 /[$t/(hm^2 \cdot a)$]	固碳速率 /(万 t/a)
干旱区	生物量	3.05	0.25	3.24
	土壤	32.07	2.67	33.99
	总计	35.12	2.92	37.23

续表

类型	组分	碳密度 /(t/hm²)	单位面积固碳速率 /[t/(hm²·a)]	固碳速率 /(万 t/a)
半干旱半湿润区	生物量	10.49	0.87	121.63
	土壤	41.58	3.47	482.34
	总计	52.07	4.34	603.97
湿润区	生物量	9.23	0.77	24.46
	土壤	50.86	4.24	134.81
	总计	60.09	5.01	159.27
总和	生物量	9.75	0.81	149.33
	土壤	42.53	3.54	651.14
	总计	52.28	4.35	800.47

6.5.2 甘肃省退耕还林工程固碳潜力

根据甘肃省不同气候区固碳速率，计算 2020 年、2030 年甘肃省退耕还林工程固碳潜力（表 6-12），结果表明，随着时间的增加，甘肃省退耕还林工程固碳量显著增加，2030 年甘肃省退耕还林工程累计固碳量为 25 615.15 万 t，其中，生物量碳储量为 4778.54 万 t，土壤碳储量为 20 836.61 万 t。半干旱半湿润区碳储量最大，为 19 326.96 万 t；湿润区碳储量次之，为 5096.76 万 t；干旱区碳储量最小，为 1191.43 万 t。

表 6-12 甘肃省退耕还林工程固碳潜力 （单位：万 t）

类型	组分	2020 年	2030 年
干旱区	生物量	71.23	103.61
	土壤	747.88	1 087.82
	合计	819.11	1 191.43
半干旱半湿润	生物量	2 675.92	3 892.24
	土壤	10 611.37	15 434.72
	合计	13 287.29	19 326.96
湿润区	生物量	538.10	782.69
	土壤	2 965.92	4 314.07
	合计	3 504.02	5 096.76

续表

类型	组分	2020 年	2030 年
合计	生物量	3 285. 25	4 778. 54
	土壤	14 325. 17	20 836. 61
	合计	17 610. 42	25 615. 15

6.6 讨论与小结

6.6.1 讨论

1）生态系统碳密度变化特征

不同退耕模式下生态系统碳密度随着退耕年限的增加而增大，分配格局总体表现为：土壤层>乔木层>草本层>枯落物层>灌木层，土壤层是人工林生态系统中的主要碳库。刺槐生态系统碳密度与陕西千阳 8 年刺槐生态系统碳密度 62. 917 t/hm^{2}相近，低于 9 年、17 年刺槐生态系统碳密度（艾泽民等，2014）。油松生态系统碳密度低于黄土丘陵区 9 年、23 年油松生态系统碳密度（程小琴等，2012）。侧柏生态系统碳密度低于徐州侧柏生态系统碳密度（李瑞霞等，2012）。紫花苜蓿生态系统碳密度低于黄土高原人工苜蓿碳密度（李文静等，2013；王振等，2013）。甘肃省主要退耕模式下生态系统碳密度低于 10 年红锥林碳密度 182. 42 t/hm^2（刘恩和刘世荣，2012）、广西 14 年马尾松碳密度 235. 0 t/hm^2（方晰等，2003）及我国森林生态系统平均碳密度 258. 83 t/hm^2（周玉荣等，2000）。不同植被类型碳密度的差异结果表明，植被类型、植被年龄、立地环境的差异是森林生态系统碳密度各异的主要原因，在进行小区域范围及大尺度区域森林生态系统碳密度的精准估算时，应当充分考虑当地森林植被立地情况，以减少相关计量误差（Brown and Iugo，1982；Birdsey et al.，1993；Fang and Chen，2001；Cleveland et al.，2011；Chen et al.，2013；Deng Lei et al.，2014）。

影响不同气候区生态系统碳密度的因素主要包括水分、温度、光照等。甘肃省不同气候区域人工林生态系统碳密度存在一定的差异，总体表现为湿润区>半干旱半湿润区>干旱区。许文强等（2009）基于网格的土壤类型法研究了干旱区三工河土壤碳密度，为 67 t/hm^2；张新厚等（2009）对半干旱区樟子松—山杏林地的研究发现乔木层碳密度为 2. 74 t/hm^2，土壤层为 25. 20 t/hm^2，生态系统为

30.0 t/hm^2；张晓伟等（2012）对甘肃半干旱区农田 0～20cm 土壤碳密度进行了研究，平均碳密度为 20.02 t/hm^2。甘肃省干旱区、半干旱半湿润区、湿润区研究结果与前人研究的结果相比，存在一定的差异。一方面可能是土地利用方式的转变过程中，受不同植被碳密度能力差异影响；另一方面可能是空间地理差异等因素造成的。

2）生态系统碳储量变化特征

半干旱半湿润区、干旱区、湿润区植被层年均碳储量占年总碳储量的比例随着时间的增加而增大，土壤层年均碳储量占年总碳储量的比例随着时间的增加而减小。姚平等（2014）利用退耕还林工程主要造林树种、面积及国家森林资源清查资料得出西南地区 2020 年退耕还林固碳 52.98 Tg。蔡丽莎等（2009）利用贵州森林资源清查资料得出 2010 年贵州退耕还林工程碳储量为 15.013 Tg。陈先刚等（2009）利用重庆退耕还林树种、面积及国家森林资源清查资料估算重庆 2010 年退耕还林工程碳储量为 14.276 Tg。甘肃省 1999～2010 年总碳储量与西南地区、贵州省、重庆市碳储量存在差异，这可能与姚平等、蔡丽莎等、陈先刚等研究的所选树种、退耕面积及退耕立地条件有关，从而造成不同地区碳储量现状的差异。如何提高不同区域范围内碳储量及其变化规律是碳收支研究的重点（Whittaker and Liken，1975；Suzi et al.，2001；Zhang and Xu，2002；Zhou et al.，2002；Zinn et al.，2002；Lal，2005；He et al.，2013），退耕还林工程在我国森林生态系统及全球森林生态系统碳循环中的作用是不可忽视的，将为我国国际碳效益谈判提供科学的支撑。

3）生态系统固碳速率及固碳潜力变化特征

甘肃省退耕还林工程单位面积固碳速率为 4.35t/(hm^2·a)，其中，单位面积生物量固碳速率为 0.81 t/(hm^2·a)，单位面积土壤固碳速率为 3.54 t/(hm^2·a)。南亚热带杉木植被单位面积固碳速率为 4.67 t/(hm^2·a)（康冰等，2006），西双版纳橡胶林单位面积固碳速率为 4.53 t/(hm^2·a)（宋清海和张一平，2010），由此可见，不同地理区域树种间的差异对单位面积固碳速率影响较大。1999～2010 年甘肃省退耕还林工程固碳速率为 800.47 万 t/a，其中，生物量固碳速率为 149.33 万 t/a，土壤固碳速率为 651.14 万 t/a。吴庆标等（2008）利用我国第 4 次森林清查资料估算出我国森林固碳量为 85.30～101.95 Tg/a，甘肃省低于我国森林平均水平，主要因为甘肃省退耕还林工程多为幼龄林，没有中龄林、成过熟林，导致甘肃省退耕还林工程年固碳量较小，但随着时间的增加，幼龄林逐渐成长，甘肃省退耕还林工程年固碳量将会增大，发挥较高的年固碳效益。

6.6.2 小结

本章通过对甘肃省退耕还林工程资料的收集和整理，确定了主要退耕还林还草植被类型为研究对象，并分析了主要退耕类型碳含量、碳密度，量化了甘肃省退耕还林工程的固碳现状、速率和潜力。主要得到的结论如下。

不同退耕模式下生态系统碳密度随着退耕年限的增加而增大，分配格局总体表现为：土壤层>乔木层>草本层>枯落物层>灌木层，土壤层是人工林生态系统中的主要碳库。甘肃省不同气候区域人工林生态系统碳密度存在一定的差异，总体表现为湿润区>半干旱干湿润区>干旱区。

甘肃省1999~2010年退耕还林工程碳储量为干旱区446.78万t、半干旱半湿润区7247.61万t、湿润区1911.29万t，共计9605.68万t。1999~2010年干旱区碳储量占甘肃省总碳储量比例最小，为4.65%；其次为湿润区19.90%；半干旱半湿润区最大，为75.45%；按其大小顺序依次为半干旱半湿润区>湿润区>干旱区。植被层占总碳储量的18.66%，为1791.95万t。植被层年均碳储量占年总碳储量的比例随着时间的增加而增大。土壤层占总碳储量的81.34%，为7813.73万t。土壤层年均碳储量占年总碳储量的比例随着时间的增加而减小。

甘肃省退耕还林工程不同组分碳密度和年均固碳速率存在差异。甘肃省1999~2010年退耕还林工程碳密度为52.28 t/hm^2，其中，生物量碳密度为9.75 t/hm^2，土壤碳密度为42.53 t/hm^2；单位面积固碳速率为4.35 $t/(hm^2 \cdot a)$，其中，单位面积生物量固碳速率为0.81 $t/(hm^2 \cdot a)$，单位面积土壤固碳速率为3.54 $t/(hm^2 \cdot a)$；固碳速率为800.47万t/a，其中，生物量固碳速率为149.33万t/a，土壤固碳速率为651.14万t/a。2030年甘肃省退耕还林工程固碳潜力为25 615.15万t。

参考文献

艾泽民，陈云明，曹扬．2014．黄土丘陵区不同林龄刺槐人工林碳、氮储量及分配格局．应用生态学报，2：1.

蔡丽莎，陈先刚，郭颖，等．2009．贵州省退耕还林工程碳汇潜力预测．浙江林学院学报，26（5）：722-728.

陈先刚，张一平，潘昌平，等．2009．重庆市退耕还林工程林固碳潜力估算．中南林业科技大学学报，29（4）：7-15.

程小琴，韩海荣，康峰峰．2012．山西油松人工林生态系统生物量、碳积累及其分布．生态学杂志，31（10）：2455-2460.
方晰，田大伦，项文化，等. 2003. 不同密度湿地松人工林中碳的积累与分配. 浙江林学院学报，20（4）：374-379.
郭胜利，马玉红，车升国，等. 2009. 黄土区人工与天然植被对凋落物量和土壤有机碳变化的影响. 林业科学，45（10）：14-18.
康冰，刘世荣，张广军，等. 2006. 广西大青山南亚热带马尾松、杉木混交林生态系统碳素积累和分配特征. 生态学报，26（5）：1320-1329.
李克让，王绍强，曹明奎. 2003. 中国植被和土壤碳储量. 中国科学，33（1）：72-80.
李瑞霞，郝俊鹏，闵建刚，等. 2012. 不同密度侧柏人工林碳储量变化及其机理初探. 生态环境学报，8：1392-1397.
李文静，王振，韩清芳，等. 2013. 黄土高原人工苜蓿草地固碳效应评估. 生态学报，33（23）：7467-7477.
李裕元，邵明安，郑纪勇，等. 2007. 黄土高原北部草地的恢复与重建对土壤有机碳的影响. 生态学报，27（6）：2279-2287.
刘恩，刘世荣. 2012. 南亚热带米老排人工林碳储量及其分配特征. 生态学报，32（16）：5103-5109.
孟蕾，程积民，杨晓梅，等. 2010. 黄土高原子午岭人工油松林碳储量与碳密度研究. 水土保持通报，30（2）：133-137.
宋清海，张一平. 2010. 西双版纳地区人工橡胶林生物量、固碳现状及潜力. 生态学杂志，29（10）：1887-1891.
王蕾，张景群，王晓芳，等. 2010. 黄土高原两种人工林幼林生态系统碳汇能力评价. 东北林业大学学报，38（7）：75-78.
王振，王子煜，韩清芳，等. 2013. 黄土高原苜蓿草地土壤碳、氮变化特征研究. 草地学报，21（6）：1073-1079.
吴庆标，王效科，段晓男，等. 2008. 中国森林生态系统植被固碳现状和潜力. 生态学报，28（2）：517-524.
许文强，陈曦，罗格平，等. 2009. 干旱区三工河流域土壤有机碳储量及空间分布特征. 自然资源学报，24（10）：1740-1747.
姚平，陈先刚，周永锋，等. 2014. 西南地区退耕还林工程主要林分 50 年碳汇潜力. 生态学报，34（11）：3025-3037.
张晓伟，许明祥，师晨迪，等. 2012. 半干旱区县域农田土壤有机碳固存速率及其影响因素：以甘肃庄浪县为例. 植物营养与肥料学报，18（5）：1086-1095.
张新厚，范志平，孙学凯，等. 2009. 半干旱区土地利用方式变化对生态系统碳储量的影响. 生态学杂志，28（12）：2424-2430.
周玉荣，于振良，赵士洞. 2000. 我国主要森林生态系统碳储量和碳平衡. 植物生态学报，24（5）：518-522.

Birdsey R A, Plantinga A J, Heath L S. 1993. Past and prospective carbon storage in United States forests. Forest Ecology and Management, 59: 33-40.

Brown S, Iugo A E. 1982. The storage and Production of organic matter in tropical of rests and their role in the global carbon cycle. Biotro Pica, 14: 161-187.

Chen G S, Yang Z J, Gao R, et al. 2013. Carbon storage in a chronosequence of Chinese fir plantations in sourthern China. Forest Ecology and Management, 300: 68-76.

Cleveland C C, Townsend A R, Taylor P, et al. 2011. Relationships among net primary productivity, nutrients and climate in tropical rain forest: A pan- tropical analysis. Ecology Letters, 14: 1313-1317.

Deng L, Zhang W H, Guan J H. 2014. Seed rain and community diversity of Liaotung oak (*Quercus liaotungensis* Koidz) in Shaanxi, northwest China. Ecological Engineering, 67: 104-111.

Fang J Y, Chen A P. 2001. Dynamic forest biomass carbon pools in China and their significance. Acta Botanica Sinica, 43 (9): 967-973.

He Y J, Qin L, Li Z Y, et al. 2013. Carbon storage capacity of monoculture and mixed- species plantations in subtropical China. Forest Ecology and Management, 295: 193-198.

Lal R. 2005. Forest soils and carbon sequestration. Forest Ecology and Management, 220: 242-258.

McKenney D W, Yemshanov D, Fox G, et al. 2004. Cost estimates fr carbon sequestration from fast growing Poplar plantations in Canada. Forest Policy & Economics, 6: 345-358.

Suzi K, Liu S G, Hughes R F, et al. 2001. Carbon dynamics, land use and choice: Building a regional scale multidisciplinary model. Motu: Journal of Environmental Management, 69 (1): 25-37.

Whittaker R H, Liken G E. 1975. The biosphere and man//Lieth H, Whittaker R H. Primary Productivity of the Biosphere. New York: Springer-Verlag: 305-328.

Zhang X Q, Xu D Y. 2002. Caculation forest biomass change in China. Science, 296: 1359.

Zhou G S, Wang Y H, Jiang Y L, et al. 2002. Estimating biomass and net primary production from forest inventory data: A case study of China's *Larix* forests. Forest Ecology and Management, 169: 149-157.

Zinn Y L, Dimas V S, Resck J E, et al. 2002. Soil organic carbonas affected by afforestation with *Eucalyptus* and *Pinus* in the Cerrado region of Brazil. Forest Ecology and Management, 166: 285-294.

第7章 宁夏退耕还林工程固碳效应分析

7.1 引　言

碳是组成地球生命的核心元素（Roston，2008）。从地质时间跨度看，地球温度与大气碳浓度密切相关。全球碳循环主要包括碳在大气圈、生物圈、水圈、土壤圈和岩石圈的生物地球化学循环，这个过程可历时数小时至百万年，而且短期碳循环和长期碳循环之间也有差别（Berner，2003）。长期碳循环反映碳在岩石、海洋、大气、生物圈和土壤圈之间的交换途径。当地质时间跨度大于10万年时，长期碳循环便决定了大气二氧化碳浓度。CO_2、CH_4、CO、非甲烷总烃是大气中主要的含碳气体，但只有CO_2与碳循环密切相关（Houghton，2007）。任何从大气中移除含碳的温室气体、气溶胶或其前期产物的过程、活动或机制，均称为碳汇（IPCC，2007）。

伴随着Ca、Mg硅酸盐在陆地的不断风化，大气中的CO_2被吸收。工业革命前，因风化作用，大气中每年约2亿t的碳被陆地生态系统固定（Denman et al.，2007）。固定产物经溶解后流入海洋，并以Ca、Mg硅酸盐的形式沉淀下来，因此碳被储存在碳酸盐岩石中，时间长达10^6 ~ 10^9年（Holmen，2000）。在海洋深埋期，历经成岩作用或变质作用，碳酸盐不断转化分解，部分CO_2被重新释放到大气和海洋中，形成一个循环。

除此之外，大气二氧化碳还能通过光合作用被陆地植物吸收，工业革命前，光合作用对碳的净吸收量为4亿t（Denman et al.，2007）。一些碳以有机物（OM）的形式储存在沉积物中，与碳酸盐类似，沉积物中的有机质随着土层深埋地下，最后火山活动又可以将地幔中的碳释放，以CO_2的形式返回大气。另外，沉积物中的有机质经过成岩作用和变质作用，转化为油母质、石油、天然气和煤。由于化石燃料的过量燃烧，人类将有机质的氧化速率提高了100倍，严重干扰并缩短了长周期碳循环（Berner，2003）。

从森林生态系统碳汇角度来看，短周期碳循环比长周期碳循环更为重要。通过海洋圈、陆地生物圈和大气圈持续的大规模碳流动，短周期碳循环有效控制了大气 CO_2 和 CH_4 的浓度（Denman et al.，2007）。光合作用固定大气碳，由于植物、微生物和动物的呼吸作用又重新返回大气；其中有氧呼吸释放 CO_2，厌氧呼吸释放 CH_4。另外，森林火灾同样是 CO_2 和 CH_4 的重要释放源。

工业革命前，陆地生物圈和大气圈之间在自然状态下的年碳交换量约为 1200 亿 t，海洋与大气圈年交换量约为 900 亿 t（Denman et al.，2007）。工业革命前大气圈、陆地生物圈碳库的估计值分别为 5970 亿 t、23 000 亿 t，海洋表面和中层的碳库约为 9000 亿 t，海洋深层的碳库约为 371 000 亿 t，且不同碳库之间的碳通量长期大致保持平衡（Lorenz and Lal，2010）。自工业革命以来（Steffen et al.，1998，2007），化石能源的燃烧和水生产使大量的 CO_2 从地质碳库中被人为地排放到大气中。除了化石能源燃烧和水泥生产，森林砍伐和农业发展也促使更多的 CO_2 从陆地生物圈碳库中释放到大气中。由于土地用途改变，陆地生物圈已经流失了近 1400 亿 t 碳。20 世纪 90 年代人为排放的 CO_2 中，有 20% 是森林砍伐引起的，另外 80% 是因化石燃料的燃烧产生的（Denman et al.，2007）。

由于化石燃料的燃烧、水泥生产、森林破坏和农业发展，大气中的 CO_2 浓度从工业革命前的约 280 ppm① 增加到 2008 年的 385 ppm（全球月平均水平），年均增长接近 2 ppm（IPCC，2007）。气候突变主要由大气中的 CO_2 浓度增加引起，而化石燃料燃烧、土地利用变化或毁林导致 CO_2 浓度增加（Solomon et al.，2009）。与前工业化时期相比，如今的地表温度足足升高了 2.4℃（Ramanathan and Feng，2008）。人为造成的气候变化明显改变了全球生态系统（Rosenzweig et al.，2008）。人为因素导致的大气 CO_2 浓度的增长速度不断加快，成为全球变暖的主要驱动力（Raupach et al.，2008）。然而诸多证据显示，通过森林经理和其他措施，如停止热带森林砍伐，在温带和热带进行森林植被恢复和新造林，划定森林和非森林土地等，可以明显减缓大气 CO_2 浓度的增长速度（Pacala and Socolow，2004）。提高土壤碳汇能力，是稳定温室气体浓度的重要手段（Lal，2004；Barker et al.，2007）。目前人们对全球碳循环机制尚未完全掌握，尤其是对碳源/汇的概念仍未完全理解（Leigh，2009）。

为了阐明黄土高原区域退耕还林工程实施前后的碳储量变化及其空间格局，本研究选择了宁夏、甘肃、陕西和河南 4 个省（自治区）作为重点区域对主要造林树种林分的植被和土壤碳储量及其典型分布特征进行样地调查和时空格局分

① 1 ppm $=1\times10^{-6}$，下同。

析，探索退耕还林工程对地方、区域乃至整个陆地生态系统碳循环的影响，理解退耕还林工程对固定大气二氧化碳、缓解气候变暖的贡献和重要性。

7.1.1 区域土地利用变化/覆盖变化与陆地生态系统碳储量

陆地生态系统碳储量及其变化在全球碳循环和大气 CO_2浓度变化中起着非常重要的作用，因而是全球气候变化研究中的重要问题。陆地生态系统是一个巨型碳库，据 IPCC（2000）估算，全球陆地生态系统碳的总储量约为 2500 Gt，是大气碳库（750 Gt）的 3 倍，其中全球植被碳储量约为 500 Gt，1 m 厚土壤碳储量为 2000 Gt，后者为前者的 4 倍。

土地利用/覆盖类型是决定陆地生态系统碳储存的重要因素，土地覆盖形式由一种类型转变为另一种类型往往伴随着大量的碳交换（Bolin and Sukumar，2000）。不同类型的土地利用/覆盖变化对生态系统碳循环的作用不同，全球土地利用/覆盖变化具有很强的空间异质性，对生态系统碳循环的影响同样具有明显的空间差异：热带地区的土地利用/覆盖变化造成大量的碳释放，而中高纬度地区土地利用/覆盖变化则表现为碳汇（Dixon et al.，1994；Fan et al.，1998；Wofsy et al.，1993；Houghton et al.，1999；Kauppi et al.，1992；Birdsey and Heath，1995）。

森林生态系统是最重要的一类陆地生态系统，全球森林生态系统总固碳量为 1146 Pg，其中森林植被和土壤分别为 359 Pg 和 787 Pg，分别占 31% 和 69%（Dixon et al.，1994）。植被和土壤碳之间的分配因纬度而不同，很大一部分森林植被（25%）和森林土壤（59%）碳在高纬度地区；中纬度地区仅占了全球森林植被（16%）和森林土壤（13%）碳的一小部分；而低纬度地区的热带森林具有较大的异质性，分别为 59% 全球森林植被和 2% 森林土壤碳（Dixon et al.，1994）。

尽管森林持续循环碳（光合作用和分解作用），但是森林植被和土壤净碳储存固定碳的周期从年到世纪而不同，这种时间尺度取决于物种、立地条件、扰动和管理措施。保护和固碳的森林管理措施有 4 个主要类型：①维持现有的碳库（减少毁林，减缓森林退化速度）；②通过森林管理扩大现有的碳汇和碳库；③扩大森林覆盖面积产生新的碳汇和碳库；④用可更新的生物质燃料代替化石燃料。作为碳库管理的森林通常可以实现其他的环境目标，包括生物、水和土壤资源的保护（Gregerson et al.，1989）。

长期的农业利用史、森林管理措施以及土地利用变化情况和森林政策表明，中国陆地生态系统在全球碳循环中扮演了一个重要角色（方精云等，1996；Peng and Apps，1997）。中国在中纬度国家中有相对较小的森林面积、相对较大的植被碳库，森林面积扩大和林木再生是中国陆地生态系统从碳源转为碳汇的主要原因（Fang et al.，2001）。中国有1.337亿hm^2的林地，分布范围从南方热带雨林到北方森林，从20世纪70年代开始国家范围的造林和再造林计划大规模展开，近40年来，受到六大造林工程［天然林资源保护工程、退耕还林（草）工程、“三北”及长江中下游等重点防护林体系建设工程、京津风沙源治理工程、野生动植物保护及自然保护区建设工程、重点地区速生丰产用材林基地建设工程］的影响，中国大量荒漠地、农田都转化为草地或林地，促使森林覆盖率不断增加。尽管中国最近的农田面积变化趋势存在争议，一些研究结果以及政府统计数据显示中国的农田面积自1990年以来在不断减少（Houghton and Hackler，2003；中华人民共和国国土资源部，2000，2001，2002，2003）；而另一些研究者却认为中国农田面积在增加（FAO，2005；Liu et al.，2005a，2005b）。同时很多研究计划试图比较准确地评估中国陆地生态系统和生态工程的碳储存及其对区域乃至全球碳循环产生的重大影响。

中国全国森林植被碳储存的估算基本是按照植被动态模型和生态过程模型进行模拟。Fang等（2001）利用1949年、1950～1962年、1973～1976年、1977～1981年、1984～1988年、1989～1993年和1994～1998年7个时段的部分森林资源清查资料结合样地实测数据，通过生物量换算因子（BEF）对中国森林生态系统1949～1998年的碳储量变化的估算结果表明，中国的森林碳储量从1949年的5.06 Pg降低到1977～1981年的4.38 Pg，然后在1980～1998年又增加到4.75 Pg，1949年森林生态系统加权碳密度为49.45 Mg/hm^2，1994～1998年为44.91 Mg/hm^2，这种变化主要是由于土地利用变化的结果。

作为生态系统碳储存的主要组成部分，中国全国土壤有机碳的估算存在很大的不确定性，这与基础数据来源差异和估算方法有直接关系，主要原因难以区分。方精云（1996）（190.5 t/hm^2）、王绍强等（2000）（105.3 Mg/hm^2）和金峰等（2001）（123.9 Mg/hm^2）的研究工作都以同类型土壤碳密度的面积加权平均值作为各类型土壤有机碳密度，再利用土壤类型图统计出的各类型土壤面积来估算土壤有机碳总储量；Wu等（2003）（80 Mg/hm^2）利用同样的方法研究了中国土壤有机碳库及其变化；潘根兴（1999）（54.6 Mg/hm^2）则首先计算出各十种剖面的土壤有机碳密度，然后利用各土种的面积统计资料来估算土壤有机碳储量；解宪丽等（2004）（91.4 Mg/hm^2）以同类型土壤剖面碳密度中值作为二级类型各单元的土壤有机碳密度，以二级类型单元的土壤有机碳密度面积加权平均值作为相应的一级单元土壤有机碳密度；Ni（2001）（124.8 Mg/hm^2）基于1：400万土壤植被图以及其他数据资料利用模型（BIMEO3）进行估算。

中国陆地生态系统植被和土壤总碳储量分别为13.29 Pg和82.67 Pg，分别为全球植被和土壤碳储量的3%和4%，平均植被和土壤碳密度分别为14.7 Mg/hm^2和91.7 Mg/hm^2。它们受气候、植被和土壤类型等影响，区域差异明显，其总趋势是暖湿的东南区大于西北干旱区，最高植被碳密度出现在温暖的东南和西南地区，而最高土壤碳密度出现在寒冷的东北地区和青藏高原东南缘（李克让等，2003）。这些空间类型取决于由气候状况所控制的植物生产力和土壤有机质分解速率，植被和土壤碳密度很大程度上由不同的气候因素所控制。

黄土高原地区的主要土地转换类型为森林、草地与农田的相互转化，在国家和地区层面的陆地生态系统碳储量的估算，就必须考虑这种转换对碳循环的影响。森林生态系统是最大的陆地碳库，因此，即使森林面积发生很小的变化，都可能引起全球陆地生态系统碳循环的极大变化。由于造林（afforestation）、再造林（reforestation）和森林砍伐（deforestation）的统计数据目前还有很多不确定性，所以森林转化为草地和农田所造成的碳收支估测很不一致。据Dixon等（1994）估算，20世纪90年代，全球森林面积为4.1 Ghm^2，地上碳储存为360～480 Pg，地下部分为90～930 Pg，分别约占陆地生态系统地上碳储量、地下碳储量（土壤、枯落物和根系）和土壤碳储量的82%～86%、40%和70%～73%。关于森林生态系统碳储存的区域分布格局，低纬度森林占37%，中纬度森林占14%，高纬度森林占49%。高、中、低纬度地区的森林碳源碳汇相抵，整个陆地由于森林生态系统的变化每年向大气释放碳（0.9±0.4）Pg。

由高生物量的森林转化为低生物量的草地、农田或城市后，可能会造成大量的CO_2将释放到大气中。当森林转化为草地时，大部分的地上生物量碳将以CO_2的形式释放到大气中，CO_2的释放速率受人类利用方式的影响。由于森林的地上和地下生物量在大多数情况下都高于草地的相应部分，因此，森林转化为草地的过程是大气CO_2的净释放源。但是，部分研究表明，这种土地利用/覆盖转化方式也有可能增加或减少土壤的有机碳库，甚至不产生任何影响，也就是说，森林转化为草地后，土壤可能成为碳汇或碳源（Houghton，1995；Post and Kwon，2000；Franzluebbers et al.，2000）。土壤的碳源/汇关系主要取决于草地类型、草地所处的气候区域、干扰状况以及管理措施等。在森林或草地生态系统中，植物体储存的碳通过分解等方式进入土壤中，因而森林和草地土壤在植被演替过程中土壤碳储量有可能不断增加直到演替的顶极阶段（Waring and Runing，1998）。

与森林转化为草地不同的是，当森林或草地转化为农田后，大部分的农田地上生物量都被收获，而只有很少农作物残茬遗留在土壤中（尽管农田的每年生产力都很高）。这些被收获的生物量最终都以 CO_2 的形式释放到大气中。同时，由于耕种措施的采用，农田土壤有机质的分解速率加快，因此，无论是草地还是森林转化为农田后，土壤的碳储量都会减少（Houghton and Goodale，2004；Guo and Gifford，2002），而土壤碳储量减少速率受周转时间、农田管理措施以及农作物种类等因素影响。因此，森林或草地向农田的转化都会造成大量土壤有机碳释放到大气中（Mann，1986；Johnson，1992；Davidson and Ackerman，1993；Murty et al.，2002）。

耕地转变为林地或草地，土壤有机碳一般会增加（Gmgorich and Janzen，1996；Gregorich et al.，1998；Lugo and Brown，1993；Lal，2002；Burke et al.，1995），积累速率因气候带而异。中国热带地区耕地转变为林地后在 10 年内将达到林地土壤碳、氮蓄积量的75%，温带地区是90%，亚热带是80%（刘纪远等，2004）。耕地转变为林地或草地，土壤有机碳蓄积量的增加主要来源于高生物量、凋落物留存和高根系生物量。

各地森林生态系统碳储存估算基本上延续了森林清查结合样点实测数据为依据的方法，相对较国家和区域尺度的估算结果精确。以宁夏六盘山自然保护区 2005 年森林资源一类清查数据为基础的估算结果显示，六盘山的森林植被碳密度平均为26.17 Mg/hm^2（0.67～120.63 Mg/hm^2），其中天然次生林（平均 30.2 Mg/hm^2）显著高于人工林（平均15.7 Mg/hm^2），森林植被碳密度随林龄增加而线性增大，天然林和人工林的平均增速分别为1.11 Mg/hm^2 和2.48 Mg/hm^2，而且部分未成熟林的林分植被碳密度已接近甚至超过全国同类森林类型成熟林的植被碳密度平均值；随林分密度增加，森林植被碳密度增大，但在林分密度>1000 株/hm^2 后，森林植被碳密度不再增大；天然林为75.4 t/hm^2，人工林为34.6 t/hm^2；林冠郁闭度对森林植被碳密度的影响与林分密度相似，森林植被碳密度增长的郁闭度拐点为0.5，水分条件是影响六盘山森林植被碳密度的重要因素（潘帅等，2014）。

7.1.2 不同年龄的人工林固碳特征

近年来，世界部分地区在边际耕地（一些不太适合用作作物种植的土地，大部分是一些被垦殖的坡度为15°~25°的生态用地)、荒地、荒漠化土地以及泥沼上进行造林，以防止和缓解生态系统退化、改善生态环境质量（Winjum and Schroeder，1997；Fang et al.，2001；Zeng et al.，2014)，由于这些人工林的面积不断扩大，不同物种人工林之间以及相同物种不同林龄间的碳储量差异得到了很多学者的重视，对人工林的科学管理以及陆地生态系统碳源/汇动态的研究在不断深入。

很多生态学家致力于识别生长条件包括可用资源如何决定物种的生长及其碳储存（Winjum and Schroeder，1997；Lutz et al.，2013；Zhou et al.，2014；Gao et al.，2015)，由于生存条件的复杂性以及物种的差异性，这些研究结果在强调了可用资源、环境胁迫对物种生长的决定性作用的同时，也表明在时空上存在很大的异质性。Xu 等（2006）在 2001 ~ 2004 年实测了黄土丘陵区紫花苜蓿（*Medicago sativa* L.)、沙打旺（*Astragalus adsurgens* Pall.)、红豆草（*Onobrychis viciaefolia* Scop.）和达乌里胡枝子（*Lespedeza davurica*）4 种豆科草本植物的年生物量及其对土壤水的消耗发现，4 种作物生物量与生长期季节性雨量和全年总雨量呈显著正相关。这也强调了有效水分对作物生长的重要性。

部分研究还探索了物种年龄梯度的差异，发现在一定时期内物种碳密度随林龄的增长而增加（Harmon et al.，1990；Vesterdal et al.，2002；Mao et al.，2010；Wei et al.，2013；Li and Liu，2014；Xin et al.，2016)。Potter 等（1999）将退化草地上新建 6 年、26 年和 60 年的草地的土壤碳储量与持续耕种 100 年的农地和从未耕种过的土著草原土壤进行了比较，发现土著草原 120 cm 的土壤有机碳储量远高于持续耕种的土壤，而在退化草地上恢复的草地介于两者之间，并且指出：如果要使人工建造的草地达到土著草原土壤固碳能力，至少还需要将近一个世纪才能完成。这些研究表明了在理解和评估陆地植被生态系统固碳能力时考虑植被年龄的重要性。Cannell（1989）总结部分文献认为，林木材积生长为树冠截取的光辐射量、光利用效率、净呼吸量、同化比率和死亡损失等生理生态特征所决定。上述结果意味着有些不同地上生物量的物种碳储存可能显著不同，然而这些物种栖息地是否同质，年龄是否相同，这些影响尚不明确。

1999 年以来，黄土高原区域率先实施退耕还林工程，该区域人工林面积增加迅速（Chen et al.，2007；Zhou et al.，2009)，有许多有价值的研究探索了这种由耕地转换为林（草）地的土地利用转换过程中土壤有机碳的变化，尽管这类土地转换总体上有助于土壤有机碳的固定（Vesterdal et al.，2002；Chen et al.，2007；Yang et al.，2009；He et al.，2012；Deng et al.，2014）和生物量碳储存

(吴建国等, 2006; Tang et al., 2014), 但是不同人工植被对陆地生态系统碳循环的潜在影响远未了解, 为此需要测量人工植被固碳特征的变化, 估算生态系统碳储量, 以了解和评估中国干旱半干旱地区不同物种和不同年龄的人工植被对陆地生态系统碳汇能力的作用和影响。

7.1.3 不同管理模式下的人工草地固碳特征

草地生态系统是一个显著的陆地生态系统碳汇 (Jackson et al., 2002), 全球草地碳储量占了12% (266.3 Pg) ~31% (761 Pg) 的陆地生态系统总碳储存 (Whittaker and Niering, 1975; Prentice, 1993), 因而在全球碳循环中扮演了一个极其重要的角色 (Canadell et al., 2000)。根据 Ajtay (1979), 89.4%的草地碳储存是土壤碳, 草地土壤有机碳占世界土壤碳库的15.5%。中国草地生态系统碳汇大约是44.09 Pg, 是土壤总碳库的55.6%, 其中山区和温带草地碳汇占了大约40.1% (Ni, 2002)。95%的中国山区和温带草地碳汇以土壤有机碳的形式存在, 是植被层的13.5倍, 其分布与全球草地碳库相似。因此中国山区和温带草地土壤碳库动态对全球碳循环产生较大的影响, 研究碳库动态及其影响因素有助于理解全球碳预算, 有益于碳循环管理 (Yao and Gao, 2006; Zhang, 2010; Wu and Cai, 2012)。

在几个研究案例中, 山区草地生态系统碳循环因管理模式而改变。最近中国山区草地建设为人工草地所支配, 对草地面积有深刻影响, 并可能改变区域碳循环, 如退耕还林工程极大地促进了草地碳库的恢复 (Yu et al., 2014)。当农地转为草地时, 土壤有机碳以年均0.54 Mg/hm^2 的速率被永久储存和积累 (Conant et al., 2001)。相反天然草地被开垦为耕地时, 土壤表层30 cm 的土壤有机碳因耕作和侵蚀损失率超过20% (刘纪远等, 2004; 闫玉春等, 2008; Huang et al., 2010)。

黄土高原地区是退耕还林工程的重点实施区域, 在项目实施期间人工苜蓿 (*Medicago sativa* L.) 草地经历了刈割和撂荒, 因此形成了3种草地类型: ①刈割人工苜蓿草地; ②撂荒未刈割苜蓿草地; ③天然苜蓿草地。刈割会影响草地生态系统组分 (鲍雅静等, 2004), 减少生态系统净碳库 (张春霞等, 2005)。苜蓿草地废弃之后开始演替, 演替之后的5种组成与刈割苜蓿和天然苜蓿有很大的不同 (李裕元等, 2006), 因此刈割草地与废弃草地碳储存可能随时间有相当大的变化, 但是经历不同管理的苜蓿草地碳储量动态却鲜有报道。

本章针对宁南山区退耕还林工程项目中不同管理下的人工苜蓿草地的碳储存动态问题进行研究，探索草地从刈割初期（10 年生）到之后的废弃撂荒，其碳源/汇的变化规律，揭示草地利用方式转变与长期演变过程中的碳动态。

7.2 研究方法

7.2.1 典型区域的选择

“黄土高原地区”范围包括山西省全部（119 个市县），陕西省中部、北部（秦岭以北 77 个市县），甘肃省东南部（乌鞘岭以东、甘南藏族自治州以北 49 个市县），宁夏回族自治区（22 个市县），青海省东北部（17 个市县），河南省西北部（熊耳山以北 21 个市县）及内蒙古自治区南部（鄂尔多斯和河套地区 30 个市旗县），共跨 7 个省（自治区），合计 335 个市县。按县域行政区界线计算，黄土高原地区总面积约 64 万 km^2，占全国陆地总面积的 6.7%。

黄土高原地区植被类型复杂，东西差异明显。从东南到西北依次为落叶阔叶林、森林草原植被带、典型草原植被带、荒漠草原植被带，林草植被稀少，覆盖率低。黄土高原地区涉及的山西、内蒙古、河南、陕西、甘肃、青海、宁夏 7 个省（自治区）平均森林覆盖率 13.84%，东西部之间也有差异。因此，在进行退耕还林工程固碳效应评估的典型地区选择上，既要考虑植被类型和覆盖率的差异，同时也要考虑地区地理自然因素和气候因子的差异，尽可能地包含和反映影响植被固碳能力的要素在黄土高原内部的时空差异，使得在估算固碳量时能够尽可能准确地反映整个黄土高原的基本固碳特征和时空格局。为此经过实地考察、参考历史资料和有关文献、咨询相关专家和地方退耕还林工程技术人员，确定河南、陕西、甘肃和宁夏 4 个省（自治区）为退耕工程固碳效应评估典型区域，并且选择有代表性的县（市、区）予以详细的调查和测试。

7.2.2 宁夏典型县的基本概况

宁夏总面积 6.6 万 km^2，占国土总面积的 0.7%，黄河干流从西北穿境而过，银川平原因此而被誉为“塞上江南”。全自治区设 5 个地级市，13 个县及县级市，8个市辖区。主要城市包括银川市、石嘴山市、吴忠市、青铜峡市、固原市。2010年全区常住人口6 301 350人。

自2000年开始试点，宁夏在退耕还林工程的实施上大体经历了三个阶段：第一个阶段是试点阶段（2000～2001年），这个阶段国家下达宁夏退耕还林政策，退耕地区全部安排在水土流失及沙化严重的南部山区8个县（含红寺堡）；第二个阶段是大发展阶段（2002～2006年），这个阶段宁夏加快了退耕还林的步伐，对全区范围内水土流失和风沙侵蚀严重地区进行全面治理；第三个阶段是巩固退耕还林成果阶段（2007年至今），这一期间宁夏建设任务重点安排在大六盘生态经济建设圈和特色产业带建设。2000～2010年，工程建设涉及全区21个市（县、区）和自治区农垦系统的32.3万农户、153万人。截至2007年，全区退耕总面积为31.40万hm^2，其中生态林31.10万hm^2，经济林559.20hm^2，草地2084hm^2。

根据地理位置、自然因素以及退耕林种等因素在当地的代表性，选取隆德县作为典型县进行宁夏退耕还林工程的固碳效应调查。隆德县为固原市所辖，位于六盘山西麓，属典型的黄土丘陵区，地形地貌和气候条件在宁南山区有一定的代表性，具有宁南山区所有的植被类型，并且涵盖了山地次生林和所有的人工林类型。全县位于东经105°48′～106°15′，北纬35°21′～35°47′。辖3镇10乡，118个行政村。东西与南北之距相当，南北长47 km，东西宽41 km，总面积985 km^2，县境土地总面积9.92万hm^2，耕地面积4.16万hm^2，人均0.21hm^2。

全县海拔1720～2942m（六盘山主峰海拔），地势东高西低。地貌类型分为黄土丘陵沟壑区（占55.70%）、阴湿土石山区（占33.26%）、河谷川道区（占11.04%）。县境内主要有渝河、葫芦河、庄浪河、好水河等七大河流。气候属中温带季风区半湿润向半干旱过渡性气候，春季低温少雨，夏季短暂多雹，秋季阴涝霜旱，冬季严寒绵长。年平均气温5.1℃，为全区最低气温，1月最低，极值为-25.7℃；7月最高，极值为31.4℃。年平均日照时数2228 h，无霜期124天，最少94天。年均降水量745.4 mm，多集中在夏秋两季，尤以7月、8月两个月为降水集中季节，自西北向东南递增。河谷川道农牧区属湿润干旱过渡地带，气候温暖干燥，黄土丘陵农林区半干燥温热，六盘山西麓水源涵养林区寒湿多雨，植被丰厚。1995年以来，由于连年持续干旱，降水量大大下降。灾害性天气主要有大风、干旱、冰雹、霜冻等。土壤主要为黄绵土。

7.2.3 研究方法

7.2.3.1 野外取样和实验室测试

1）植物生物量样品

样地调查于2011年8～9月进行。在灌木林地调查中，随机选择8年生和26年生沙棘（*Hippophae rhamnoides* Linn）、柠条（*Caragana korshinskii* Kom）和山毛桃［*Prunus davidiana*（Carr.）Franch］灌木林样地各3个，共得到18个样地（3个物种，3个样地/物种，2个年龄/物种），在每个样地又随机选择3个2 m×2 m的样方，共计54个样方。全部收获每个样方中的灌木林叶、枝和根并称取鲜重。分别采集叶、枝和根部分样品，在105℃杀青后于85℃恒温箱中烘至恒重，推算生物量干重。

随机选择8年生和30年生的山杏［*Armeniaca sibirica*（L.）Lam］样地各3个，共计6个样地。在每个林样地中随机选择200棵树木，分别测量胸径和树高，计算样地平均胸径和树高。在每个样地中随机选择1个20 m×30 m的样方，计数样方树木。收获5棵样地平均胸径和树高大小的树木，按1 m分段进行树木解析，分段树干、枝、叶和根分别称取生物量鲜重。采集树干、枝、叶和根样品，在每段中间取0.5～1.0 cm厚的树干圆盘称鲜重，作为树干样品，采用同灌木林相同的方法测定各部分干生物量。根据陆新育（1990）和已有研究，林木各部分器官之间普遍存在着相对生长规律，林木总生物量及各器官生物量与胸高直径平方和树高的乘积$\left(\overline{D_{1.3}^2 H}\right)$之间有幂函数的关系，即$w=a\left(\overline{D_{1.3}^2 H}\right)^b$，取对数线性化后为$\ln w=\ln a+\ln b\left(\overline{D_{1.3}^2 H}\right)$，据此，利用调查资料配置了回归方程式。用回归方程计算单棵生物量，山杏林样方总生物量以样方树木棵数×单棵树木平均生物量近似表示，以此计算单位面积生物量。

随机选择8年生和30年生的华北落叶松（*Larix principis-rupprechtii*）样地各3个，共计6个样地。在每个样地中随机选择200棵树木，分别测量胸径和树高，计算样地平均胸径和树高。参照韩有志和李玉娥（1997）的异速方程计算单棵树木各部分生物量以及总生物量。在每个样地中随机选择1个20 m×30 m的样方，计数样方树木。华北落叶松林地样方总生物量以样方树木棵数×单棵树木平均生物量近似表示，以此计算单位面积生物量。

每个样方内设置 10～15 块 50 cm×50 cm 小样方，搜集样方内全部枯落物称其鲜重并取样 200 g，带回实验室烘干称重，求算凋落物干重。

收获林下草本层的生物量鲜重，取混合样品杀青后在烘箱中烘干至恒重，计算生物量干重。草本植物样本采集在 1 m×1 m 的样方中进行，采用全收获的方法。除了林下草本植物外，还设置了 3 个 2 年生和 10 年生的人工苜蓿草地，以及 2 个前 10 年刈割、后 20 年废弃的 30 年生苜蓿草地，调查植物生物量及碳储存。

2）林下土壤样品

在每个样地内用 5 cm 土钻随机钻取 0～10 cm、10～20 cm、20～30 cm、30～50 cm 和 50～100 cm 5 个土层的土壤样品。每次 3 钻，每层混合成一个样。每个样地 3 次重复，宁夏隆德县共采集 225 个土壤样品（3 次重复×15 个样地×5 个土层）。土样自然风干、磨碎并过孔径 0.25mm 筛，备用测定土壤有机碳。

在每个样地内随机挖掘 1 个大约 100 cm 深×70 cm 宽×80 cm 长的大坑，在土壤剖面上用环刀采集 5 个土层的原状土，带回实验室测定土壤密度。

用重铬酸钾-硫酸氧化法测植物样品的碳含量，用 $K_2Cr_2O_7$ 容量法测土壤样品的碳含量。

7.2.3.2 植物和土壤碳密度

将碳密度定义为单位面积人工林的碳储量，包括生物量（含林下植被和枯落物）和土壤两部分，单位为 Mg/hm^2。

植物根、茎、枝、叶不同部分的碳密度（CD）按照式（7-1）计算：

$$CD = c \times m \tag{7-1}$$

式中，c 为单位质量根、茎、枝、叶的碳浓度（g/g 干生物量）；m 为单位面积内的根、茎、枝、叶生物量（Mg/hm^2）。碳浓度即每单位质量干生物量中的 C 含量。

土壤有机碳密度（SOCD）按照式（7-2）计算：

$$SOCD = \sum D_i \times C_i \times H_i \tag{7-2}$$

式中，D_i为土壤有机碳（SOC）浓度（g/kg）；C_i为土壤密度（g/cm^3）；H_i为第 i 层土层厚度（cm）。

7.2.3.3 统计分析

每个树种根、茎、枝、叶碳密度之和加上林下草本植物和枯落物的碳密度作为各林种生物量碳密度，0～100 cm 各土层土壤有机碳密度之和作为各林下土壤有机碳密度。用二元方差分析（ANOVA）识别物种和林龄对其生物量、碳素含量（浓度）和碳密度的影响以及对土壤有机碳含量和碳密度的影响。用 Tukey 或 Tamhane T2 检验不同林种和不同林龄间的比较结果，显著性水平为5%。

7.3 研究结果

7.3.1 宁夏典型县主要退耕树种碳储量特征

7.3.1.1 灌木林生物量及其碳浓度与碳密度

8 年生物种及其各部位对碳浓度和碳密度均有显著的影响（表7-1），单位面积的干枝生物量显著大于根和叶生物量，根生物量大于叶生物量［图7-1（a)］，灌木林中，山毛桃［*Prunus davidiana*（carr）franch］各部位生物量最大，总生物量为（27.27±7.54）Mg/hm^2，柠条（*Caragana Korshinskii* Kom.）总生物量为（16.63±3.76）Mg/hm^2，沙棘（*Hippophae rhamnoides* Linn.）为（16.41±4.42）Mg/hm^2，柠条和沙棘生物量之间并无统计上的显著差异［图7-1（a)］。尽管各个物种根、茎、枝、叶碳素含量有些差异，但总体上为0.34～0.45 g/g 干生物量，变化不大，均值为0.383 g/g 干生物量［图7-1（b)］。因此各物种茎干碳密度明显高于根和叶，根碳密度大于叶碳密度，柠条和沙棘根和叶碳密度之间并无显著差异（图7-2)，生物量总碳密度最高为山毛桃林［(9.46±2.63）Mg/hm^2］，其次为柠条林［(6.16±1.15）Mg/hm^2］和沙棘［(6.44±1.88）Mg/hm^2］。山毛桃林生物量碳密度显著高于柠条和沙棘，柠条和沙棘生物量碳密度之间并无显著差异（表7-1、图7-2)。

表7-1　三类8年生灌木林各部位生物量、碳浓度和碳密度的影响的二元 ANOVA

源	生物量			各部分碳浓度			碳密度		
	df	*F*	*p*	df	*F*	*p*	df	*F*	*p*
树种	2	20.84	0.001	2	3.75	0.044	2	14.69	0.001
树木部位	2	161.24	0.001	2	4.87	0.020	2	145.65	0.001
树种×树木部位	4	4.78	0.002	4	0.63	0.647	4	3.55	0.011

注：显著性水平为5%，下表同

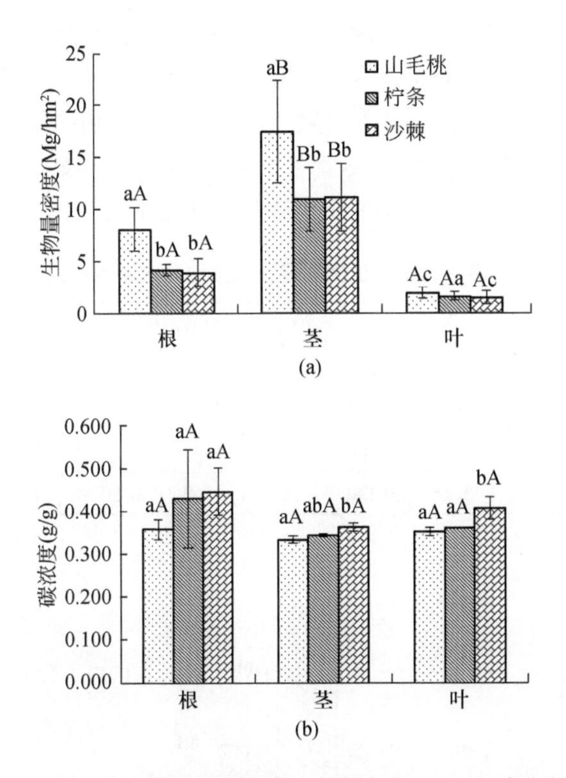

图 7-1　三类 8 年生灌木林各部位生物量密度（a）和碳浓度（b）

短杠为标准差，小写字母表示物种间的显著差异，大写字母表示同一物种不同部位差异的显著性（ANOVA 和 Tukey 或 Tamhane T2 检验）（图 7-2 ~ 图 7-4 同）

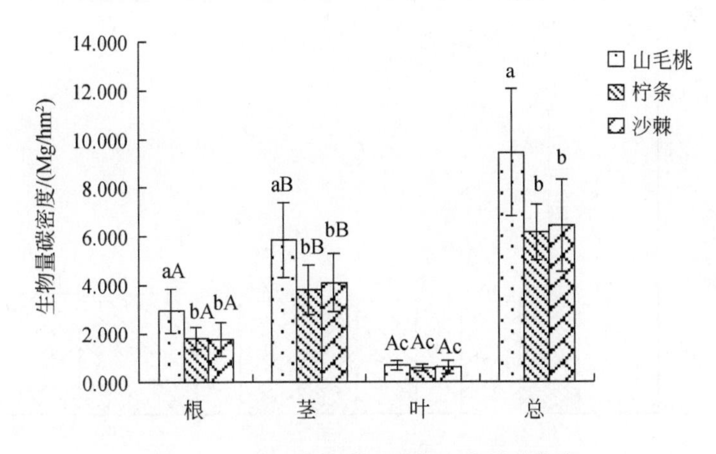

图 7-2　三类 8 年生灌木林的生物量碳密度

对于26年生的3类灌木林生物量，除了沙棘林根生物量和叶生物量之间无显著差异外，同一物种的不同部位生物量之间有显著差异。除了叶生物量和山毛桃与柠条的根生物量之间没有显著差异外，不同物种的相同部位生物量表现出显著差异［表7-2、图7-3（a）］。尽管各个物种根、茎、枝、叶碳素含量有些差异，但总体上为0.351～0.403 g/g干生物量，变化不大［图7-3（b）］。

表7-2　三类26年生灌木林各部位生物量、碳浓度和碳密度的影响的二元ANOVA

源	生物量			各部分碳浓度			碳密度		
	df	*F*	*p*	*df*	*F*	*p*	*df*	*F*	*p*
树种	2	17.65	0.000	2	1.21	0.32	2	21.09	0.000
树木部位	2	126.50	0.000	2	1.07	0.36	2	129.31	0.000
树种×树木部位	4	5.18	0.001	4	1.69	0.20	4	6.86	0.000

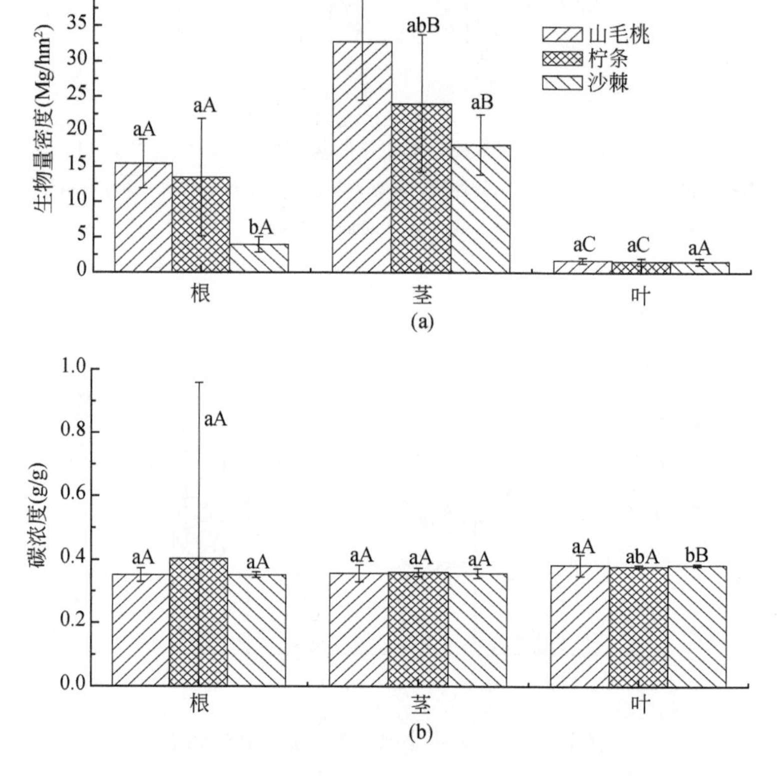

图7-3　三类26年生灌木林各部位生物量密度（a）和碳浓度（b）

对于 26 年生的 3 类灌木林生物量碳密度，除柠条根和茎、沙棘根和叶之间没有显著差异外，同一物种的不同部位生物量碳密度均有显著差异。除了叶、山毛桃和柠条根以及柠条和沙棘茎生物量碳密度之间无显著差异外，不同物种的相同部位生物量碳密度有显著差异。山毛桃［（6.22±5.12）Mg/hm^2］和沙棘林［（2.82±2.78）Mg/hm^2］总生物量碳密度有显著差异，山毛桃和柠条［（4.86±4.22）Mg/hm^2］以及柠条和沙棘之间生物量碳密度并无显著差异（表 7-2、图 7-4）。

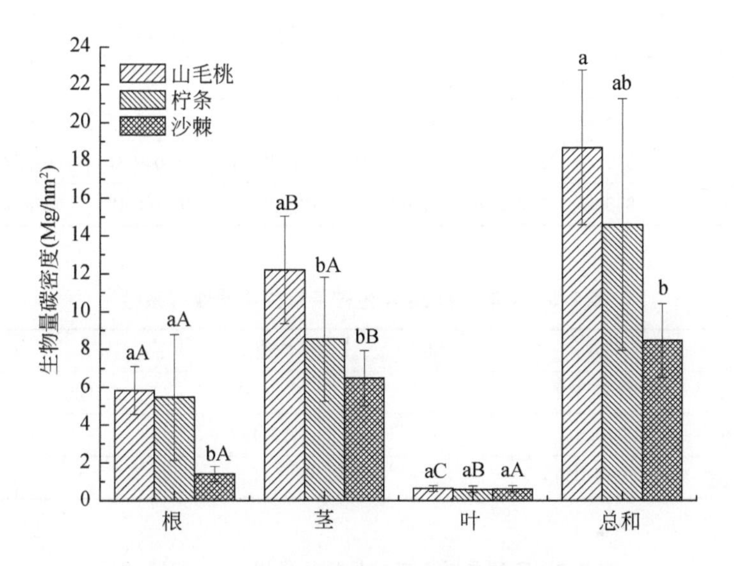

图 7-4　三类 26 年生灌木林的生物量碳密度

3 类 8 年生与 26 年生灌木林相比，除了叶生物量及其碳密度和沙棘根生物量及其碳密度差异不显著外，两个龄级物种的各部位生物量及其碳密度、总生物量及其碳密度差异显著（表 7-3～表 7-8），这些结果表明，年龄对 3 类灌木林生物量积累及碳储存有显著影响。

表 7-3　不同年龄沙棘林生物量描述性统计资料

龄级	*N*	平均数	标准偏差	标准误差	平均值的 95% 置信区间		最小值	最大值
					下限	上限		
8	9	16.409 67	4.419 618	1.473 206	13.012 45	19.806 89	10.506	22.441
26	9	23.713 56	5.666 081	1.888 694	19.358 22	28.068 89	15.698	34.883
总计	18	20.061 61	6.198 484	1.460 997	16.979 18	23.144 04	10.506	34.883

表 7-4　8 年生和 26 年生沙棘林生物量变异系数

类别	平方和	df	平均值平方	F	显著性
群组之间	240. 061	1	240. 061	9. 298	0. 008
在群组内	413. 100	16	25. 819		
总计	653. 161	17			

表 7-5　不同年龄柠条林生物量描述性统计资料

龄级	N	平均数	标准偏差	标准误差	平均值的 95% 置信区间		最小值	最大值
					下限	上限		
8	9	16. 626 89	3. 759 865	1. 253 288	13. 736 80	19. 516 98	12. 411	25. 198
26	9	39. 039 78	18. 225 731	6. 075 244	25. 030 24	53. 049 31	20. 713	73. 478
总计	18	27. 833 33	17. 202 992	4. 054 784	19. 278 49	36. 388 18	12. 411	73. 478

表 7-6　8 年生和 26 年生柠条林生物量变异系数

类别	平方和	df	平均值平方	F	显著性
群组之间	2260. 519	1	2260. 519	13. 055	0. 002
在群组内	2770. 511	16	173. 157		
总计	5031. 030	17			

表 7-7　不同年龄山毛桃林生物量描述性统计资料

龄级	N	平均数	标准偏差	标准误差	平均值的 95% 置信区间		最小值	最大值
					下限	上限		
8	9	27. 269 78	7. 537 713	2. 512 571	21. 475 78	33. 063 78	20. 811	43. 388
26	9	49. 913 33	11. 876 263	3. 958 754	40. 784 43	59. 042 24	32. 338	69. 075
总计	18	38. 591 56	15. 127 283	3. 565 535	31. 068 93	46. 114 18	20. 811	69. 075

表 7-8　8 年生和 26 年生山毛桃林生物量变异系数

类别	平方和	df	平均值平方	F	显著性
群组之间	2307. 288	1	2307. 288	23. 322	0. 000
在群组内	1582. 902	16	98. 931		
总计	3890. 190	17			

7.3.1.2 土壤有机碳含量和有机碳密度

3 类 8 年生灌木林，植物物种和土壤深度对土壤密度、土壤有机碳浓度和土壤有机碳密度（SOCD）均有显著影响，每个林种土壤密度随着深度的增加而增加，除 0 ~ 10 cm 深度外，山毛桃林下土壤显著高于其他林种，除 10 ~ 20 cm 和 50 ~ 100 cm 深度外，在柠条和沙棘林的土壤密度之间无显著差异［图 7-5（a）］。

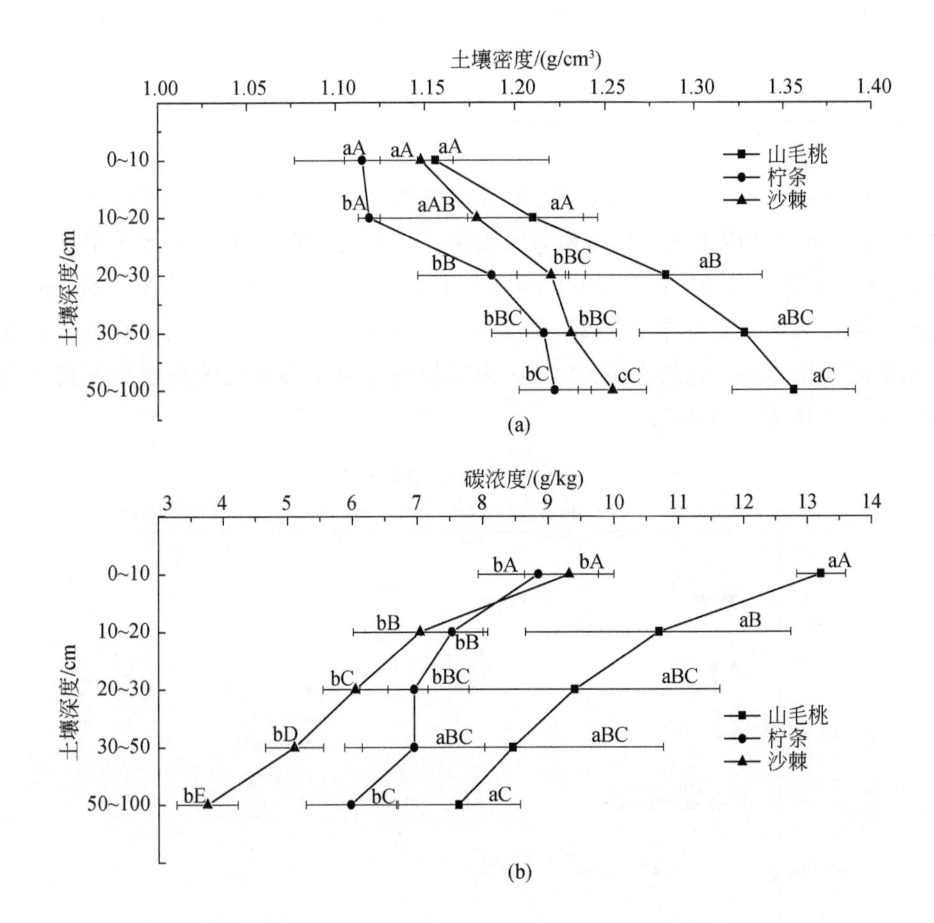

图 7-5　三类 8 年生灌木林下 0 ~ 100 cm 土壤密度（a）和土壤有机碳浓度（b）

短杠为标准差，小写字母表示物种间相同土层差异显著，大写字母表示同一物种不同土层间差异的显著性（ANOVA 和 Tukey 或 Tamhane T2 检验）（图 7-6 ~ 图 7-8 同）

每个林种的土壤有机碳浓度随土壤深度增加而显著减少，0 ~ 10 cm 的土壤有机碳浓度显著高于其他土层，山毛桃林下土壤有机碳浓度显著高于柠条（30 ~

50 cm 土层除外）和沙棘。除 30 ~ 50 cm 和 50 ~ 100 cm 的土层外，柠条和沙棘之间的各层土壤有机碳浓度无显著差异［表 7-9、图 7-5（b）］。

表 7-9　三类 8 年生灌木林下 0 ~ 100 cm 土壤密度、有机碳浓度和碳密度二元 ANOVA

源	土壤密度			土壤有机碳浓度			土壤有机碳密度		
	df	F	p	df	F	p	df	F	p
树种	2	71.93	0.001	2	112.24	0.001	2	171.21	0.001
土层	4	54.19	0.001	4	60.14	0.001	4	507.78	0.001
树种×土层	8	3.215	0.002	8	2.79	0.007	8	32.67	0.001

表层 0 ~ 30 cm 土壤有机碳密度随着土壤深度趋向降低，但只有沙棘具有显著性。30 cm 土层以下的土壤有机碳密度由于取样土层间距加大而显著增加。表层 0 ~ 30 cm 的土壤碳库占 0 ~ 100 cm 土层总碳库的 40%~50%。除 30 ~ 50 cm 土层的土壤有机碳密度差异显著外，其余 3 个灌木林各土层之间的土壤有机碳密度有相似的变化趋势。总的来说，8 年生山毛桃林下总土壤有机碳密度显著高于同龄柠条和沙棘林（图 7-6）。

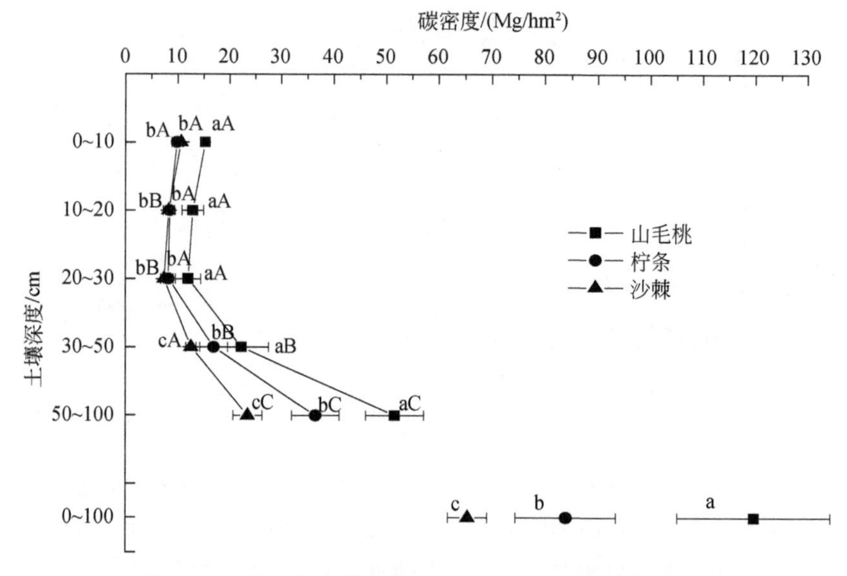

图 7-6　三类 8 年生灌木林下 0 ~ 100 cm 土壤有机碳密度

3 类 26 年生灌木林，土壤密度并未表现出随着土壤深度的增加而增加的规律性；除了柠条与沙棘 20 ~ 30 cm 和 30 ~ 50 cm 土层之间的土壤密度之间并无显著差异外，其他土层各物种之间均有显著差异［表 7-10、图 7-7（a）］。柠条和沙棘各土层土壤有机碳浓度之间并无显著差异，山毛桃与柠条和沙棘各土层土壤有机碳浓度之间差异显著［图 7-7（b）］。3 个物种之间，除 20 ~ 30 cm 和 30 ~ 50 cm 土层山毛桃和柠条土壤有机碳浓度之间病区显著差异外，各土层之间的 3 种灌木林土壤有机碳浓度之间均有显著差异［图 7-7（b）］。

表 7-10　三类 26 年生灌木林下 0 ~ 100 cm 土壤密度、有机碳浓度和碳密度二元 ANOVA

源	土壤密度			土壤有机碳浓度			土壤有机碳密度		
	d*f*	*F*	*p*	d*f*	*F*	*p*	d*f*	*F*	*p*
树种	2	614.10	0.001	2	467.35	0.001	2	260.43	0.001
土层	4	4.98	0.001	4	68.72	0.001	4	129.72	0.001
树种×土层	8	9.31	0.001	8	21.74	0.001	8	3.07	0.004

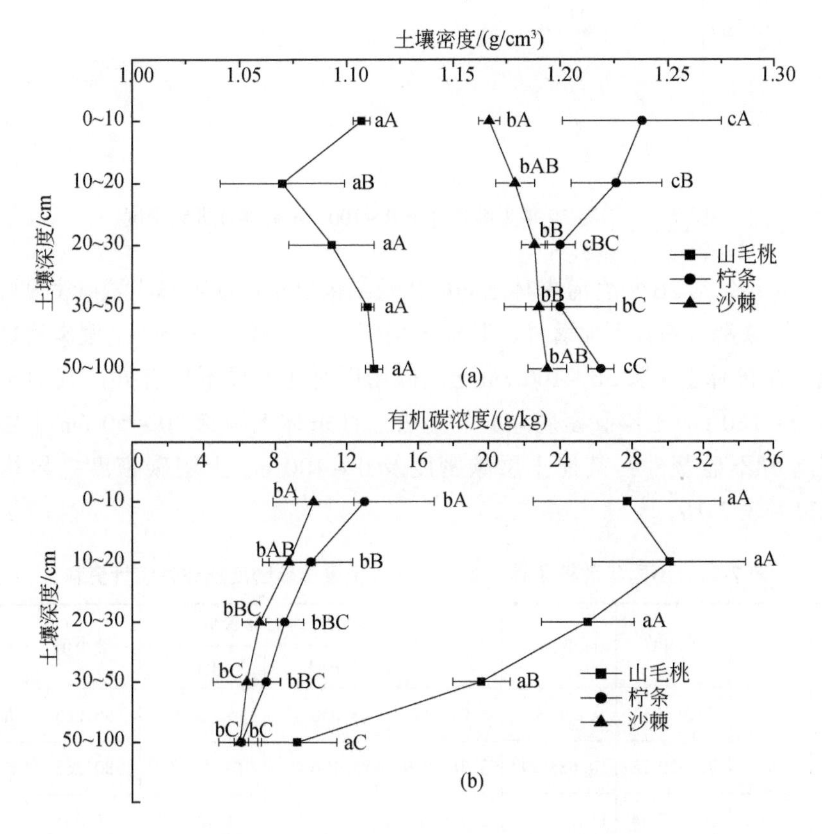

图 7-7　三类 26 年生灌木林下 0 ~ 100 cm 土壤密度（a）和土壤有机碳浓度（b）

各土层之间，除了 26 年生柠条林 0 ~ 10 cm 土层以及 30 ~ 50 cm 和 50 ~ 100 cm的土层由于间距增加而表现出与其他土层的显著差异外，0 ~ 10 cm、10 ~ 20 cm和 20 ~ 30 cm 土层的土壤碳密度并无显著差异。3 个物种之间，26 年生山毛桃林与柠条和沙棘林各土层土壤有机碳密度和土壤总有机碳密度有显著差异，柠条林和沙棘林土壤有机碳密度和土壤总有机碳密度并无显著差异（图 7-8）。

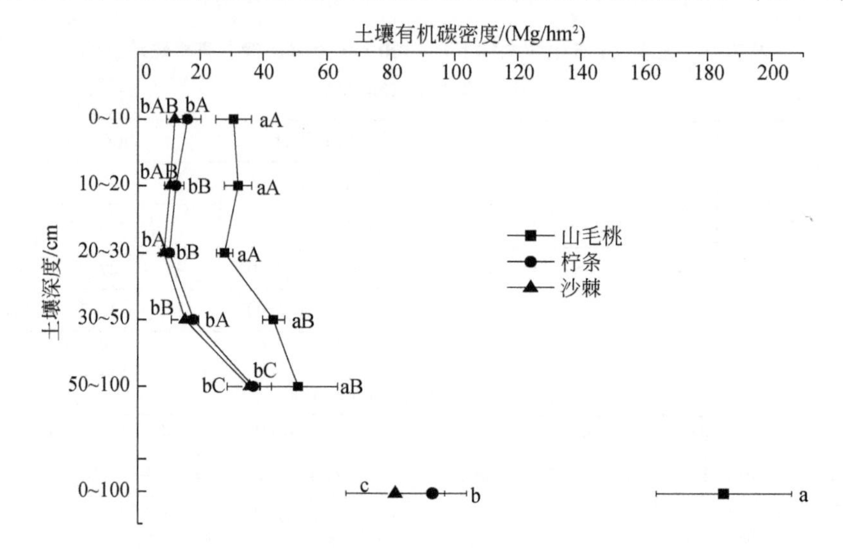

图 7-8　三类 26 年生灌木林下 0 ~ 100 cm 土壤有机碳密度

3 类 8 年生与 26 年生灌木林之间的比较结果显示：沙棘林土壤碳密度除30 ~ 50 cm 土层碳密度差异不显著外，其他土层碳密度及 0 ~ 100 cm 土壤碳密度差异均显著。山桃林土壤除 50 ~ 100 cm 土层碳密度对比差异不显著外，其他土层碳密度及 0 ~ 100 cm 土层碳密度差异均显著。柠条林土壤除 30 ~ 50 cm 土层碳密度对比差异不显著外，其他土层碳密度及 0 ~ 100 cm 土壤碳密度差异均显著（表 7-11 ~ 表 7-16）。

表 7-11　不同年龄柠条林下 0 ~ 100 cm 土壤总碳密度描述性统计资料

龄级	*N*	平均数	标准偏差	标准误差	平均值的 95% 置信区间		最小值	最大值
					下限	上限		
8	9	79. 992 11	9. 030 814	3. 010 271	73. 050 41	86. 933 81	66. 665	89. 133
26	9	93. 322 78	10. 688 998	3. 562 999	85. 106 49	101. 539 07	80. 363	111. 969
总计	18	86. 657 44	11. 797 712	2. 780 747	80. 790 58	92. 524 31	66. 665	111. 969

表 7-12　不同年龄柠条林下 0～100 cm 土壤总碳密度变异数分析

类别	平方和	df	平均值平方	F	显著性
群组之间	799.680	1	799.680	8.168	0.011
在群组内	1566.482	16	97.905		
总计	2366.162	17			

表 7-13　不同年龄沙棘林下 0～100 cm 土壤总碳密度描述性统计资料

龄级	N	平均数	标准偏差	标准误差	平均值的 95% 置信区间		最小值	最大值
					下限	上限		
8	9	62.384 11	3.534 463	1.178 154	59.667 28	65.100 94	58.257	68.562
26	9	81.606 00	15.427 239	5.142 413	69.747 57	93.464 43	61.154	111.283
总计	18	71.995 06	14.686 131	3.461 554	64.691 81	79.298 30	58.257	111.283

表 7-14　不同年龄沙棘林下 0～100 cm 土壤总碳密度变异数分析

类别	平方和	df	平均值平方	F	显著性
群组之间	1662.665	1	1662.665	13.275	0.002
在群组内	2003.937	16	125.246		
总计	3666.602	17			

表 7-15　不同年龄山毛桃林下 0～100 cm 土壤总碳密度描述性统计资料

龄级	N	平均数	标准偏差	标准误差	平均值的 95% 置信区间		最小值	最大值
					下限	上限		
8	9	114.104 44	13.939 815	4.646 605	103.389 35	124.819 53	95.516	134.222
26	9	185.363 00	21.249 475	7.083 158	169.029 21	201.696 79	155.486	209.278
总计	18	149.733 72	40.596 209	9.568 618	129.545 70	169.921 74	95.516	209.278

表 7-16　不同年龄山毛桃林下 0～100 cm 土壤总碳密度变异系数分析

类别	平方和	df	平均值平方	F	显著性
群组之间	22 850.018	1	22 850.018	70.759	0.000
在群组内	5 166.869	16	322.929		
总计	28 016.887	17			

7.3.1.3 人工林总碳密度

1）灌木林

8年生山毛桃、柠条和沙棘3类灌木林地总碳密度（生物量碳密度0～100 cm+土壤有机碳密度）分别为（123.56±14.9）Mg/hm²、（86.16±9.59）Mg/hm²和（68.82±4.55）Mg/hm²，三类灌木林地总碳密度之间差异显著。此外，每个物种生物量碳密度和土壤有机碳密度之间差异较大，土壤有机碳是生物量碳的6～11倍，占林地总有机碳的80%～95%。

26年生山毛桃、柠条和沙棘三类灌木林地总碳密度（生物量碳密度0～100 cm+土壤有机碳密度）分别为（191.58±24.5）Mg/hm²、（98.18±8.09）Mg/hm²和（84.43±15.76）Mg/hm²，山毛桃林总碳密度与柠条和沙棘林总碳密度之间差异显著，柠条与沙棘林之间差异并不显著。

三类8年生与26年生灌木林总碳密度之间均有显著差异，表明林龄对生态系统碳储存的影响的重要性。

2）乔木林

8年生华北落叶松总生物量为（88.45±30.58）Mg/hm²，生物量总碳密度为（34.13±7.66）Mg/hm²，林下土壤有机碳密度为（214.78±11.5）Mg/hm²，8年生落叶松林总碳密度（生物量+土壤）为（248.91±24.33）Mg/hm²；山杏林总生物量为（54.36±25.35）Mg/hm²，生物量碳密度为（21.21±4.46）Mg/hm²，林下土壤有机碳密度为（137.51±17.44）Mg/hm²，山杏林总碳密度为（158.72±23.58）Mg/hm²。

26年生华北落叶松生物量碳密度为（51.9±13.38）Mg/hm²，林下土壤有机碳密度为（245.65±31.35）Mg/hm²，26年生落叶松林总碳密度（生物量+土壤）为（297.04±20.53）Mg/hm²；山杏林生物量碳密度为（12.11±5.95）Mg/hm²，林下土壤有机碳密度为（127.46±15.31）Mg/hm²，山杏林总碳密度为（139.58±33.26）Mg/hm²。

同一物种的生物量碳密度和土壤碳密度均随林龄增加而增长，同灌木林一样，林龄对乔木林生态系统的碳固存具有重要的影响。

7.3.2 宁夏典型县人工草地碳储存特征

7.3.2.1 管理模式对草地生物量碳库的影响

成熟期（10年生）的苜蓿地上生物量和地上总生物量（苜蓿+杂草）碳密

度在刈割 10 年期达到最大值，分别为（0.55±0.21）Mg/hm² 和（0.80±0.60）Mg/hm²，显著高于（p<0.01）刈割 2 年生的和未扰动草地，当 10 年之后草地撂荒，自然演替开始，撂荒 20 年后（30 年生）苜蓿草地地上生物量碳密度仅为 0.07 Mg/hm²，杂草生物量碳占草地地上生物量碳的 81%（表 7-17）。

表 7-17 不同管理模式下的人工苜蓿草地地上生物量碳密度变化

（单位：Mg/hm²）

草地类型	0 年（坡耕地）	2 年	10 年		30 年（撂荒 20 年）
			刈割	未扰动	
苜蓿	0 C	0.33±0.04 B	0.55±0.20 A	0.29±0.08 B	0.07±0.03 C
苜蓿+杂草	0 C	0.33± 0.04 B	0.80±0.0 6 A	0.34 B	0.36±0.03 B

注：t 检验，相同行不同大写字母表示差异显著（p<0.01）

草地根系碳密度显著超过地上生物量碳密度，10 年刈割苜蓿草地根生物量碳和总根系碳（苜蓿+杂草）分别为（3.71±0.48）Mg/hm² 和（4.27+0.81）Mg/hm²，分别高于 10 年未扰动草地 70.3% 和 94%，显著高于 2 年生刈割苜蓿（0.71 Mg/hm²）和 30 年生撂荒苜蓿（1.64 Mg/hm²）（表 7-18）。

表 7-18 不同生长模式下人工苜蓿草地的根系碳密度变化

（单位：Mg/hm²）

草地类型	0 年（坡耕地）	2 年	10 年		30 年（撂荒 20 年）
			刈割	未扰动	
苜蓿	0 C	0.71± 0.08 C	3.71± 0.48 A	2.18± 0.60 B	1.64± 0.94 B
苜蓿+杂草	0 C	0.71± 0.08 C	4.27± 0.81 A	2.20 B	2.52± 1.05 B

注：t 检验，相同行不同大写字母表示差异显著（p<0.01）

7.3.2.2 不同管理模式对苜蓿草地土壤碳密度的影响

所有管理/生长类型的最大土壤有机碳浓度在表层 0～10 cm，深层土壤有机碳随深度变小；各层土壤有机碳均随生长年限增加而增加，增幅对于坡耕地、2 年生和 10 年生草地不显著（图 7-9）。

草地 0～100 cm 土层土壤有机碳密度（SOCD）随生长年限增加而增加，30 年生（演替 20 年后）SOCD 达到（125.78+8.63）Mg/hm²，显著高于坡耕地、2 年生和 10 年生草地。

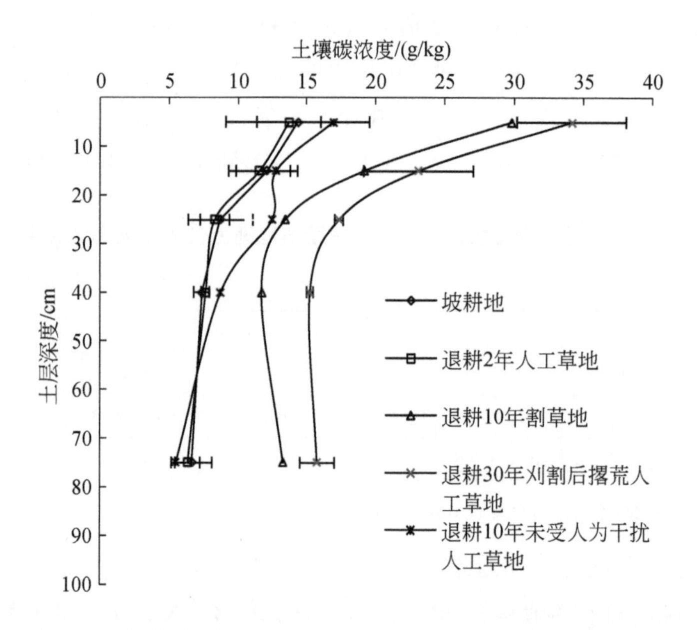

图 7-9　不同管理模式下 0 ~ 100 cm 土层的土壤有机碳浓度变化

7.3.2.3　不同管理模式下苜蓿草地生态系统碳密度变化

未扰动草地和撂荒草地生态系统碳密度随时间增加而增加，刈割 10 年生草地生态系统碳密度和 30 年生（撂荒 20 年）草地显著高于坡耕地，土壤碳密度占生态系统碳密度的 99.4%，即土壤碳是人工苜蓿草地生态系统的主要碳库（表 7-19、表 7-20）。

表 7-19　不同管理模式下人工苜蓿草地土壤有机碳密度变化

（单位：Mg/hm^2）

土层/cm	坡耕地（0 年）	2 年生刈割草地	10 年生刈割草地	30 年（刈割 10 年，撂荒 20 年）生草地
0 ~ 10	9.59±6.04c	9.20±2.13c	14.15±6.55b	22.97±3.20a
10 ~ 20	8.13±2.64c	8.2±3.07c	12.46±2.27b	17.03±7.70a
20 ~ 30	5.51±2.58c	5.98±1.23c	11.15±4.06b	11.79±1.38a
30 ~ 50	9.20±1.25d	11.31±1.31c	16.64±6.26b	20.04±0.48a
50 ~ 100	23.05±8.81c	23.35±5.86c	47.75±26.2b	53.95±0.41a
Σ0 ~ 100	53.00±9.81d	59.73±0.44c	102.15±21.66b	125.78±8.63a

注：t 检验，同一行的不同小写字母表示差异显著（$p<0.01$）

表7-20　不同管理模式下人工苜蓿草地生态系统碳密度变化

（单位：Mg/hm²）

生长年限	0年（坡耕地）	2年	10年		30年（撂荒20年）
			刈割	未扰动	
碳库	60.8±14.1 B	61.8±3.0 B	103.0±12.6 bA	60.0 B	126.2± 5.0 aA

注：t检验，相同行不同大写字母表示差异显著（$p<0.01$）

7.3.3　宁夏退耕还林工程碳储量时空特征

鉴于退耕还林工程树种均为幼林（10年以下），在典型树种固碳特征、典型县的固碳效益估算基础上，结合统计分析，对宁夏退耕还林工程固碳现状进行估算。根据宁夏各县（区）的实测降水量资料，计算从南到北降水量递减的梯度，对南北不同县（区）的人工林生物量及碳储量进行矫正。

7.3.3.1　隆德县（典型县）退耕还林工程固碳特征

隆德县自2000年启动退耕还林工程，截至2006年底，共完成退耕还林工程面积4.73万hm²，其中坡耕地退耕1.64万hm²，荒山荒坡造林3.09万hm²。具体的树种及其面积统计见表7-21和表7-22。

表7-21　隆德县退耕还林工程总面积统计

年份	退耕还林工程/hm²						
	小计	柠条	山杏	山桃	沙棘	落叶松	刺槐
合计	47 333.33	1 257.60	6 548.83	14 004.62	10 596.11	8 573.46	6 352.72
2000	2 666.67	0	703.568	0	798.678	780.44	383.98
2001	3 333.33	7.9	309.34	144.01	1 423.01	1 402.15	46.93
2002	3 333.33	0	383.88	573.01	828.29	828.29	719.86
2003	5 333.333	0	1 421.22	1 291.3	1 012.45	788.01	820.35
2004	12 200.00	344.13	1 194.18	5 434.05	1 462.53	1 443.51	2 321.60
2005	14 266.67	710.13	1 906.89	4 011.1	3 987.96	2 474.08	1 176.51
2006	1 200.00	0	110.33	230.05	319.88	304.81	234.93
2007	5 000.00	195.44	519.42	2 321.11	763.30	552.17	648.56

表 7-22　隆德县坡耕地退耕还林面积统计

年份	坡耕地退耕还林地/hm²						
	小计	柠条	山杏	山桃	沙棘	落叶松	刺槐
合计	16 400.00	67.13	3 825.94	2 797.76	5 338.27	3 801.66	569.24
2000	1 333.33	0	335.99	0	453.14	453.14	91.05
2001	1 333.33	—	164.04	12.81	578.25	567.05	11.19
2002	1 666.67	—	326.53	158.67	488.09	488.09	205.29
2003	2 666.67	—	958.23	487.2	569.19	469.23	182.82
2004	1 800.00	67.13	573.99	600.81	282.79	271.27	4.00
2005	7 600.00	—	1 467.15	1 538.27	2 966.81	1 552.89	74.88

基于所调查的主要退耕造林树种固碳特征及碳密度，结合非样本相同树种的林地生长情况现场调查及分析结果，以及退耕林面积统计，推算隆德县退耕还林工程平均碳密度和总碳储量（表 7-23）。

表 7-23　隆德县主要退耕还林树种年均储量　　（单位：Mg）

树种＼年份	2000	2001	2002	2003	2004	2005	2006	2007	合计
山桃	0	0.1	1.15	3.59	4.5	1.17	—	—	21.07
柠条	—	—	—	—	0.34	—	—	—	0.34
沙棘	2.58	3.36	2.88	3.42	1.73	18.45	—	—	32.42
山杏	2.51	1.5	2.52	7.51	4.56	11.85	—	—	30.19
落叶松	8.02	9.98	8.73	8.44	4.91	2.82	—	—	68.32
刺槐	0.43	0.05	1.02	0.93	0.02	0.4	—	—	2.87

宁夏隆德县的退耕还林工程总碳储量为 155.2 万 t，其中主要退耕树种柠条林 0.34 万 t，山杏林 30.19 万 t，山桃林 21.07 万 t，沙棘林 32.42 万 t，落叶松林 68.32 万 t，刺槐林 2.87 万 t。各年度的固碳量变化见表 7-24。

表 7-24　隆德县退耕还林工程固碳现状

退耕年份	2000	2001	2002	2003	2004	2005	合计
面积/hm²	1 333.3	1 333.3	1 666.7	2 666.7	1 800	7 600	16 400

续表

退耕年份	2000	2001	2002	2003	2004	2005	合计
平均碳密度/(Mg/hm^2)	101.55	110.40	97.80	89.55	89.28	93.01	—
碳储量/万 t	13.54	14.72	16.3	23.88	16.07	70.69	155.2

7.3.3.2 宁夏主要退耕树种碳储量特征

与不同树种的固碳特征不同，由于退耕树种面积差异，柠条的碳储量最大，达到1007.1 万 t，主要是柠条林面积占宁夏退耕总面积的60.6%；刺槐最小，为5.68 万 t，只有零星分布。其他的 4 个树种碳储量之间的差异不大，碳储量为207.5 ~335.98 万 t。平均碳密度由大到小依次为落叶松林（181.11 Mg/hm^2）、山杏林（83.57 Mg/hm^2）、山毛桃林（79.85 Mg/hm^2）、沙棘林（64.3 Mg/hm^2）、柠条林（54.64 Mg/hm^2）、刺槐林（54.12 Mg/hm^2）。单从固碳增汇效果分析，华北落叶松是当地比较适宜的退耕林种，但同时需要考虑林龄、立地条件和管理措施的差异。各县（区）不同退耕树种碳储量见表7-25，年度变化见表7-26。

表 7-25 宁夏各县（区）不同退耕树种固碳现状 （单位：万 t）

县（区）	总碳储量	柠条	山杏	山毛桃	沙棘	落叶松	刺槐
原州区	313.9	114.55	17.98	85.15	64.81	31.41	0
彭阳县	356.65	83.59	90.05	110.74	44.46	27.81	0
西吉县	322.77	61.48	113.49	94.82	40.95	12.03	0
隆德县	155.21	0.34	30.19	21.07	32.42	68.32	2.87
泾源县	223.36	10.39	25.79	21.34	24.86	140.98	0
盐池县	156.1	135.36	20.74	0	0	0	0
同心县	175.83	174.15	1.68	0	0	0	0
红寺堡区	85.14	85.14	0	0	0	0	0
中卫城区	12.09	8.25	3.84	0	0	0	0
中宁县	50.22	50.22	0	0	0	0	0
海原县	223.29	223.29	0	0	0	0	0
兴庆区	3.69	2.33	1.36	0	0	0	0
金凤区	1.54	0.51	0	0	0	0	1.03
西夏区	3.57	0.68	2.89	0	0	0	0

续表

县（区）	总碳储量	柠条	山杏	山毛桃	沙棘	落叶松	刺槐
永宁县	2.14	0.9	0.62	0.24	0	0	0.38
贺兰县	1.4	1.16	0	0	0	0	0.24
灵武市	42.76	30.25	12.51	0	0	0	0
大武口区	1.09	1.09	0	0	0	0	0
惠农区	1.41	1.41	0	0	0	0	0
平罗县	1.77	1.77	0	0	0	0	0
区农垦局	27.8	20.24	3.78	2.62	0	0	1.16
合计	2161.73	1007.1	324.92	335.98	207.5	280.55	5.68

表 7-26　宁夏各县（区）各年度退耕还林工程碳储量　（单位：万 t）

县（区）	2000 年	2001 年	2002 年	2003 年	2004 年	2005 年	2006 年
原州区	119.76	77.54	182.56	276.04	79.83	386.79	29.21
彭阳县	44.87	41.14	77.48	93.77	23.65	67.32	6.42
西吉县	19.84	18.19	71.63	89.28	39.68	75.23	8.92
隆德县	13.54	14.72	16.30	23.88	16.07	70.69	0.00
泾源县	33.59	19.01	35.40	43.72	23.06	54.75	13.84
盐池县	0.00	9.35	50.97	49.70	15.29	28.24	2.55
同心县	0.00	1.49	43.19	54.51	7.15	51.78	4.46
红寺堡区	0.00	1.49	0.00	32.55	16.27	34.82	0.00
中卫城区	0.00	0.21	0.00	4.62	2.31	4.94	0.00
中宁县	0.00	0.93	7.76	15.52	16.45	6.69	2.87
海原县	2.05	12.06	30.83	71.78	71.84	31.18	3.50
兴庆区	0.00	0.00	0.00	3.69	0.00	0.00	0.00
金凤区	0.00	0.00	0.00	1.40	0.00	0.00	0.00
西夏区	0.00	0.00	0.00	3.10	0.46	0.00	0.00
永宁县	0.00	0.00	0.00	2.14	0.00	0.00	0.00
贺兰县	0.00	0.06	0.16	1.11	0.04	0.04	0.00
灵武市	0.00	8.06	21.77	2.90	5.65	4.39	0.00
大武口区	0.00	0.00	0.00	0.00	1.09	0.00	0.00
惠农区	0.00	0.00	0.00	0.00	0.00	0.00	1.41
平罗县	0.00	0.00	0.00	1.74	0.00	0.02	0.00

续表

县（区）	2000年	2001年	2002年	2003年	2004年	2005年	2006年
区农垦局	0.00	0.00	21.17	1.75	3.35	1.52	0.00
合计	233.65	204.25	559.22	773.20	322.19	818.40	73.18

7.3.3.3 宁夏退耕还林工程总碳储量时空格局

宁夏全区的退耕还林工程总面积为30.4万hm^2，总碳储量2161.73万t，其中生物量碳储量279.97万t，土壤碳储量1881.76万t，平均碳密度71.11 t/hm^2。各县（区）各年度退耕还林工程碳储量见表7-26。

7.4 结论与讨论

7.4.1 主要退耕树种碳储量特征

7.4.1.1 灌木林地生物量对生物量碳的影响

山毛桃、柠条和沙棘3种灌木林的根、茎、叶碳含量（碳浓度）平均为0.383 g/g干生物量，这个值跟黄土高原地区已有的研究结果是一致的（Fang et al.，2012；Zhang et al.，2014；Xin et al.，2016）。然而跟部分研究中的生物量碳含量不同，如部分工作采用0.45 g/g作为草地生物量碳含量，0.50 g/g为树木生物量碳含量（Roderick and Melvin，1992；Gower et al.，1999）。这种差异的原因目前的研究尚无法解释，是否N、P元素存在代替C元素的可能尚待未来进一步的研究证实。这种差异强调了研究尺度和碳浓度测定过程中所用方法以及考虑影响生物量浓度的物种和研究区特定因素的重要性。

根、茎、叶中的碳分配对于植物生长及后来的碳固定很重要。植物通常将更多的能量分配给应对低资源压力和高非资源压力以及其他扰动的组织（Tilman，1990；Cannell and Dewar，1994；Negi et al.，2003）。显然，柠条、沙棘根部碳含量均高于自身干和叶含量，这是因为特定物种碳分配变异。这两类灌木通常生长在干旱环境，为了有效吸收水分和营养，它们通常优先分配资源给根系（魏宇昆等，2004；毕建琦等，2006）。

生物量碳密度随着生物量增加而增加。很多研究表明高的净初级生产力最初来源于较高的生长率、活跃的光合作用和较长的生长期（Baruch and Goldstein, 1999；Durand and Goldstein, 2001；吴建国等，2006）。李克让等（2003）研究显示中国灌丛的生物量平均碳密度是 12.0 Mg/hm^2，这个值高于我们的发现（图 7-2、图 7-4）。这种差异可能是由于本研究的 3 种灌木林是幼林以及半干旱地区水分和应用的限制，因此相对而言净初级生产力较低。这种差异还意味着通过合理的管理，所选择的灌木林地净初级生产力仍有上升的空间。

7.4.1.2 灌木林生物量对土壤有机碳的影响

植被净初级生产力的差异是土壤有机碳密度变化的主要原因。众所周知，枯落物是土壤有机碳的重要来源之一，净初级生产力越大，输入到土壤中的枯落物就越多（Liao et al., 2008a, 2008b）。另外，枯落物有机碳首先储存在土壤表层，慢慢转移到土壤深层。对于每个土层，因为 3 类灌木林的土壤密度没有显著差异，土壤有机碳库随深度减小，尤其是山毛桃林最为明显，其两个林龄的净初级生产力和土壤有机碳浓度显著高于柠条和沙棘林。

我们对山毛桃、柠条和沙棘林土壤有机碳密度计算结果同已有的黄土丘陵区相同树种的研究结果类似（Chen et al., 2007；Zhang et al., 2011；Fang et al., 2012；Zeng et al., 2014）。此外，在 0～100 cm 土层的土壤有机碳中，有 50% 的储存在 0～30 cm 土层中，该结果与 Zhang 等（2011）和 Wang 等（2011）的研究结果一致。值得注意的是，中国密闭灌丛的平均 SOCD 为 94.0 Mg/hm^2（李克让等，2003），这个结果稍高于我们对柠条和沙棘林的研究结果，其原因是我们的研究对象是幼林以及栖息地质量差异的结果。

7.4.1.3 主要人工灌木林碳密度

在我们的研究中，山毛桃、柠条和沙棘林总碳密度同以前在黄土丘陵区进行的相关研究一致（Fang et al., 2012；Zhang et al., 2014；Xin et al., 2016），本研究区（半干旱区）的生物量碳密度和 SOCD 低于中国其他地区的灌木林地，人工林灌木林地总碳密度低于中国森林均值（李克让等，2003），是由于生长期短（大约 8 年生），以及因资源限制而较低的净初级生产力。

除了我们的发现外，其他研究亦表明黄土地区的人工林土壤有机碳密度远高于生物量碳密度（Fang et al., 2012；Zeng et al., 2014），SOCD 占人工林总碳密度之比例在 86.3%～93.3%，远高于其他地区，如加拿大（23%）和印度北部地区（58.5%）（Peichal and Arain，2007），林龄、栖息地质量和黄土高原的气候是造成这种差异的主要原因。黄土高原的旱季较长，Jackson 等（2002）发现降水和土壤有机碳储量变动之间有明确的负相关，干旱的地方土壤碳为净收入，较湿润的地方土壤碳为净损失。同时，黄土丘陵区长达 200 天的霜冻期限制了土壤有机质的分解。

7.4.1.4 两种乔木林碳密度变化

从结果看，26 年生落叶松生物量和土壤有机碳密度相比 8 年生均有显著增加，同已有的研究所揭示的趋势一致，即随着年龄的增加，森林碳密度尤其是土壤有机碳密度增加（刘迎春等，2011）。同时，这种变化与落叶松的生境有很大关系：隆德县的落叶松主要分布在六盘山沿山一带，属于国家自然保护区的外围区域，人为扰动小，林木发育好；另外，林下土壤呈黑色，有机质含量高。这种结果与王云霓等（2015）和潘帅等（2014）的结果一致。而 26 年生山杏林由于生长在居住区附近以及山坡上，受人为扰动大，林下缺乏地被层，土壤流失严重，林分生长退化，生物量和土壤有机碳较 8 年生的山杏林均有所下降。

7.4.2 不同管理模式下的人工苜蓿草地固碳特征

7.4.2.1 刈割和撂荒对人工草地生物量碳储存的影响

生长前 10 年，苜蓿是优势种，因饲草需求草地每年全面刈割 1～2 次，这期间生物量随生长年限增加，刈割 10 年生的草地生物量碳密度（地上+根系）分别是刈割 2 年生的 3.1 倍和未扰动 10 年生的 2.7 倍。10 年后苜蓿种群下降，杂草入侵，引起草地群落发生演替。相比刈割 10 年生草地，30 年生（撂荒 20 年）苜蓿生物量碳密度和总生物量碳密度（苜蓿+杂草）分别下降 59.9% 和 43.2%。可见刈割对不同生长期的苜蓿草地生物量碳库有显著影响（鲍雅静等，2004），苜蓿进一步退化，杂草逐渐变成优势种。几个研究表明杂草入侵可增加群落生物量（Gao et al.，2009；Tang et al.，2012）。本研究表明苜蓿草地撂荒后杂草入侵并未引起群落生物量增加，其机制可能是苜蓿退化、入侵的杂草生物量较小（Shao et al.，2009；Zhang，2010），导致群落生物量减少。通常低频率刈割和轻度放牧可消耗 1/5 的陆地生态系统植物生物量（Cyr and Pace，1993），因改变光合速率、光合产物分配以及/或消除顶端优势，可能会对植物生产产生积极影响

(Strauss and Agrawal, 1999; Bagchi and Ritchie, 2011)。

7.4.2.2 刈割和撂荒对人工草地生态系统碳储存的影响

与所有利用类型的苜蓿草地相比，坡耕地的土壤有机碳最少，这可能是由于长期耕作引起土壤有机碳分解加速（闫玉春等，2008），0～50 cm 的苜蓿草地土壤有机碳高于 50～100 cm 土层，结果与鲍雅静等（2004）一致，即土壤有机碳随土壤深度下降。0～100 cm 土层土壤有机碳随着生长年限增加。在苜蓿的生长早期（1～2 年），土壤碳库小于刈割 10 年和 30 年生草地，这是因为初期因刈割土壤枯落物输入少，生长 30 年后土壤有机碳达到峰值，该结果与 Jackson 等（2002）在年均降水量大约 450 mm 地区的研究结果一致。低雨量影响 SOC、酶活性和有机官能团的化学属性。

刈割 10 年后的撂荒草地有最大的生物量碳，30 年后下降。然而土壤有机碳却增加，因不同的管理措施而变。考虑到土壤有机碳增加抵消了生物量碳的减少，苜蓿草地生态系统总碳储量仍然是增加的，即土壤有机碳库在草地生态系统固碳中扮演了一个关键角色。

7.4.3 结论

（1）灌木林研究结果表明，黄土丘陵区半干旱气候下，不同林龄的人工林生物量碳含量没有显著差异。由于净初级生产力的明显差异，生物量碳密度随净初级生产力的增加而增加；灌木林地的土壤容重之间没有显著差异，但土壤有机碳浓度随深度减小。表层 30 cm 的土壤有机碳密度增加，有较高净初级生产力的树种有较大的总碳密度，因此有较大的固定大气二氧化碳的潜力。同时本研究也强调了在理解森林碳储存时林龄的重要性。

（2）宁夏全区的还林工程总面积为 30.4 万 hm^2，总碳储量为 2161.73 万 t，其中生物量碳储量 279.97 万 t，土壤碳储量 1881.76 万 t，土壤碳占总固碳量的 87%，平均碳密度 71.11 Mg/hm^2。由于宁夏南北自然条件的差异，以及南部是退耕还林工程实施的重点地区，因而退耕还林碳固存能力的空间格局表现为南高北低的基本现状。

（3）退耕还林工程实施后，人工苜蓿草地是一类主要的黄土高原生态恢复类型，草地成熟期（0～10 年），刈割有助于植物群落生物量碳积累，草地废弃之后，杂草入侵引起草地发生演替，妨碍了植物群落生物量碳积累，但

0～100 cm 土壤有机碳积累增加，因此整个苜蓿草地生态系统碳密度增加，可见土壤有机碳库是生态系统碳库的重要组成部分。本研究结果证实了生长期和管理模式对草地碳库的显著影响。

参考文献

鲍雅静，李政海，韩兴国，等. 2004. 刈割对羊草叶面积指数的影响. 草地学报，13（5）：46-52.

毕建琦，杜峰，梁宗锁，等. 2006. 黄土高原丘陵区不同立地条件下柠条根系研究. 林业科学研究，19（2）：225-230.

方精云. 1996. 中国陆地生态系统碳汇//王如松. 现代生态学关键问题研究. 北京：中国科技出版社：251-267.

方精云，刘国华，徐嵩龄，等. 1996. 中国陆地生态系统的碳汇. 北京：中国环境科学出版社.

韩有志，李玉娥. 1997. 华北落叶松人工林林木生物量的研究. 山西农业大学学报，17（3）：278-283.

解宪丽，孙波，周慧珍，等. 2004. 中国土壤有机碳密度和储量的估算与空间分布分析. 土壤学报，41（1）：35-43.

金峰，杨浩，蔡祖聪，等. 2001. 土壤有机碳密度及储量的统计研究. 土壤学报，38（4）：522-528.

李克让，王绍强，曹明奎. 2003. 中国植被和土壤碳储量. 中国科学（D 辑），33（1）：72-80.

李裕元，邵明安，上官周平，等. 2006. 黄土高原北部紫花苜蓿草地退化过程与植被演替研究. 草业学报，15（2）：85-92.

刘纪远，王绍强，陈镜明，等. 2004. 1990～2000 年中国土壤碳氮蓄积量与土地利用变化. 地理学报，59（4）：483-496.

刘迎春，王秋凤，于贵瑞，等. 2011. 黄土丘陵区两种主要退耕还林树种生态系统碳储量和固碳潜力. 生态学报，31（15）：4277-4286.

陆新育. 1990. 泡桐生物量的研究. 林业科学研究，5（3）：421-426.

潘根兴. 1999. 中国土壤有机碳和无机碳库量研究. 科技通报，15（5）：330-332.

潘帅，于澎涛，王彦辉，等. 2014. 六盘山森林植被碳密度空间分布特征及其成因. 生态学报，34（22）：6666-6677.

王绍强，周成虎，李克让，等. 2000. 中国土壤有机碳库及空间分布特征分析. 地理学报，55（5）：534-544.

王云霓，曹恭祥，王彦辉. 2015. 宁夏六盘山华北落叶松人工林植被碳密度特征. 林业科学，51（10）：10-17.

魏宇昆，梁宗锁，崔浪军，等. 2004. 黄土高原不同立地条件下沙棘的生产力与水分关系研究.

应用生态学报，15 (2)：195-200.
吴建国，张小全，徐德应，等.2006. 六盘山林区几种土地利用方式植被活体生物量储量的研究. 林业科学研究，19 (3)：277-283.
闫玉春，宋长春，常瑞英，等.2008. 长期开垦与放牧对内蒙古典型草原地下碳截存的影响. 环境科学，29 (5)：1388-1393.
张春霞，郝明德，李丽霞.2005. 黄土高原沟壑区苜蓿地土壤碳、氮、磷组分的变化. 草地学报，13 (1)：66-70.
中华人民共和国国土资源部. 2000. 中国土地资源年报. 北京：地质出版社.
中华人民共和国国土资源部. 2001. 中国土地资源年报. 北京：地质出版社.
中华人民共和国国土资源部. 2002. 中国土地资源年报. 北京：地质出版社.
中华人民共和国国土资源部. 2003. 中国土地资源年报. 北京：地质出版社.
Ajtay G L. 1979. Terrestrial primary production and phytomass//Bolin B, Dcgens E T, Kempe S, et al. The Global Carbon Cycle. Chichester: John Wiley Sons: 129-182.
Bagchi S, Ritchie M E. 2011. Herbivory and plant tolerance: Experimental tests of alternative hypotheses involving non-substitutable resources. Oikos, 120 (1): 119-127.
Barker T, Bashmakov I, Alharthi A, et al. 2007. Mitigation from a cross-sectoral perspective//Metz B, Davidson O R, Bosch P R, et al. Climate Change 2007: Mitigation. Contribution of Working GroupⅢ to the Fourth Assessment Report of the Intergovernmental Panel on Climate Change. New York: Cambridge University Press: 620-690.
Baruch Z, Goldstein G. 1999. Leaf construction cost, nutrient concentration, and net CO_2 assimilation of native and invasive species in Hawaii. Oecologia, 121 (2): 183-192.
Berner R A. 2003. The long term carbon cycle, fossil fuels and atmospheric composition. Nature, 426: 323-326.
Birdsey R A, Heath L S. 1995. Carbon changes in U. S. forests//Joyce L A. Productivity of America's Forests and Climate Change. USDA Forest Service General Technical Report. RM-GTR-271. Fort Collins, CO: U. S. Department of Agriculture, Forest Service, Rocky Mountain Forest and Experiment Station: 56-70.
Bolin B, Sukumar R. 2000. Global perspective//Wstson R T, Noble I R, Bolin B, et al. Land Use, Land Use Change, and Forestry. Cambridge, UK: Cambridge University Press: 23-51.
Burke I C, Lanenroth W K, Coffin D P. 1995. Soil organic matter recovery in semiarid grasslands: Implications for the conservation reserve program. Ecological Monographs, 5: 793-801.
Canadell J G, Mooney H A, Baldocchi D D, et al. 2000. Carbon metabolism of the terrestrial biosphere: A multitechnique approach for improved understanding. Ecosystems, 3 (2): 115-130.
Cannell G R. 1989. Physiological basis of wood production: A review. Scandinavian Journal of Forest Research, 4 (1-4): 459-490.
Cannell M G R, Dewar R C. 1994. Carbon allocation in trees: A review of concepts for

modelling. Advances in Ecological Research, 25: 59-104.

Chen L D, Gong J, Fu B J, et al. 2007. Effect of land use conversion on soil organic carbon sequestration in the loess hilly area, loess plateau of China. Ecological Research, 22 (4): 641-648.

Conant R T, Paustian K, Elliott E T. 2001. Grassland management and conversion into grassland: Effects on soil carbon. Ecological Applications, 11 (2): 343-355.

Cyr H, Pace M L. 1993. Magnitude and patterns of herbivory in aquatic and terrestrial ecosystems. Nature, 361 (6408): 148-150.

Davidson E A, Ackerman I L. 1993. Changes in soil carbon inventories following cultivation of previously untilled soils. Biogeochemistry, 20 (3): 161-193.

Deng L, Liu G B, Shangguan Z P. 2014. Land- use conversion and changing soil carbon stocks in China's 'Grain-for-Green' Program: A synthesis. Global Change Biology, 20 (11): 3544-3556.

Denman K L, Brasseur G, Chidthaisong A, et al. 2007. Coupling between climate system and biogeochemistry//Intergovernmental Panel on Climate Change. Climate Change 2007: The Physical Science Basis. Chapter 7. Cambridge: Cambridge University Press.

Dixon R K, Brown S, Houghton R A, et al. 1994. Carbon pools and flux of global forest ecosystems. Science, 263 (5144): 185-190.

Durand L Z, Goldstein G. 2001. Photosynthesis, photoinhibiion, and nitrogen use efficiency in native and invasive tree ferns in Hawaii. Oecologia, 126 (3): 345-354.

Fan S, Gloor M, Mahlman J, et al. 1998. A large terrestrial carbon sink in north america implied by atmospheric and oceanic carbon dioxide data and models. Science, 282 (5388): 442-466.

Fang J Y, Chen A P, Peng C H, et al. 2001. Changes in forest biomass carbon storage in China between 1949 and 1998. Science, 292 (5525): 2320-2322.

Fang X, Xue Z J, Li B C, et al. 2012. Organic carbon distribution in relation to land use and its storage in a small watershed of the Loess Plateau, China. Catena, 88: 6-13.

FAO. 2005. Global Forest Resources Assessment 2005: Progress towards Sustainable Forest Management. FAO Forest Paper. Rome: FAO: 147.

Franzluebbers A J, Stuedemann J A, Schomberg H H, et al. 2000. Soil organic C and N pools under long-term pasture management in the Southern Piedmont USA. Soil Biology and Biochemistry, 32 (4): 469-478.

Gao Y, Tang L, Wang J Q, et al. 2009. Clipping at early florescence is more efficient for controlling the invasive plant *Spartina alterniflora*. Ecological Research, 24 (5): 1033-1041.

Gao Y, Cheng J M, Liu W, et al. 2015. Distinguishing carbon and nitrogen storage in plant and soil of grassland under different climates in the Loess Plateau, China. Arid Land Research and Management, 29 (1): 125-139.

Gmgorich E G, Janzen H H. 1996. Storage of soil carbon in the light fraction and macroorganic matter//Carter M R, Stewart B A. Structure and Organic Matter Storage in Soils. Boca Raton, FL, USA: Lewis Publisher, CRC Press: 167-190.

Gower S T, Kucharik C J, Noman J M. 1999. Direct and indirect estimation of leaf area index, FAPAR, and net primary production of terrestrial ecosystems. Remote Sensing of Environment, 70 (1): 29-51.

Gregorich E G, Rochette P, McGuire S, et al. 1998. Soluble organic carbon and carbon dioxide fluxes in maize fields receiving spring applied manure. Journal of Environmental Quality, 27: 209-214.

Guo L B, Gifford R M. 2002. Soil carbon stocks and land use change: A meta analysis. Global Change Biology, 8 (4): 345-360.

Harmon M E, Ferrell W K, Franklin J F. 1990. Effects on carbon storage of conversion of old-growth forests to young forests. Science, 247 (4943): 699-702.

He N P, Zhang Y H, Dai J Z, et al. 2012. Land-use impact on soil carbon and nitrogen sequestration in typical steppe ecosystems, Inner Mongolia. Journal of Geographical Sciences, 22 (5): 859-873.

Holmen K. 2000. The global carbon cycle//Jacobsen M C, Charlston R J, Rohde H, et al. Earth System Science. Amsterdam: Acadimic: 282-321.

Houghton R A. 1995. Land- use change and the carbon cycle. Global Change Biology, 1 (1): 275-287.

Houghton R A. 2007. Balancing the global carbon budget. Annual Review of Earth and Planetary Sciences, 35: 313-347.

Houghton R A, Haxkler J L. 2003. Sources and sink of carbon from land use change in China. Global Biogeochemical Cycles, 17: 1034.

Houghton R A, Goodale C L. 2004. Effects of land-use change on the carbon balance of terrestrial ecosystems//DeFries R S, Asner G P, Houghton R A. Ecosystems and Land Use Change. Washington D. C. : The American Geophysical Union.

Houghton R A, Hackler J L, Lawrence K T. 1999. The U. S. carbon budget: Contributions from land-use change. Science, 285 (5427): 574-578.

Huang Y, Sun W, Zhang W, et al. 2010. Changes in soil organic carbon of terrestrial ecosystems in China: A mini-review. Science China-Life Sciences, 53 (7): 766-775.

IPCC. 2000. Land Use, Land- use Change, and Forestry. Cambridge: Cambridge University Press: 1-51.

IPCC. 2007. Summary for policymakers//Solomon S, Qin D, Manning M, et al. Climate Change 2007: The Physical Science Basis. Contribution of Working Group I to the Fourth Assessment Report of the Intergovernmental Panel on Climate Change. Cambridge: Cambridge University Press.

Jackson R B, Banner J L, Jobbagy E G, et al. 2002. Ecosystem carbon loss with woody plant invasion of grasslands. Nature, 418 (6898): 623-626.

Jahnson D W. 1992. Effects of forest management on soil carbon storage//Wisniewski J, Lugo A E. Natural Sinks of CO_2. Dordrecht: Springer Netherlands: 83-126.

Kauppi P E, Mielikäinen K, Kuusela K. 1992. Biomass and carbon budget of European forests, 1971 to 1990. Science, 256 (5053): 70-74.

Lal R. 2002. Soil organic dynamics in cropland and rangeland. Environmental Pollution, 1 (16): 353-362.

Lal R. 2004. Soil carbon sequestration to mitigate climate change. Geoderma, 123: 1-22.

Leigh M A. 2009. What we've learned in 2008. Nat Rep Climate Change, 3: 4-6.

Li T J, Liu G B. 2014. Age-related changes of carbon accumulation and allocation in plants and soil of black locust forest on Loess Plateau in Ansai County, Shaanxi Province of China. Chinese Geographical Science, 24 (4): 414-422.

Liao C Z, Luo Y Q, Fang C M, et al. 2008a. Litter pool sizes, decomposition, and nitrogen dynamics in *Spartina alterniflora*-invaded and native coastal marshlands of the Yangtze Estuary. Oecologia, 156 (3): 589-600.

Liao C Z, Peng R H, Luo Y Q, et al. 2008b. Altered ecosystem carbon and nitrogen cycles by plant invasion: A meta-analysis. New Phytologist, 177 (3): 706-714.

Liu J Y, Liu M L, Tian H Q, et al. 2005a. Spatial and temporal patterns of China's cropland during 1990-2000: An analysis based on Landsat TM data. Remote Sensing of Environment, 98 (4): 442-456.

Liu J Y, Tian H Q, Liu M L, et al. 2005b. China's changing landscape during the 1990s: Larger scale land transformation estimated with satellite data. Geophysical Research Letters, 32 (2): 1-5.

Lorenz K, Lal R. 2010. Carbon Sequestration in Forest Ecosystems. Berlin: Springer Science+Business Media B. V.

Lugo A E, Brown S. 1993. Management of topical soils as sinks of atmospheric carbon. Plant and Soil, 149: 27-41.

Lutz D A, Shugart H H, White M A. 2013. Sensitivity of Russian forest timber harvest and carbon storage to temperature increase. Forestry, 86 (2): 283-293.

Mann L K. 1986. Changes in soil carbon storage after cultivation. Soil Science, 142 (5): 279-288.

Mao R, Zeng D H, Hu Y L, et al. 2010. Soil organic carbon and nitrogen stocks in an age-sequence of poplar stands planted on marginal agricultural land in Northeast China. Plant And Soil, 332 (1-2): 277-287.

Murty D, Kirschbaum M F, McMurtrie R E, et al. 2002. Does conversion of forest to agricultural land change soil carbon and nitrogen? A review of the literature. Global Change Biology, 8 (2): 105-123.

Negi J D S, Manhas R K, Chauhan P S. 2003. Carbon allocation in different components of some tree species of India: A new approach for carbon estimation. Current Science, 85 (11): 1528-1531.

Ni J. 2001. Carbon storage in terrestrial ecosystems of China: Estimates at different spatial resolutions and their responses to climate change. Climate Change, 49 (3): 339-358.

Ni J. 2002. Carbon storage in grasslands of China. Journal of Arid Environments, 50 (2): 205-218.

Pacala S, Socolow R. 2004. Stabilization wedges: Solving the climate problem for the next 50 years with current technologies. Science, 305: 968-972.

Peichl M, Arain M A. 2007. Allometry and partitioning of above- and below- ground tree biomass in an age- sequence of white pine forests. Forest Ecological Management, 253 (1): 68-80.

Peng C H, Apps M J. 1997. Contribution of China to the global carbon cycle since the last glacial maximum. Tell Us Series B- Chemical and Physical Meteorology, 49 (4): 393-408.

Post W M, Kwon K C. 2000. Soil carbon sequestration and land- use change: Processes and potential. Global Change Biology, 6 (3): 317-327.

Potter K N, Torbert H A, Johnson H B, et al. 1999. Carbon storage after long term grass establishment on degraded soils. Soil Science, 164 (10): 718-725.

Prentice I C. 1993. Biome modelling and the carbon cycle//Heiman M. The Global Carbon Cycle. NATO ASI Series I (15) . Berlin: Springer- Verlag Press: 219-238.

Ramanathan V, Feng Y. 2008. On avoiding dangerous anthropogenic interference with the climate system: Formidable challenges ahead. Proceedings of the National Academy of Sciences of United States of America, 105: 14245-14250.

Raupach M R, Canadell J G, Le Quéré C, et al. 2008. Anthropogenic and biophysical contribution to increasing atmospheric CO_2 growth rate and airborne fraction. Biogeosciences, 5: 1601-1613.

Roderick C D, Melvin G R C. 1992. Carbon sequestration in the trees, products and soils of forest plantations: An analysis using UK examples. Tree Physiology, 11 (1): 49-71.

Rosenzweig C, Karoly D, Vicarelli M, et al. 2008. Attributing physical and biological impacts to anthropogenic climate change. Nature, 453: 353-358.

Roston E. 2008. The Carbon Age: How Life's Core Element Has Become Civilization's Greatest Threat. New York: Walker & Co.

Shao J A, Li Y B, Wei C F, et al. 2009. Effects of land management practices on labile organic carbon fractions in rice cultivation. Chinese Geographical Science, 19 (3): 241-248.

Solomon S, Plattner G K, Knutti R, et al. 2009. Irreversible climate change due to carbon dioxide emissions. Proceedings of the National Academy of Sciences of United States of America, 105: 14239-14240.

Steffen W, Noble I, Canadell J, et al. 1998. The terrestrial carbon cycle: Implications for the Kyoto Protocol. Science, 280 (5368): 1393-1394.

Steffen W, Crutzen P J, McNeill J R. 2007. The anthropocene: Are humans now overwhelming the great force of nature? AMBIO, 36: 614-621.

Strauss S Y, Agrawal A A. 1999. The ecology and evolution of plant tolerance to herbivory. Trends in

Ecology and Evolution, 14 (5): 179-185.

Tang L, Gao Y, Wang C H, et al. 2012. A plant invader declines through its modification to habitats: A case study of a 16-year chronosequence of *Spartina alterniflora* invasion in a salt marsh. Ecological Engineering, 49: 181-185.

Tang L, Dang X H, Liu G B, et al. 2014. Response of artificial grassland carbon stock to management in mountain region of southern Ningxia, China. Chinese Geographical Science, 24 (4): 436-443.

Tans P. 2009. Trends in atmospheric carbon dioxide- global. http: //www. esrl. noaa. gov/gmd/ccgg/trends/accessed [2019-08-06].

Tilman D. 1990. Constraints and tradeoffs: Toward a predictive theory of competition and succession. Oikos, 58: 3-15.

Vesterdal L, Ritter E, Gundersen P. 2002. Change in soil organic carbon following afforestation of former arable land. Forest Ecology and Management, 169 (1): 137-147.

Wang Y F, Fu B J, Lü Y H, et al. 2011. Effects of vegetation restoration on soil organic carbon sequestration at multiple scales in semi-arid Loess Plateau, China. Catena, 85 (1): 58-66.

Waring R H, Running S W. 1998. Forest Ecosystems: Analysis at Multiple Scales. San Diego: Academic Press: 370.

Wei Y K, Liang Z S, Cui L J, et al. 2013. Variation in carbon storage and its distribution by stand age and forest type in boreal and temperate forests in Northeastern China. PloS One, 8 (8): 1-9.

Whittaker R H, Niering W. 1975. Vegetation of the Santa Catalina mountains, Agrizona. V. Biomass, production, and diversity along the elevation gradient. Ecology, (5): 771-790.

Winjum J K, Schroeder P E. 1997. Forest plantations of the world: Their extent, ecological attributes, and carbon storage. Agricultural and Forest Meteorology, 84 (1): 153-167.

Wofsy S C, Goulden M L, Munger J W, et al. 1993. Net exchange of CO_2 in a mid- latitude forest. Science, 260 (5512): 1314-1317.

Wu L, Cai Z C. 2012. Key variables explaining soil organic carbon content variations in croplands and non-croplands in Chinese provinces. Chinese Geographical Science, 22 (3): 255-263.

Wu H B, Guo Z T, Peng C H. 2003. Land use induced changes of organic carbon storage in soils of China. Global Change Biology, 9 (3): 305-315.

Xin Z B, Qin Y B, Yu X X. 2016. Spatial variability in soil organic carbon and its influencing factors in a hilly watershed of the Loess Plateau, China. Catena, 137: 660-669.

Xu B C, Gichuki P, Shan L, et al. 2006. Aboveground biomass production and soil water dynamics of four leguminous forages in semiarid region, northwest China. South African Journal of Botany, 72 (4): 507-516.

Yang Y S, Xie J S, Sheng H, et al. 2009. The impact of land use/cover change on storage and quality of soil organic carbon in mid-subtropical mountainous area of southern China. Journal of Geographical Sciences, 19 (1): 49-57.

Yao G R, Gao Q Z. 2006. Riverine inorganic carbon dynamics: Overview and perspective. Chinese Geographical Science, 16 (2): 183-191.

Yu B, Stott P, Di X Y, et al. 2014. Assessment of land cover changes and their effect on soil organic carbon and soil total nitrogen in Daqing prefecture, China. Land Degradation & Development, 25 (6): 520-531.

Zeng X H, Zhang W J, Cao J S, et al. 2014. Changes in soil organic carbon, nitrogen, phosphorus, and bulk density after afforestation of the "Beijing-Tianjin Sandstorm Source Control" program in China. Catena, 118: 186-194.

Zhang G L. 2010. Changes of soil labile organic carbon in different land uses in Sanjiang Plain, Heilongjiang Province. Chinese Geographical Science, 20 (2): 139-143.

Zhang C, Xue S, Liu G B, et al. 2011. A comparison of soil qualities of different revegetation types in the Loess Plateau, China. Plant and Soil, 347 (1-2): 163-178.

Zhang L H, Zhao R F, Xie Z K. 2014. Response of soil properties and C dynamics to land-use change in the west of Loess Plateau. Soil Science and Plant Nutrition, 60 (4): 586-597.

Zhou H J, Rompaey A V, Wang J A. 2009. Detecting the impact of the "Grain for Green" program on the mean annual vegetation cover in the Shanxi province, China using SPOT-VGT NDVI data. Land Use Policy, 26 (4): 954-960.

Zhou W, Gang C C, Chen Y Z, et al. 2014. Grassland coverage inter-annual variation and its coupling relation with hydrothermal factors in China during 1982-2010. Journal of Geographical Sciences, 24 (4): 593-611.

第8章　河南退耕还林工程固碳效应分析

2000～2012年，河南省退耕还林工程后期阶段（2007～2012年）碳储量高于前期阶段（2000～2006年），2000～2012年总碳汇量为21.20 Tg，平均碳汇量为1.63 Tg/a；到2060年，河南省退耕还林工程碳汇潜力为139.35 Tg，年碳汇量最高峰在2015年，为7.23。由于河南省各地区造林面积、时间和造林树种的不同，造成5个地区的碳汇能力存在差异。本研究表明河南省退耕还林工程具有较大的碳汇潜力。

8.1 引　言

二氧化碳作为大气中主要的温室气体，其含量的增加对全球气候变化将产生重要的影响。森林是陆地生态系统中最大的碳库，储存了陆地生态系统中50%～60%的碳（Dixon et al.，1994），增加森林面积无疑成为增强陆地碳汇、减少对大气碳排放的重要举措。到目前为止，许多科学家研究了全球和一些典型区域的森林生态系统碳库和碳汇潜力（Fang et al.，2001；Härkönen et al.，2011；Heimann Reichstein，2008；Li et al.，2015）。我国是拥有最大的人工林种植面积的发展中国家，有许多学者对我国森林生态系统碳储量和碳汇潜力进行研究（Streets et al.，2001）。例如，一些学者对我国森林植被的碳汇能力进行了研究（Zhang and Xu，2003；Zhao and Zhou，2005；吴庆标等，2008；李海奎等，2011），另外，一些研究者关注了森林土壤的碳储量和碳汇潜力（Chen et al.，2009；Yu et al.，2007；Xie et al.，2007；Shi et al.，2015）。这些研究都充分证实了森林生态系统是重要的碳库，拥有巨大的碳汇潜力。

退化土地植被恢复是全世界控制水土流失和生态系统恢复的主要策略之一（Deng et al.，2014）。1999年，我国政府启动了退耕还林工程，通过将低产坡耕地、荒山荒地改造为林地和草地，旨在减缓水土流失、防止土地沙漠化（Ostwald et al.，2007；Feng et al.，2013；Jia et al.，2014）。退耕还林工程是目前我国政策性最强、投资量最大、涉及面最广的生态建设工程，范围涉及全国 25 个省（自治区、直辖市）和新疆生产建设兵团，共 2279 个县（含市、区、旗），退耕还林工程包括退耕地造林、荒山荒地造林和封山育林 3 种植被恢复类型（国家林业局，2013）。截至 2012 年底，我国已累计投入 3247 亿元，共完成退耕地造林与宜林荒山荒地造林 2940 万 hm^2，退耕还林工程对我国土地利用/覆盖变化产生了重大影响（Deng and Shangguan，2012），退耕还林工程种植的大部分人工林仍处于幼龄林、中龄林阶段，具有较高的固碳潜力。到目前为止，一些学者采用不同的计算方法，对退耕还林工程碳汇效应进行评估。例如，Liu 等（2014）使用生态系统模型，预测我国退耕还林工程到 2020 年碳汇量将达到 110.45 Tg，到 21 世纪末，碳汇量将达到 524.36 Tg。陈先刚等（2008）利用人工林生长曲线法预测云南省退耕还林工程森林生物量碳库在 2050 年将达到 23.16 ~ 35.14 Tg，退耕还林工程碳汇作用显著。Zhang 等（2010）研究了退耕还林工程土壤碳的变化，表明退耕还林工程对我国的碳汇具有重大的贡献。Song 等（2014）提出，退耕还林工程实施后土壤具有巨大的固碳潜力。

河南省位于我国中东部地区，是我国实施退耕还林工程的重点地区之一。河南省退耕还林工程自 2000 年开始试点、2002 年全面启动以来，河南省委、省政府高度重视，相关部门密切配合，圆满完成了国家下达的退耕还林计划任务。工程实施涉及 106 个县（市、区）、129.1 万退耕农户、488.9 万农民。2000 ~ 2012 年，累计造林 10 791.3 km^2，其中退耕地造林 2511.3 km^2，荒山荒地造林 6996.7 km^2，封山育林 1283.3 km^2。河南省退耕还林工程实施面积约占全国实施面积的 3.69%，其中退耕地造林占全国的 2.62%；荒山荒地造林占 4.46%；封山育林占 4.09%。尽管河南省的退耕还林工程实施面积不大，但是河南省位于黄河中下游，是中华文明的发源地，在 1960 ~ 2000 年水土流失较严重，实施退耕还林工程大力种植树木、进行生态环境保护对全国的生态环境恢复非常重要。

本章主要对河南省退耕还林工程在 2000 ~ 2060 年的碳储量及其变化进行研究，进而探索全国退耕还林工程碳汇潜力的预测方法，为今后我国退耕还林工程的生态评价体系建设和《京都议定书》履约提供依据，并为我国退耕还林工程的生态系统管理提供科学参考。

8.2 材料和方法

8.2.1 研究地概况

河南省（110°21′E ~ 116°39′E，31°23′N ~ 36°22′N）位于中国中东部，黄河中下游，黄淮海大平原的西南部。大部分地处暖温带，南部跨亚热带，属北亚热带向暖温带过渡的大陆性季风气候，年均气温 12 ~ 16℃，年降水量 500 ~ 900mm。河南省土地总面积 167 000 km^2，其中，平原盆地面积 93 000 km^2、山区丘陵面积 74 000 km^2。境内植物资源丰富，植被大致以伏牛山主脊和淮河干流一线为界，北部为南暖温带落叶阔叶林地带，南部为北亚热带常绿阔叶林地带。通过对河南省林业厅历年安排退耕还林任务和复查结果的整理得到不同地区的造林面积（表 8-1）。

表 8-1　2000 ~ 2012 年河南省退耕还林工程不同地区造林面积

地区	造林面积/$10^3 hm^2$
商丘市、漯河市	9.00 ~ 18.00
济源市、开封市、许昌市、周口市	18.01 ~ 30.00
安阳市、濮阳市、鹤壁市、焦作市、郑州市	30.01 ~ 40.00
平顶山市、驻马店市、新乡市	40.01 ~ 60.00
三门峡市、洛阳市、南阳市、信阳市	60.01 ~ 180.00

8.2.2 地理分区

根据地理因素和行政划分将河南省 18 个地区分为 5 个地理综合区：豫中（郑州、许昌、漯河）、豫南（南阳、信阳、驻马店）、豫东（开封、商丘、周口）、豫西（平顶山、洛阳、三门峡）、豫北（安阳、鹤壁、新乡、焦作、濮阳、济源）。河南省不同地区分区结果及不同地区 3 种植被恢复类型造林面积见图 8-1。

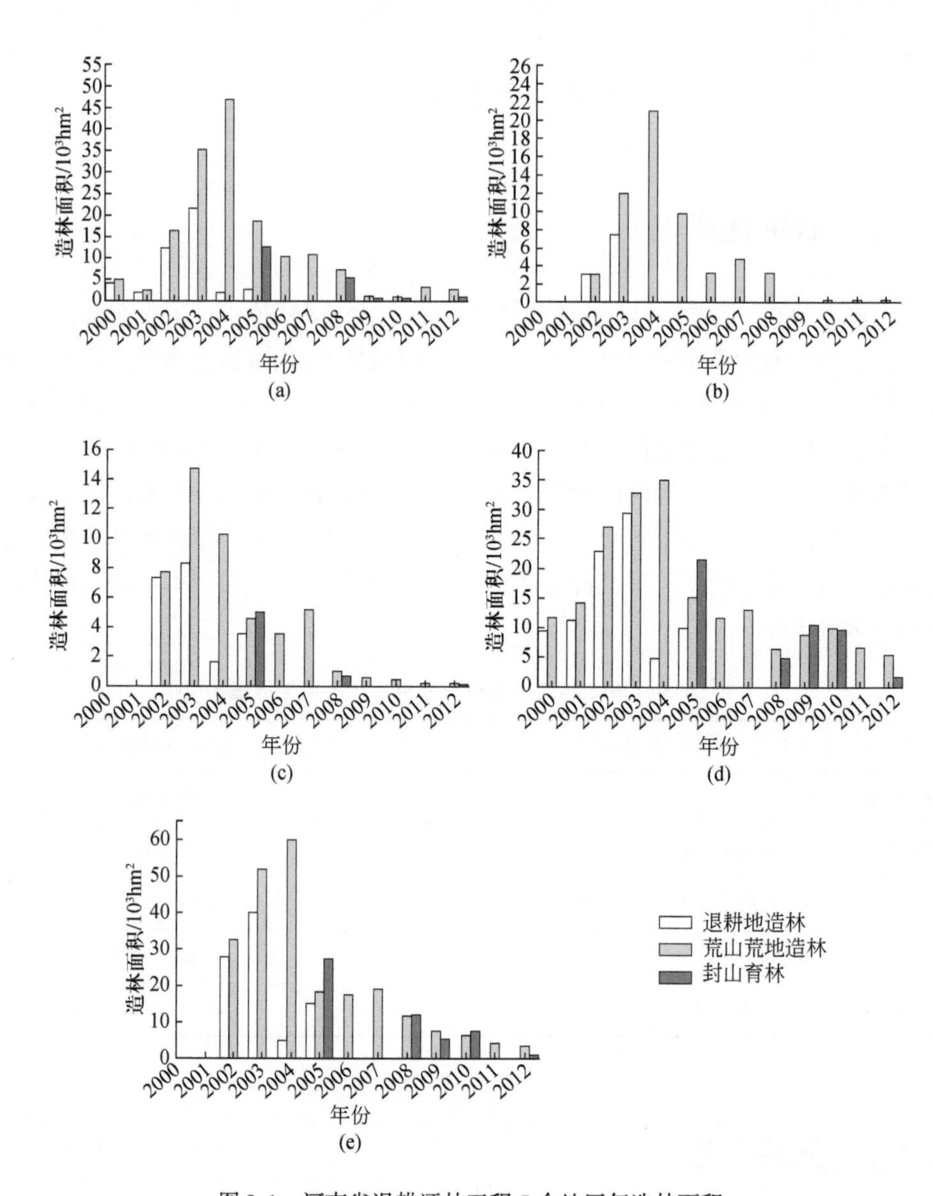

图 8-1　河南省退耕还林工程 5 个地区年造林面积

（a）北部地区；（b）东部地区；（c）中部地区；（d）西部地区；（e）南部地区

8.2.3　不同树种每年种植面积

通过河南省林业厅历年安排退耕还林任务和复查结果，整理得到 2000 ~ 2012

年不同树种的年度造林面积。由于退耕还林工程造林地多为土壤贫瘠和水分含量低的荒山荒地和坡耕地，造林成活率不可能达到 100%，因此，我们提出了造林成活率作为修正因子，通过实际造林面积乘以造林成活率获得有效的造林面积。根据河南省林业厅历年复查报告，我们只获得了 2000 ~ 2008 年每年的造林成活率，由于缺乏 2009 ~ 2012 年每年的造林成活率，我们将 2000 ~ 2008 年每年的造林成活率取平均值作为 2009 ~ 2012 年的造林成活率（表 8-2）。

8.2.4　碳储量的计算

森林生态系统的碳一般分为 4 个库，即林木生物质碳库、林下枯落层碳库、粗木质残体碳库和土壤碳库（Niu and Duiker, 2006）。造林后经过一段时间会引起枯落物层碳库增加，但其枯死木和枯落物所占的生物量碳储量与林木生物量碳库相比较小，且缺乏枯死木和枯落物的数据；粗木质残体碳库只在有采伐时存在，且其碳储量较小。遵循《IPCC 关于土地利用、土地利用变化与林业优良做法指南》中关于碳汇计量的保守性原则，所以本研究忽略这两部分碳储量，于是需要研究的碳库为林木生物质碳库和土壤碳库。

8.2.5　林木生物质碳储量的计算

林木生物质碳储量的计算通常是通过树木的生物量乘以碳元素的含量（含碳系数）获得，本项研究依据“人工林生长曲线法”估算林木生物质碳储量的变化（陈先刚等，2008），计算公式为：

$$C_{Bi}=B_{ijk}\mathrm{CF}_j \tag{8-1}$$

$$B_{ijk}=S_{jk}V_{ijk}D_j\mathrm{BEF}_j \tag{8-2}$$

式中，C_{Bi}为第 i 目标年林木生物质碳储量（Mg）；B_{ijk}为第 k 年造林的 j 树种到第 i 目标年时的生物量（Mg）；CF_j为 j 树种的碳含量；S_{jk}为 j 树种在第 k 年的造林面积（hm^2）；V_{ijk}为第 k 年造林的 j 树种到第 i 目标年时的林分蓄积量（$\mathrm{m}^3/\mathrm{hm}^2$）；$D_j$为 j 树种的木材密度（$\mathrm{Mg/m}^3$）；BEF_j为 j 树种由林分蓄积生物量换算为全林分生物量的生物量扩展因子。

1）林分蓄积量（V_{ijk}）的估算

林木生物质碳储量变化的估算模型中，林分蓄积量是时间（林龄）的函数。本研究中借鉴已发表的适合中国本土的人工林各树种的蓄积量生长方程对河南省

表 8-2　河南省退耕还林工程不同树种/森林类型有效造林面积

（单位：hm^2）

树种/森林类型	2000 年 (93.14%)	2001 年 (94.50%)	2002 年 (91.30%)	2003 年 (95.80%)	2004 年 (86.10%)	2005 年 (93.4%)	2006 年 (78.8%)	2007 年 (95.01%)	2008 年 (98.55%)	2009 年 (91.84%)	2010 年 (91.84%)	2011 年 (91.84%)	2012 年 (91.84%)
杨树	13 160.68	13 352.85	68 803.56	114 281.49	75 699.12	72 351.19	17 320.24	23 866.51	24 755.76	15 139.82	15 572.39	6 338.03	6 770.92
刺槐	2 207.42	2 239.65	11 540.30	19 168.23	12 696.88	12 135.34	2 905.10	4 003.08	4 152.24	2 539.38	2 611.93	1 063.07	1 135.68
泡桐	447.07	453.60	2 337.28	3 882.17	2 571.52	2 457.79	588.38	810.75	840.96	514.30	529.00	215.30	230.01
楸树	27.94	28.35	146.08	242.63	160.72	153.61	36.78	50.67	52.56	32.14	33.06	13.45	14.37
阔叶混交林	3 012.15	3 056.13	15 747.39	26 156.14	17 325.62	16 559.37	3 964.17	5 462.44	5 665.97	3 465.12	3 564.13	1 450.62	1 549.70
干果类经济树种	3 856.00	3 912.30	20 159.00	33 483.75	22 179.36	21 198.44	5 074.72	6 992.74	7 253.28	4 435.87	4 562.61	1 857.00	1 983.84
水果类经济树种	1 285.33	1 304.10	6 719.67	11 161.25	7 393.12	7 066.15	1 691.58	2 330.91	2 417.76	1 478.62	1 520.87	619.00	661.28
硬阔混交林	1 793.88	1 820.07	9 378.32	15 577.22	10 318.22	9 861.88	2 360.85	3 253.15	3 374.35	2 063.64	2 122.61	863.90	922.92
马尾松	1 002.56	1 017.20	5 241.34	8 705.77	5 766.63	5 511.59	1 319.43	1 818.11	1 885.85	1 153.33	1 186.28	482.82	515.80
杉木	610.25	619.16	3 190.38	5 299.17	3 510.12	3 354.88	803.13	1 106.68	1 147.91	702.02	722.08	293.89	313.96
其他针叶类树种	566.66	574.94	2 962.50	4 920.65	3 259.40	3 115.25	745.76	1 027.63	1 065.92	651.88	670.50	272.90	291.54
合计	27 969.94	28 378.35	146 225.82	242 878.47	160 880.71	153 765.49	36 810.14	50 722.66	52 612.56	32 176.12	33 095.46	13 469.98	14 390.02

注：表中（）内数字为 2000～2012 年每年的造林成活率

退耕还林工程种植树木的蓄积量进行估算（表 8-3）。由于现有的人工林各树种的蓄积量生长方程不全，只能得到几组能代表人工林主要类型的方程。基于现状，在实际处理中除少数几个树种可直接用对应方程外，其余树种则采用近似生长方程估算蓄积量：阔叶树蓄积量生长方程用于刺槐、楸树和阔叶混的蓄积量计算；其他针叶类树种用针叶树蓄积量生长方程计算；泡桐用软阔混生长方程计算。河南省退耕还林工程种植一定面积的经济树种，经济树种蓄积量采用阔叶类树种蓄积量生长方程进行估算。主要树种的蓄积量生长方程见表 8-3。本研究中，假设造林当年的林龄为 1。

表 8-3　主要树种的蓄积量生长方程

树种	生长方程	相关系数	参考文献
杨树	$V=365.5\ (1-e^{-0.1848t})^{3.9547}$	0.999	赵贝贝等，2010
马尾松	$V=23.3729377\ (1-e^{-0.102277t})^{3.913496}$	0.998	谭著明等，1996
杉木	$V=308.64906\ (1-e^{-0.12163t})^{4.21772}$	0.962	张允清等，2006
阔叶树	$V=61.906\ (1-e^{-0.134t})^{163}$	0.447	Chen et al.，2009
针叶树	$V=86.721\ (1-e^{-0.145t})^{3.007}$	0.519	Chen et al.，2009
软阔混	$V=177.320\ (1-e^{-0.061t})^{2.411}$	0.675	周永峰等，2013

2）木材密度（D_j）、生物量扩展因子（BEF_j）和碳含量（CF_j）的确定

木材密度（D_j）和生物量扩展因子（BEF_j）的计算采用中国初始国家信息通报中土地利用变化和林业温室气体排放清单中采用的相关参数，碳含量（CF_j）来自文献资料（李海奎和雷渊才，2010）（表 8-4）。

表 8-4　不同树种的木材密度、生物量扩展因子和碳含量

树种	木材密度/(Mg/m^3)	生物量扩展因子（全树）	碳含量
杨树	0.378	2.16	0.4956
刺槐	0.598	2.34	0.4834
泡桐	0.239	3.69	0.4695
楸树	0.598	2.34	0.4834
马尾松	0.542	2.13	0.4596
杉木	0.307	1.92	0.5201
硬阔树种	0.598	2.34	0.4834

续表

树种	木材密度/(Mg/m³)	生物量扩展因子（全树）	碳含量
软阔树种	0.443	2.50	0.4956
阔叶混	0.482	1.95	0.4900
其他针叶树种	0.405	2.00	0.5101

8.2.6 土壤碳储量的计算

许多研究表明，退耕还林工程具有显著的土壤碳增汇效应（Zhang et al., 2010；Song et al., 2014；Chen et al., 2009；Post and Kwon, 2000；Paul et al., 2002）。一些研究表明，土壤有机碳含量低的土壤退耕还林后立即表现为碳吸收（Bouwman and Leemans, 1995；Charles and Garten, 2002），另外一些学者认为初始土壤有机碳含量高的退耕还林地在退耕后的早期阶段表现为碳释放，随后恢复到农田水平并逐渐升高（Vesterdal et al., 2002；Karhu et al., 2011）。Deng 等（2014）通过对收集到的与我国退耕还林工程相关的 135 篇已发表文献数据（包括 181 个样点 844 个样本数据）进行 Meta 分析，总结了中国退耕还林工程实施后 0～1 m 土层土壤有机碳变化结果，在退耕还林实施的最初 5 年内土壤有机碳含量下降，6 年后土壤有机碳含量以不同的增长速率增加（表 8-5）。由于河南省位于中国的中东部，其气候条件和土壤特性相对于全国来说处于平均水平，因此我们采用 Deng 等（2014）提供的土壤有机碳变化模型来估算河南省退耕还林后土壤有机碳的变化。于是，退耕还林工程造林地土壤碳库的增量可用如下公式表示：

$$C_{si} = \sum_{j} \sum_{k} r(i - k) S_{kj} \tag{8-3}$$

式中，C_{si}为在第 i 目标年土壤有机物碳库中碳增量（Mg）；S_{jk}为 j 树种在第 k 年造林面积（hm^2）；r 为造林后对应时段 1 m 土层内土壤有机碳储量年变化［Mg/($hm^2 \cdot a$)］，取表 8-5 中的对应值。

表 8-5 不同退耕还林年限土壤有机碳变化速率

退耕还林年限/a	土壤有机碳变化速率（0～1 m）/[Mg/(hm² · a)]
0～5	-3.15
6～10	0.83

续表

退耕还林年限/a	土壤有机碳变化速率（0～1 m）/[Mg/(hm² · a)]
11～30	3.59
31～40	1.15
>40	0.02

退耕还林工程造林地多为贫瘠的坡耕地或荒山荒地，它们通常具有较低的初始有机碳含量。本研究在河南省不同地区无造林坡耕地和荒山荒地 1 m 土层取土样 375 组，测得土壤平均有机碳密度为 31.35 Mg/hm^2，作为河南省退耕还林工程造林地的初始有机碳密度。在估算河南省退耕还林工程造林地土壤有机碳储量变化时，可采用 Deng 等（2014）的中国退耕还林工程实施后 1m 土层的土壤碳储量变化结果（表 8-5）。

8.2.7 碳储量现状和固碳潜力估算

本章研究河南省退耕还林工程在 2002～2012 年实施期间所种树木产生的碳汇效应，以 2012 年退耕还林生态系统的碳储量作为碳储量现状。生态系统固碳增汇潜力定义为通过某种自然因素或人为因素组合，而使得生态系统在基准固碳水平基础上可能增加的净固碳总量（于贵瑞等，2011）。本研究以 2012 年为基准年，预测到 2060 年河南省退耕还林工程的固碳增汇潜力。

河南省退耕还林工程所种植的林分，80% 以上属于生态公益林。根据《生态公益林技术规程》，只有当生态公益林进入过熟林后才进行采伐，工程营造的树木可能不采伐，因为工程营造的树木大多种植在坡地和偏远的山区。因此，我们假设河南省退耕还林工程所种植树木不进行采伐，在造林面积不变的条件下对河南省退耕还林工程固碳潜力进行估算。

8.3 结果与分析

8.3.1 林木生物质碳储量现状

由表 8-6 可知，全省 2012 年林木生物质碳储量为 32.08 Tg。工程后期（2007～

2012年）林木生物质碳储量高于前期（2000~2006年），主要是因为随着时间的推移所造林木不断生长引起林木生物质碳储量增加。由于各地区工程覆盖面积、造林树种的不同，造成碳储量的空间分布不同。南部地区林木生物质碳储量最大，达到11.59 Tg，占全省林木生物质碳储量的36.14%。然而中部地区碳储量最小，为1.62 Tg，仅占河南省林木生物质碳储量的5.05%。各地区林木生物质碳储量变化规律一致，在工程实施后期总碳储量均高于前期（表8-6）。在退耕还林工程实施期间（2000~2012年）林木生物质年平均碳汇量为2.47 Tg，河南省各地区林木生物质年平均碳汇变化规律一致，在工程实施后期（2007~2012年）年平均碳汇均高于前期（2000~2006年）（表8-6）。

8.3.2 土壤有机碳储量现状

全省2012年土壤有机碳储量为19.65 Tg（表8-6）。工程前期（2000~2006年）土壤有机碳储量高于工程后期（2007~2012年），主要是由于工程前期的造林面积大于后期。南部地区土壤有机碳储量最大，达到6.76 Tg，相当于河南省退耕还林工程总土壤有机碳储量的34.44%，然而，在中部地区土壤有机碳储量仅为1.02 Tg，占全省退耕还林工程总土壤有机碳储量的5.20%。2000~2012年，土壤表现为碳源，共释放10.88 Tg碳，平均年释放碳0.84 Tg（表8-6）。河南省5个地区土壤有机碳储量变化一致，表现为在工程实施前期（2000~2006年）土壤有机碳储量高于后期（2007~2012年）。

8.3.3 退耕还林工程林碳储量现状

由表8-6可知，2012年河南省退耕还林工程总碳储量为51.73 Tg，在工程前期阶段（2000~2006年），土壤有机碳储量高于林木生物质碳储量，然而，在后期阶段（2007~2012年）林木生物质碳储量高于土壤有机碳储量。由于不同地区造林面积和造林树种的不同，造成碳储量的空间分布不同。但是5个地区的碳储量和整个省的碳储量变化一致，早期阶段（2000~2006年）总碳储量低于后期（2007~2012年）。2000~2012年，河南省退耕还林工程年均碳汇量为1.63 Tg。在早期阶段，年均碳汇量为负值，表现为碳源，但是在后期阶段，年均碳汇量为正值，表现为碳汇，吸收有机碳。

表 8-6　2000 ~ 2012 年河南省退耕还林工程碳储量和固碳量

地区	时期	碳储量/Tg			固碳量/Tg			平均固碳量/(Tg/a)		
		树木	土壤	合计	树木	土壤	合计	树木	土壤	合计
北部	2000 ~ 2006 年	1.62	3.60	5.22	1.62	-1.90	-0.28	0.23	-0.27	-0.04
	2007 ~ 2012 年	7.92	0.58	8.50	7.92	-0.44	7.48	1.32	-0.07	1.25
	2000 ~ 2012 年	9.54	4.18	13.72	9.54	-2.34	7.20	0.73	-0.18	0.55
南部	2002 ~ 2006 年	1.77	5.56	7.33	1.77	-2.91	-1.14	0.35	-0.58	-0.23
	2007 ~ 2012 年	9.82	1.20	11.02	9.82	-1.15	8.67	1.64	-0.19	1.45
	2002 ~ 2012 年	11.59	6.76	18.35	11.59	-4.06	7.53	1.05	-0.37	0.68
中部	2002 ~ 2006 年	0.30	0.86	1.16	0.30	-0.51	-0.21	0.06	-0.10	-0.04
	2007 ~ 2012 年	1.31	0.16	1.47	1.31	-0.08	1.23	0.22	-0.01	0.21
	2002 ~ 2012 年	1.61	1.02	2.63	1.61	-0.59	1.02	0.15	-0.05	0.10
东部	2002 ~ 2006 年	0.41	1.13	1.54	0.41	-0.56	-0.15	0.08	-0.11	-0.03
	2007 ~ 2012 年	3.13	0.05	3.18	3.13	-0.20	2.93	0.52	-0.03	0.49
	2002 ~ 2012 年	3.54	1.18	4.72	3.54	-0.76	2.78	0.32	-0.07	0.25
西部	2000 ~ 2006 年	1.51	4.66	6.17	1.51	-2.72	-1.21	0.22	-0.39	-0.17
	2007 ~ 2012 年	4.29	1.85	6.14	4.29	-0.41	3.88	0.72	-0.07	0.65
	2000 ~ 2012 年	5.80	6.51	12.31	5.80	-3.13	2.67	0.45	-0.24	0.21
全省	2000 ~ 2006 年	5.61	15.81	21.42	5.61	-8.60	-2.99	0.80	-1.23	-0.43
	2007 ~ 2012 年	26.47	3.84	30.31	26.47	-2.28	24.19	4.41	-0.38	4.03
	2000 ~ 2012 年	32.08	19.65	51.73	32.08	-10.88	21.20	2.47	-0.84	1.63

注：河南省退耕还林工程北部和西部地区开始于 2000 年，南部、中部和东部地区开始于 2002 年，2000 ~ 2006 年为工程实施前期，2007 ~ 2012 年为工程实施后期

8.3.4 林木生物质碳库的固碳增汇潜力

由图 8-2 可知，河南省退耕还林工程林木生物质碳汇潜力不断增加，在 2020 年、2030 年、2040 年、2050 年、2060 年的林木生物质碳库的固碳增汇潜力分别为 31.48 Tg、46.82 Tg、52.47 Tg、55.56 Tg、57.71 Tg；北部地区分别为 8.84 Tg、12.81 Tg、14.02 Tg、14.52 Tg、14.80 Tg；东部地区分别为 3.45 Tg、4.69 Tg、4.93 Tg、4.99 Tg、5.01 Tg；南部地区分别为 2.14 Tg、17.60 Tg、19.25 Tg、20.05 Tg、20.61 Tg；西部地区分别为 5.61 Tg、9.54 Tg、11.77 Tg、13.30 Tg、14.44 Tg；中部地区分别为 1.44 Tg、2.18 Tg、2.50 Tg、2.70 Tg、2.85 Tg。

由图 8-3 可知，2000 ~ 2060 年，河南省全省及 5 个地区的林木生物质年固碳量均表现为先增加后降低的趋势，全省林木年固碳量最高峰在 2012 年，固碳量为 5.08 Tg，自 2012 年以后林木年固碳量逐渐降低。在 5 个地区林木生物质年固碳量最高峰分别为：北部地区在 2011 年为 1.49 Tg，南部地区在 2012 年为 1.93 Tg；东部地区在 2011 年为 0.63 Tg，中部地区在 2011 年为 0.24 Tg，西部地区在 2012 年为 0.81 Tg。

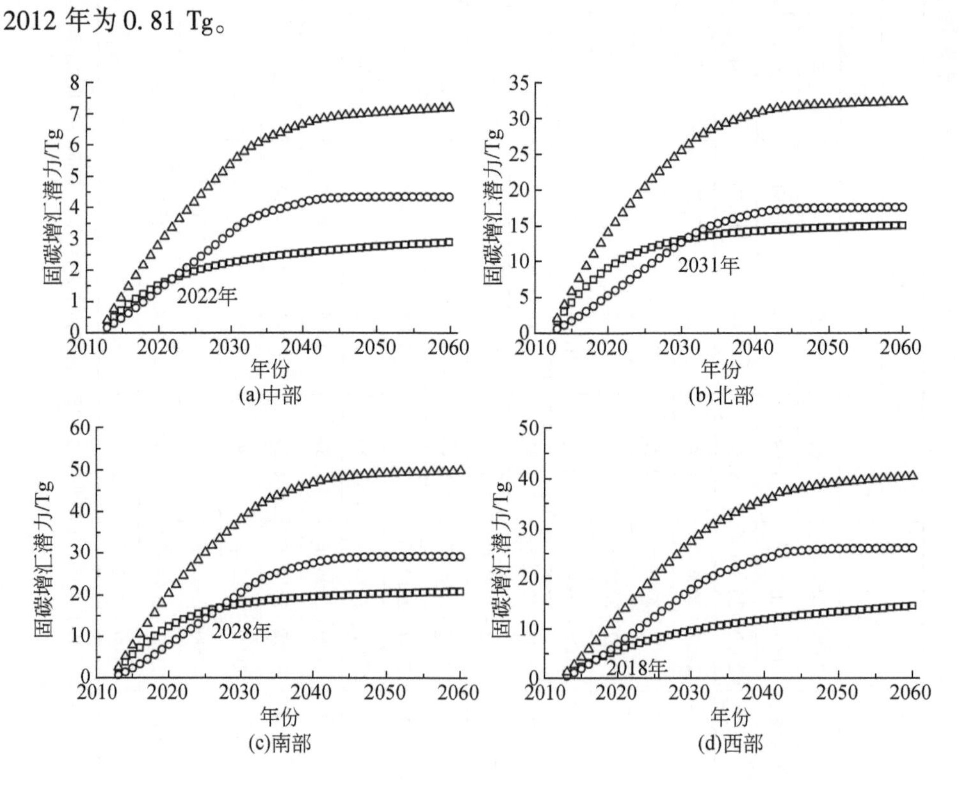

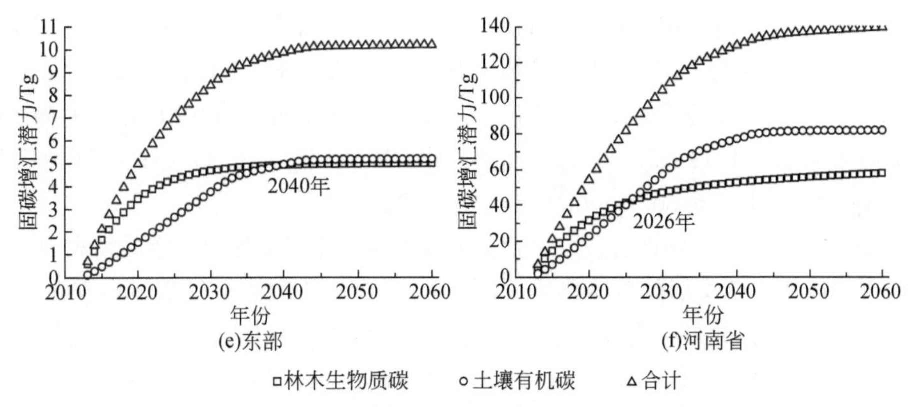

图 8-2　2012～2060 年河南省及 5 个地区碳汇潜力

2022 年、2031 年、2028 年、2018 年、2040 年和 2026 年分别表示在中部、北部、南部、西部、东部和全省土壤碳汇潜力超过林木生物质碳汇潜力的年份

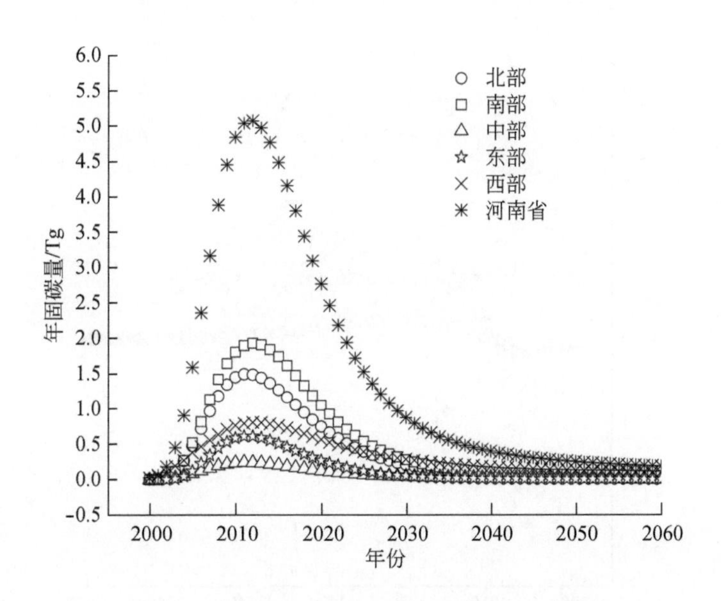

图 8-3　河南省及 5 个地区林木生物质年固碳量

8.3.5　土壤碳库的固碳增汇潜力

土壤碳库的固碳增汇潜力是不断增加的（图 8-2）。2020 年、2030 年、2040 年、2050 年、2060 年的全省退耕还林土壤碳库的固碳增汇潜力分别为 32.56 Tg、

57.41 Tg、76.77 Tg、81.41 Tg、81.62 Tg。其中北部地区为13.87 Tg、25.27 Tg、30.49 Tg、31.80 Tg、32.13 Tg；东部地区为5.00 Tg、8.45 Tg、9.88 Tg、10.18 Tg、10.22 Tg；南部地区为20.04 Tg、37.88 Tg、46.59 Tg、48.90 Tg、49.53 Tg；西部地区为12.41 Tg、27.30 Tg、35.66 Tg、39.10 Tg、40.33 Tg；中部地区为2.74 Tg、5.32 Tg、6.60 Tg、6.99 Tg、7.14 Tg。

2000～2060年，河南省及5个地区1 m土层中土壤碳库年固碳量均表现为先降低再增加然后又降低的总体趋势（图8-4）。全省年固碳量最高峰出现在2012年，为3.49 Tg，北部、南部、中部、东部、西部5个地区年固碳量最大值分别为0.75 Tg、1.24 Tg、0.18 Tg、0.22 Tg、1.10 Tg。2020年、2030年、2040年、2050年、2060年，全省退耕还林工程土壤碳库年固碳量分别为3.42 Tg、3.43 Tg、1.16 Tg、0.54 Tg和0.20 Tg。

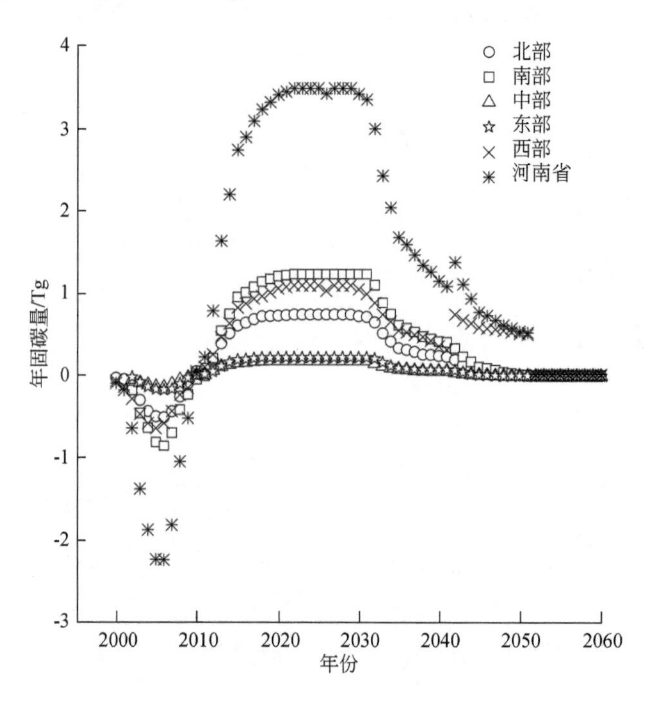

图8-4　河南省及5个地区土壤碳库年固碳量

8.3.6　退耕还林工程林的固碳增汇潜力

随着森林植被的恢复，2012～2060年，河南省退耕还林工程的碳汇潜力不断增加。2020年、2030年、2040年、2050年、2060年工程林的固碳增汇潜力分别为 54.04 Tg、104.23 Tg、129.23 Tg、136.97 Tg、139.35 Tg（图 8-2）。全省土壤碳库的碳汇潜力在 2026 年超过林木生物质碳库的碳汇潜力。在 5 个地区中，北部地区在 2031 年土壤碳库的碳汇潜力超过林木生物质碳库的碳汇潜力；东部地区在 2040 年，南部地区在 2028 年，西部地区 2018 年，中部地区在 2022 年（图 8-2）。工程造林树种和造林面积的不同是造成各地区碳汇潜力差异的主要原因。

2000～2060 年，河南省和 5 个地区年碳汇量均表现为先降低再增加然后又降低的总体趋势（图 8-5）。全省年碳汇量最高峰在 2015 年，为 7.23 Tg/a。2020 年、2030 年、2040 年、2050 年、2060 年退耕还林工程的年碳汇量分别为 6.18 Tg、4.31 Tg、1.56 Tg、0.80 Tg 和 0.21 Tg（图 8-5）。

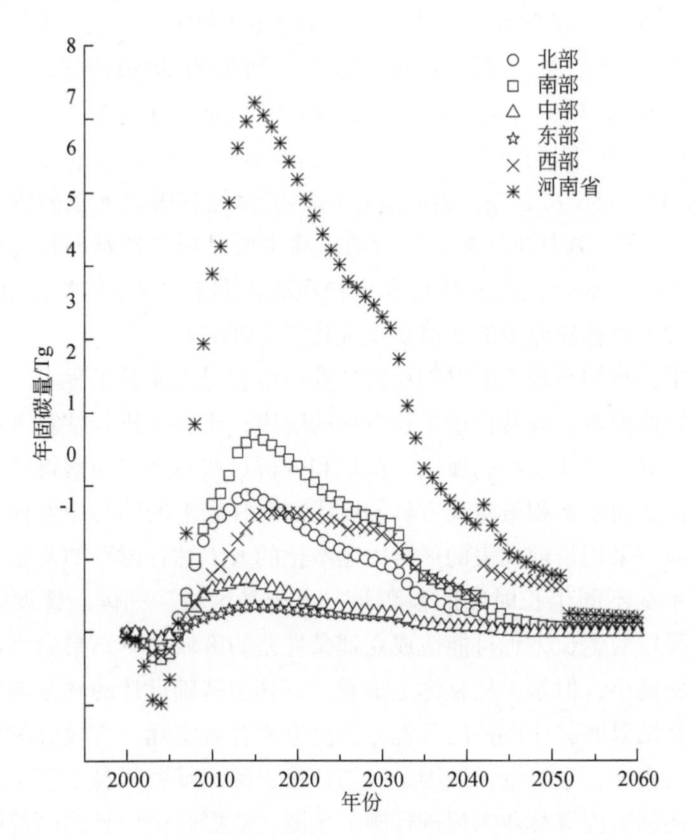

图 8-5　河南省及 5 个地区退耕还林工程的年固碳量

8.4 讨　　论

退耕还林工程的实施不仅增加了大量的森林面积，同时也提高了陆地生态系统的碳汇。在本研究中，2000～2012 年，河南省退耕还林工程碳汇量 21.20 Tg，这些固定的碳相当于同期中国碳总排放量［按 2010 年的 2200 Tg 计算（德班会议)］的0.96%。到2060 年，工程总碳汇量达到160.55 Tg，相当于中国2010 年碳总排放量的 7.30%（Fang et al.，2009)。全省在 2000～2012 年的碳汇量相当于全国工程在同时期碳汇量（222～468 Tg）的 4.53%～9.55%（Persson et al.，2013)。

2012～2060 年全省林木生物质碳汇潜力将达到 57.71 Tg，因此 2000～2060 年林木生物质总碳汇量为 78.91 Tg，相当于河南省 2050 年森林植被碳汇量(129.09 Tg）的 61.13%（Ma and Wang，2011)，河南省退耕还林工程种植林具有巨大的碳汇潜力。陈先刚等（2009 年）估算云南省退耕还林工程碳汇在 2050 年将达到 54.128～56.621 Tg，表明退耕还林工程能够吸收大量的碳。方精云等(2001）研究表明，森林生物质碳储量的提高主要是由于造林面积的增加。相对于河南省天然林，本研究人工林林木生物质碳汇量在 2060 年将达到 57.71 Tg，相当于河南省天然林碳储量的 2 倍多（光增云，2007)。

本研究中，我们在较长的时间尺度估算河南省退耕还林工程人工林碳库，包含一些不确定性因素，如蓄积量生长方程的应用，土壤有机碳估算方程，一些诸如木材密度、碳含量等参数的使用。认识和分析这些不确定因素将帮助我们提高估算的准确性。树木蓄积量生长方程的应用在森林碳汇的估算中发挥着至关重要的作用，本研究采用目前发表的适合中国本土的人工林各树种的蓄积量生长方程估算不同树木在不同生长时间的蓄积量。由于受区域、气候、管理措施等的影响，本研究采用的生长方程可能造成立地条件差的区域估算结果偏大而使立地条件较好的区域偏小，但是，从整体上来看，以其为基础设计的林分碳储量预测模型，所得估算结果能够比以往的其他方法更近于客观实际，有较好的可信度。不同树木的木材密度、生物量扩展因子和碳含量查阅文献资料易于获得，此方法可用于对退耕还林工程等林业工程进行碳汇预测。从提高模型预测的精度来看，将来有必要进一步开发区域性的各林分类型的林木蓄积量（生物量）随时间（林龄）变化的生长模型。

本研究中，退耕还林以后土壤有机碳的变化采用 Deng 等（2014）通过对收集到的与我国退耕还林工程相关的 135 篇已发表文献数据（包括 181 个样点 844 个样本数据）进行 Meta 分析，总结的中国退耕还林工程实施后 0～1 m 土层土壤有机碳变化结果，虽然不同退耕还林地区由于造林树种、立地条件、气候、人为管理等因素造成土壤有机碳变化速率不太一致，另外，我们只考虑了0～1 m土层的土壤有机碳的变化，没有考虑深层土壤的有机碳，这样会低估土壤的碳汇量。但是，从整体上来看，运用 Deng 等（2014）的土壤有机碳变化模型，所得估算结果能够比以往的其他方法更近于客观实际，可信度较高，可用于估算全国退耕还林工程土壤碳汇能力。但是，为了提高退耕还林后土壤有机碳变化的预测精度，需要各地区开展较长时间尺度上的土壤有机碳变化的数据积累。

本研究只估算了豫西嵩县退耕还林工程林木生物质碳库和土壤有机碳库的碳储量及其变化，由于缺乏相关数据，没有考虑工程中林下枯落层碳库和粗木质残体碳库的变化，而通常情况下退耕还林均会在一定程度上增加这两部分碳库中的碳储量。Takahashi 等（2014）研究报告针叶林枯落物层碳库碳储量为 3.1～4.4 Mg/hm^2，阔叶林枯落物层碳库碳储量为 3.5～7.3 Mg/hm^2，另外，林分内逐渐出现死立木、枯倒木、大直径枯落枝等粗木质残体，成为林分碳库的一部分，在这些碳库中人工植针叶林和半天然阔叶林碳储量分别为 17.1 Mg/hm^2 和 5.3 Mg/hm^2。因此，需要进一步对退耕还林工程林下枯落层碳库、粗木质残体碳库进行调查研究，以便能够更全面地估算退耕还林工程的固碳效益。

参 考 文 献

陈先刚，张一平，詹卉. 2008. 云南退耕还林工程林木生物质碳汇潜力. 林业科学，44（5）：24-30.

陈先刚，张一平，潘昌平，等. 2009. 重庆市退耕还林工程林固碳潜力估算. 中南林业科技大学学报（自然科学版），29（4）：7-15.

光增云. 2007. 河南森林植被的碳储量研究. 地域研究与开发，26（1）：76-79.

国家林业局. 2013. 退耕还林工程生态效益监测国家报告. 北京：中国林业出版社.

李海奎，雷渊才. 2010. 中国森林植被生物量和碳储量评估. 北京：中国林业出版社.

李海奎，雷渊才，曾伟生. 2011. 基于森林清查资料的中国森林植被碳储量. 林业科学，47（7）：7-12.

谭著明，匡樟青，夏本安，等. 1996. 马尾松天然纯林林分生长与结构特征. 湖南林业科技，23（1）：19-25.

吴庆标，王效科，段晓男，等.2008. 中国森林生态系统植被固碳现状和潜力. 生态学报，28（2）：517-524.

于贵瑞，王秋凤，刘迎春，等.2011. 区域尺度陆地生态系统固碳速率和增汇潜力概念框架及其定量认证科学基础. 地理科学进展，30（7）：771-787.

章允清.2006. 卫闽林场杉木人工林经验收获表的研制. 福建林业科技，33（3）：47-51.

赵贝贝，翟文元，郝克嘉，等.2010. Richards 生长函数在107-杨树速生丰产林生长预测上的应用. 山东农业大学学报（自然科学版），41（1）：23-26.

周永锋，陈先刚，黄子珊.2013. 西藏自治区退耕还林工程林碳汇潜力研究. 林业资源管理，3：48-53.

Bouwman A F, Leemans R. 1995. The role of forest soils in the global carbon cycle//Mcfee W F, Kelly I M. Carbon Forms and Functions in Forest Soils. Madison: Soil Science Society of America: 503-525.

Charles T, Garten J R. 2002. Soil carbon storage beneath recently established tree plantations in Tennessee and South Carolina, USA. Biomass and Bioenergy, 23: 93-102.

Chen X G, Zhang X Q, Zhang Y P, et al. 2009. Carbon sequestration potential of the stands under the Grain for Green Program in Yunnan Province, China. Forest Ecology and Management, 258: 199-206.

Deng L, Shangguan Z P, Li R. 2012. Effects of the grain- for- green programme on soil erosion in China. International Journal of Sediment Research, 27 (1): 120-127.

Deng L, Liu G B, Shangguan Z P. 2014. Land- use conversion and changing soil carbon stocks in China's 'Grain-for-Green' Program: A synthesis. Global Change Biology, 20: 3544-3556.

Dixon R K, Solomon A M, Brown S, et al. 1994. Carbon pools and flux of global forest ecosystem. Science, 263: 185-190.

Fang J Y, Chen A P, Peng C H, et al. 2001. Changes in forest biomass carbon storage in China between 1949 and 1998. Science, 292: 2320-2322.

Fang J Y, Wang S P, Yue C, et al. 2009. Scenario analysis on the global carbon emission reduction goal proposed in the declaration of the 2009 G8 Summit. Sci. China Ser D- Earth Sci, 52: 1694-1702.

Feng X M, Fu B J, Lu N, et al. 2013. How ecological restoration alters ecosystem services: An analysis of carbon sequestration in China's Loess Plateau. Scientific Reports, 3: 2846.

Heimann M, Reichstein M. 2008. Terrestrial ecosystem carbon dynamics and climate feedbacks. Nature, 451: 289-292.

Härkönen S, Lehtonen A, Eerikäinen K, et al. 2011. Estimating forest carbon fluxes for large regions based on process- based modelling, NFI data and Landsat satellite images. Forest Ecology and Management, 262: 2364-2377.

Jia X Q, Fu B J, Feng X M, et al. 2014. The tradeoff and synergy between ecosystem services in the

Grain-for-Green areas in Northern Shaanxi, China. Ecological Indicators, 43: 103-113.

Karhu K, Wall A, Vanhala P, et al. 2011. Effects of afforestation and deforestation on boreal soil carbon stocks—Comparison of measured C stocks with Yasso07 model results. Geoderma, 164: 33-45.

Li P H, Zhou G M, Du H Q, et al. 2015. Current and potential carbon stocks in Moso bamboo forests in China. J Environ Manag, 156: 89-96.

Liu D, Chen Y, Cai W W, et al. 2014. The contribution of China's Grain to Green Program to carbon sequestration. Landscape Ecology, 29: 1675-1688.

Ma X Z, Wang Z. 2011. Estimation of provincial forest carbon sink capacities in Chinese mainland. Chinese Science Bulletin, 56: 883-889.

Niu X Z, Duiker S W. 2006. Carbon sequestration potential by afforestation of marginal agricultural land in the Midwestern U. S. Forest Ecology and Management, 223: 415-427.

Ostwald M, Simelton E, Chen D, et al. 2007. Relation between vegetation changes, climate variables and land- use policy in Shaanxi Province, China. Geografiska Annaler: Series A, Physical Geography, 89: 223-236.

Paul K I, Polglase P J, Nyakuengama J G, et al. 2002. Change in soil carbon following afforestation. Forest Ecology and Management, 168: 241-257.

Persson M, Moberg J, Ostwald M, et al. 2003. The Chinese Grain for Green Programme: Assessing the carbon sequestered via land reform. Journal of Environmental Management, 126: 142-146.

Post W M, Kwon K C. 2000. Soil carbon sequestration and land- use change: Processes and potential. Global Change Biology, 6: 317-327.

Shi S W, Han P F, Zhang P, et al. 2015. The impact of afforestation on soil organic carbon sequestration on the Qinghai Plateau, China. PloS One, 10 (2): e0116591. doi: 10. 1371/journal. pone. 0116591.

Song X Z, Peng C H, Zhou G M, et al. 2014. Chinese Grain for Green Program led to highly increased soil organic carbon levels: A meta-analysis. Scientific Reports, 4: 4460.

Streets D G, Jiang K J, Hu X L, et al. 2001. Recent reductions in China's greenhouse gas emissions. Science, 294: 1835-1837.

Takahashi M, Ishizuka S, Ugawa S, et al. 2010. Carbon stock in litter, deadwood and soil in Japan's forest sector and its comparison with carbon stock in agricultural soils. Soil Science and Plant Nutrition, 56: 19-30.

Vesterdal L, Ritter E, Gundersen P. 2002. Change in soil organic carbon following afforestation of former arable land. Forest Ecology and Management, 169: 137-147.

Xie Z B, Zhu J G, Liu G, et al. 2007. Soil organic carbon stocks in China and changes from 1980s to 2000s. Global Change Biology, 13: 1989-2007.

Yu D S, Shi X Z, Wang H J, et al. 2007. Regional patterns of soil organic carbon stocks in China. J

Environ Manag, 85: 680-689.

Zhang X Q, Xu D Y. 2003. Potential carbon sequestration in China's forests. Environ Sci Policy, 6: 421-432.

Zhang K, Dang H, Tan S, et al. 2010. Change in soil organic carbonfollowing the 'Grain-for-Green' Programme in China. Land Degradation & Development, 21: 13-23.

Zhao M, Zhou G S. 2005. Estimation of biomass and net primary productivity of major planted forests in China based on forest inventory data. Forest Ecology and Management, 207: 295-313.

第9章 全国退耕还林工程固碳现状、速率和潜力研究

二氧化碳（CO_2）是大气中最主要的温室气体之一（Zahn，2009；Knee，2009），预计到2050年大气CO_2浓度将比100年前的浓度增加近1倍，可能使全球升温3~4℃，带来因极地冻冰层融化使海平面上升，从而导致陆地消失的灾难性后果（Dixon et al.，1994）。森林作为CO_2的一个重要的碳汇，在调节全球碳平衡、减缓大气中CO_2等温室气体浓度上升以及维护全球气候等方面具有不可替代的作用（Newel and Stavins，2000；Fang et al.，2001；He et al.，2011）。近年来，世界各国科学家都在不断探讨和估算全球和区域的森林生态系统的固碳能力（Fang et al.，2001；Heimann and Reichstein，2008）。

中国社会的固碳能力一直受国际社会的高度关注，目前已经有不同的作者对中国的森林植被的碳储量（Fang et al.，2001；Zhao and Zhou，2006）、固碳现状（李海奎和雷渊才，2010）、固碳潜力（Zhang and Xu，2003；Chen et al.，2009）进行了估算。也有学者对中国森林土壤碳库的碳储量（Yu et al.，2007）、固碳现状（Yu et al.，2007）、固碳潜力（Zhang et al.，2010；Chang et al.，2011；Deng et al.，2014）进行了估算。但是，已有的研究大多把植被和土壤分开研究，没有把森林作为一个整体进行研究。森林作为一个完整的生态系统，植被和土壤的关系密切，植被的改变必然引起土壤属性发生相应的改变（He et al.，2011；Zhang et al.，2010；Guo and Gifford，2002；Paul et al.，2002），所以，对森林生态系统碳汇的研究需要综合考虑植被和土壤两个方面的贡献。

中国作为世界上人工林面积最大的国家，自20世纪80年代以来就相继开展了六大林业工程，使得新增人工林的面积逐步扩大，不仅对改善中国的生态环境状况起到重要作用，而且对固定大气中的CO_2也发挥了积极作用，但是，目前对中国实施的重大林业政策及林业工程的固碳能力研究还不多（Yin et al.，2010），其中退耕还林工程作为目前中国范围最广、造林面积最大的活动（He et al.，2011；Deng et al.，2012），其碳汇潜力不容忽视（Chen et al.，2009）。目前有关中国退耕还林工程碳汇功能的研究，多集中在典型区域上或者仅考虑植被或土壤

单一方面的研究。例如，Chen 等（2009）对云南省退耕还林工程的固碳潜力进行了研究，Chang 等（2011）对黄土高原实施退耕还林后的土壤有机碳的固碳潜力进行了研究，Zhang 等（2010）对中国退耕还林后的土壤有机碳的固碳速率进行了研究，尚缺少从全国的尺度上对退耕还林工程的固碳现状、固碳潜力等进行全面估算的研究。

因此，为了正确评估中国林业政策及林业工程固碳功能，本研究针对中国退耕还林工程林的林木生物质碳储量和土壤的有机碳储量进行预测，研究该工程自实施以来的固碳能力，以期为人工林的生态效益评价提供理论依据和数据佐证。主要包括 3 个方面内容：①估算退耕还林工程的固碳现状；②估算退耕还林工程自实施阶段以及完成后未来 40 年的各年份的固碳能力；③估算退耕还林工程未来 40 年的固碳增汇潜力。

9.1 研究方法

9.1.1 退耕还林工程概况

中国退耕还林工程在 1999 年开始在陕西、甘肃、四川 3 个省进行试点，2000 年开始全面实施，建设范围包括北京、天津、河北、山西、内蒙古、辽宁、吉林、黑龙江、安徽、江西、河南、湖北、湖南、广西、海南、重庆、四川、贵州、云南、西藏、陕西、甘肃、青海、宁夏、新疆 25 个省（自治区、直辖市）和新疆生产建设兵团，共 1897 个县（含市、区、旗）。工程建设的目标和任务是：到 2010 年，完成退耕地造林 1467 万 hm^2，宜林荒山荒地造林 1733 万 hm^2，陡坡耕地基本退耕还林，严重沙化耕地基本得到治理，工程区林草覆盖率增加 4.5 个百分点，工程治理地区的生态状况得到较大改善。

9.1.2 地理分区

按照行政区域划分，中国 31 个省（自治区、直辖市，不含港澳台地区）可以划分为六大区域：东北、华北、华东、中南、西南、西北。东北地区包括黑龙江、吉林、辽宁；华北地区包括北京、天津、河北、山西、内蒙古；华东地区包括上海、山东、江苏、浙江、安徽、福建、江西；中南地区包括河南、湖北、湖南、广东、广西、海南；西南地区包括重庆、四川、贵州、云南、西藏；西北地区包括陕西、甘肃、青海、宁夏、新疆。

9.1.3 中国各地区退耕还林工程的总面积与各树种造林面积的计算

本研究有关 1998～2008 年中国退耕还林工程（包括京津风沙源退耕还林）的数据采集于《中国林业统计年鉴》（2000～2008 年），2009～2010 年的数据采集于 2010～2011 年《林业发展公报》，包括退耕地造林面积和荒山造林面积两部分。中国六大地区退耕还林工程中各树种造林面积由各地区的退耕还林工程总面积乘以各树种造林面积的分配比例估算而得。各林分类型造林分配比例的数据采集于各地区有关退耕还林工程的调查报告、政府的林业发展公告以及已发表的相关文献资料。

9.1.4 碳储量的计算

森林生态系统中的碳一般分为 2 个库，即生物量碳库和土壤碳库。由于研究对象是时间尺度不长的人工林分，其枯死木和枯落物所占的生物量碳储量与林木生物量碳库相比太小，所以本研究忽略这部分碳储量。于是，需要研究的碳库为林木生物量碳库和土壤有机质碳库。

由于中国退耕还林工程实施地多为荒山、坡耕地等土壤、水分相对较差的地方，所以造林成活率不可能达到 100%，必须引入一个修正因子，即造林成活率。据国家林业局（2005）调查发现，造林成活率只有 90.2%，所以退耕还林工程的有效造林面积必须在造林面积的基础上乘以修正因子 0.902。

9.1.4.1 林木生物量碳储量的计算

对于林木生物量碳储量变化估算，设计林木生物量变化估算问题。本研究依据人工林生长曲线估算林分林木生物量碳储量的变化。采用计算公式为：

$$C_{Bi} = \sum_{j} \sum_{k} S_{jk} V_{ijk} D_{j} \mathrm{BEF}_{j} \mathrm{CF}_{j} \tag{9-1}$$

$$\text{或 } C_{Bi} = \sum_{j} \sum_{k} S_{jk} B_{ijk} \mathrm{CF}_{j} \tag{9-2}$$

其中，式（9-1）适合于乔木林，式（9-2）适合于灌木林。

式中，C_{Bi}为第 i 目标年林木生物量碳储量（Mg）；S_{jk}为 j 树种在第 k 年的造林面积（hm^2）；V_{ijk}为第 k 年造林的 j 树种到第 i 目标年时的林分蓄积量（m^3/hm^2）；B_{ijk}为第 k 年造林的 j 树种到第 i 目标年时的林分生物量（m^3/hm^2）；D_j为 j 树种的木材密度（Mg/m^3）；BEF_j为 j 树种由林分蓄积生物量换算为全林分生物量的生物量扩展因子；CF_j为 j 树种的碳含量。

1）林分蓄积量（V）和生物量（B）的估算

林木生物量碳储量变化的估算模型中，林分蓄积量 V 是时间（林龄）的函数。本研究借鉴已发表的适合中国本土的人工林各树种的蓄积量异速生长方程估算而得。由于现有的人工林各树种的异速生长方程不全，只能得到几组能代表人工林主要类型的经验曲线。基于现状，在实际处理中除少数几个树种可直接用对应曲线外（表 9-1），其余树种则采用近似替代：针叶类树种用针叶混的曲线替代；硬阔叶类树种用阔叶混的曲线替代；软阔叶类树种用多树种综合曲线替代。灌木林生物量随林龄的变化关系经查阅文献资料获得，本研究共收集到 96 组灌木生物量与林龄的相对应数据组，建立了生物量与林龄的一元非线性方程（表 9-1）。另外，本研究中，假设造林当年的林龄为 1。

表 9-1　适合中国本土的主要树种的生物量异速生长方程

树种组	生长方程	相关系数	样本数	误差	文献来源
马尾松	$V=23.3729377\ (1-e^{-0.102277t})^{3.913496}$	0.998	—	—	谭著明，1996
杉木	$V=308.64906\ (1-e^{-0.12163t})^{4.21772}$	0.962	306	—	章允清，2006
湿地松	$V=1231.86\ (1-e^{-0.0041t})^{3.39386}$	0.96	223	—	张连水等，2002
华山松	$V=139.936931\ (1-e^{-0.030795t})^{1.985503}$	—	—	2.529	陈先刚和蔡丽莎，2008
云南松	$V=161.424562\ (1-e^{-0.026289t})^{1.695482}$	—	—	5.424	陈先刚和蔡丽莎，2008
针叶混交林	$V=178.063256\ (1-e^{-0.018132t})^{0.913334}$	—	—	2.071	陈先刚和蔡丽莎，2008
阔叶混交林	$V=135.317303\ (1-e^{-0.014388t})^{0.885853}$	—	—	5.264	陈先刚和蔡丽莎，2008
多树种综合	$V=113.356202\ (1-e^{-0.048592t})^{1.252645}$	—	—	4.643	陈先刚和蔡丽莎，2008
杨树	$V=365.5\ (1-e^{-0.1848t})^{3.9547}$	0.999	—	—	赵贝贝等，2010
桉树	$V=208.2928\ (1-e^{-0.3320t})^{2.0767}$	0.997	—	—	周元满等，2005
灌木	$B=12.0137/[1+e^{(2.5940-1.0823t)}]$	0.618	96	4.282	本研究

2）木材密度（D）、生物量扩展因子（BEF）和碳含量（CF）的确定

木材密度（D）和生物量扩展因子（BEF）的计算采用中国初始国家信息通报中土地利用变化和林业温室气体排放清单中采用的相关参数（表 9-2）。碳含

量（CF）来自文献资料（李海奎和雷渊才，2010）（表9-2）。

表9-2　不同树种的木材密度、生物量扩展因子和碳含量

树种	木材密度/(Mg/m³)	BEF（全树）	CF
落叶松	0.49	1.74	0.5221
华山松	0.396	2.29	0.5225
云南松	0.483	2.04	0.5113
思茅松	0.454	1.83	0.5224
冷杉	0.366	2.12	0.4999
云杉	0.342	2.12	0.5208
油杉	0.448	2.23	0.4997
柳杉	0.294	1.91	0.5201
杉木	0.307	1.92	0.5201
柏树	0.478	2.11	0.5034
针叶混交林和其他针叶林	0.405	2	0.5101
樟树	0.46	1.89	0.4916
栎类	0.676	2.09	0.5004
硬阔类和竹林	0.598	2.34	0.4834
桦木	0.541	1.62	0.4914
檫树	0.477	2.49	0.4848
桉树	0.578	1.65	0.5223
杨树	0.378	2.16	0.4956
泡桐	0.239	3.69	0.4695
软阔类	0.443	2.5	0.4956
阔叶混交林	0.482	1.95	0.49

9.1.4.2　土壤碳储量的计算

土壤碳储量主要指土壤中的有机碳含量。研究表明，长期来看造林后的土壤表现为潜在碳汇。中国是世界上土壤有机碳较为贫乏的国家之一，而且退耕还林工程造林地多为贫瘠的农耕地或者荒山地，它们通常只有很低的初始有机碳含量，因此，造林后土壤有机碳具有较大的固碳潜力（Guo and Gifford，2002；Paul et al.，2002）。许多研究发现退耕还林后，土壤有机碳固定主要发生在表土层（Zhang et al.，2010；Guo and Gifford，2002；Paul et al.，2002；Streets et al.，

2001），因此，0～20 cm 土壤固碳量可以用来估算土壤的固碳量（Zhang et al., 2010）。本研究在估算中国退耕还林工程在林地土壤有机碳储量变化时，采用中国学者 Zhang 等（2010）的关于中国退耕还林工程实施后土壤碳库的变化结果（表 9-3）。

表 9-3　不同退耕年限土壤有机碳的变化速率

退耕年限	平均树龄	样本数	土壤有机碳变化速率(0～20 cm)* /[Mg/(hm^2·a)]
1～5	4	39	-0.000 001
6～15	9	50	0.579 6
16～30	23	41	0.491 3
>30	56	13	0.238
总	15	143	0.366 7

* Zhang 等（2010）估算的 0～20 cm 土壤表层内的土壤有机碳固碳速率

于是，退耕还林地土壤碳库的增量可用如下公式表示：

$$C_{si} = \sum_{j} \sum_{k} r(i-k) S_{jk} \tag{9-3}$$

式中，C_{si}为在第 i 目标年土壤有机物碳库中碳增量；S_{jk}为 j 树种在第 k 年造林面积；r 为造林后对应时段 1 m 土层内土壤有机碳储量年变化。

9.1.4.3　固碳潜力的计算

由于中国退耕还林工程于 2010 年告一段落，所以本研究在假设 2010 年以后退耕还林工程造林面积不变且国家对工程林不进行采伐的前提下对未来的固碳增汇潜力进行估算。生态系统固碳增汇潜力（potential increment of carbon sink）定义为通过某种自然因素或人为因素组合，而使得生态系统在基准固碳水平基础上可能增加的净固碳总量。本研究以 2010 年为基准年，分析退耕还林工程告一段落后未来 40 年的固碳增汇潜力。另外，为了与本估算结果进行对比，我们采用 5 种土壤碳固定模型（Niu and Duiker, 2006；Zhao and Zhou, 2006；Li et al., 2012；Zhao et al., 2013；Deng et al., 2014），同时我们根据 Deng 等（2014）建立的我国退耕还林还草后 1 m 土层土壤固碳量与 0～20 cm 土壤固碳量的转化关系（$y=2.46x+0.01$，$R^2=0.9497$，$p<0.0001$），估算出了退耕还林后 0～1 m 土层的土壤固碳潜力，然后结合 7 种森林生物量碳固定模型（Vorosmarty and Schloss, 1993；Sathaye et al., 2001；Xu et al., 2001, 2010；Ni, 2003；Fang et al., 2007），评估了我国退耕还林工程的固碳潜力。

9.2 结果与分析

9.2.1 退耕还林工程的固碳现状

9.2.1.1 林木生物质固碳现状

退耕还林工程建设任务完成时（2010 年），全国在该工程下，林木固碳量为 320.29 Tg（表 9-4），其中，工程后期林木固碳量高于前期，主要是因为前期所造林木不断生长从而引起林木碳储量增加。由于各地区工程覆盖面积、造林树种的不同，造成林木生物质碳储量的空间分布不同。中南地区林木固碳量最大，达到 80.26 Tg，占全国林木固碳量的 25.06%；华东地区最小，仅积累 22.39 Tg，约为全国林木固碳量的 7%。全国各地区林木固碳量变化规律一致，在工程实施后期林木固碳量均高于前期（表 9-4）。

9.2.1.2 土壤碳库的固碳现状

根据 Zhang 等（2010）的关于中国退耕还林工程实施后土壤碳库的变化结果估算得出：退耕还林工程建设任务完成时（2010 年），全国在该工程下，土壤固碳量为 35.58 Tg（表 9-4），其中，西北地区土壤固碳量最大，达到 10.57 Tg，占全国土壤碳储量的 29.71%；华东地区最小，仅积累 1.74 Tg，约为全国土壤碳储量的 5%。土壤固碳量与造林面积成正比，造林面积越多，土壤固碳量越大。全国各地区土壤固碳量变化规律一致，在工程实施后期土壤固碳量均高于前期（表 9-4）。另外，Deng 等（2014）推算出我国退耕还林还草后 1 m 土层土壤固碳量与 0 ~ 20 cm 土壤固碳量的转化关系，0 ~ 20 cm 土壤固碳量大约占 1 m 土层土壤固碳量的 40%，所以，我们可以估算出退耕还林后 1 m 土层的土壤固碳量。

9.2.1.3 工程林的固碳现状

退耕还林工程建设任务完成时（2010 年），全国在该工程下，工程林总固碳量为 355.87 Tg（表 9-4），其中，工程后期固碳量约为前期的 5 倍，主要原因是前期所造林木的不断生长和后期土壤固碳量的不断增加，使得工程后期的固碳量较大。工程完成时，林木固碳量是土壤固碳量的 9 倍。工程实施前期和后期，林

表 9-4　退耕还林工程实施期间的固碳量

地区	时期	面积/Mhm^2	固碳量/Tg			平均固碳量/(Tg/a)			主要造林树种
			植被	土壤	总	植被	土壤	总	
东北	2000～2004 年	1.23	4.02	0	4.02	0.8	0	0.8	红松、樟子松、落叶松、云杉、水曲柳、杨树
	2005～2010 年	0.59	19.33	2.37	21.7	3.22	0.4	3.62	
	2000～2010 年	1.82	23.35	2.37	25.72	2.12	0.22	2.34	
华北	2000～2004 年	4.19	14.09	0	4.09	2.82	0	2.82	云杉、白桦、落叶松、沙棘、柠条
	2005～2010 年	1.29	45.98	8.43	54.41	7.66	1.41	9.07	
	2000～2010 年	5.48	60.07	8.43	68.5	5.46	0.77	6.23	
华东	2002～2004 年	0.87	3.12	0	3.12	1.04	0	1.04	湿地松、桤木、枫香、樟树、杨树
	2005～2010 年	0.27	19.27	1.74	21.01	3.21	0.29	3.5	
	2000～2010 年	1.14	22.39	1.74	24.13	2.49	0.19	2.68	
中南	2000～2004 年	2.77	7.36	0	7.36	1.47	0	1.47	侧柏、八角、板栗、喜数、杨树、刺槐、硬阔类
	2005～2010 年	1.43	72.9	4.9	77.8	12.15	0.82	12.97	
	2000～2010 年	4.2	80.26	4.9	85.16	7.3	0.45	7.74	
西南	1999～2004 年	3.57	17.86	0.02	17.88	2.98	0	2.98	华山松、杉木、柏木、桉树、杨树、硬阔类
	2005～2010 年	1.09	51.45	7.55	59	8.58	1.24	9.83	
	2000～2010 年	4.66	69.31	7.57	76.88	5.78	0.63	6.41	

续表

地区	时期	面积/Mhm^2	固碳量/Tg			平均固碳量/(Tg/a)			主要造林树种
			植被	土壤	总	植被	土壤	总	
西北	1999 ~ 2004 年	4.89	17.61	0.26	17.87	2.94	0.04	2.98	侧柏、刺槐、山杏、山桃、沙棘、柠条
	2005 ~ 2010 年	1.43	47.3	10.31	57.61	7.88	1.72	9.6	
	2000 ~ 2010 年	6.32	64.91	10.57	75.48	5.41	0.88	6.29	
中国	1999 ~ 2004 年	17.53	64.06	0.28	64.34	10.68	0.05	10.73	—
	2005 ~ 2010 年	6.1	256.23	35.3	291.53	42.71	5.88	48.59	
	2000 ~ 2010 年	23.63	320.29	35.58	355.87	26.69	2.97	29.66	

注：西南、西北地区的退耕还林工程始于 1999 年；东北、华北、中南地区的退耕还林工程始于 2000 年；华东地区的退耕还林工程始于 2002 年。1999 ~ 2004 年为退耕还林工程实施前期，2005 ~ 2010 年为退耕还林工程实施后期。植被固碳量是指林木生物质固碳量，土壤固碳量是指土壤有机碳固定量，总固碳量包括植被和土壤两部分固碳量

木固碳量均大于土壤固碳量。由于各地区工程覆盖面积、造林树种的不同，造成固碳量的空间分布不同。中南地区总固碳量最大，达到85.16 Tg，占全国总碳储量的23.93%；华东地区最小，仅24.13 Tg，约为全国总碳储量的6.78%。西北地区虽然工程覆盖面积最大，但是固碳量却小于中南和西南地区，主要是由于各地区造林树种的差异引起的，表明为了获得较大的固碳效益，造林时可以优先选择固碳功能较大的树种。全国各地区退耕还林工程总固碳量变化规律一致，在工程实施后期总固碳量均高于前期（表9-4）。

9.2.2 退耕还林工程的年固碳量

9.2.2.1 林木生物质碳库的年固碳量

1999～2050年，全国及各地区退耕还林工程林木的年固碳量均表现为先增加后降低的趋势，而且，林木年固碳量最高峰均在2010年左右，但是各地区又存在差异（图9-1）。全国的退耕还林工程林木年固碳量最高峰在2010年，固碳量为48.34 Tg。在退耕还林工程实施期间，全国的工程林林木年平均固碳量为26.69 Tg，工程后期林木年平均固碳量高于前期（表9-4）。由于各地区工程覆盖面积、造林树种的不同，造成林木生物质碳储量的空间分布不同。中南地区林木年平均固碳量最大，为7.30 Tg；东北地区最小，年平均固碳量为2.12 Tg。全国各地区年平均固碳量变化规律一致，在工程实施后期林木年平均固碳量均高于前期（表9-4）。

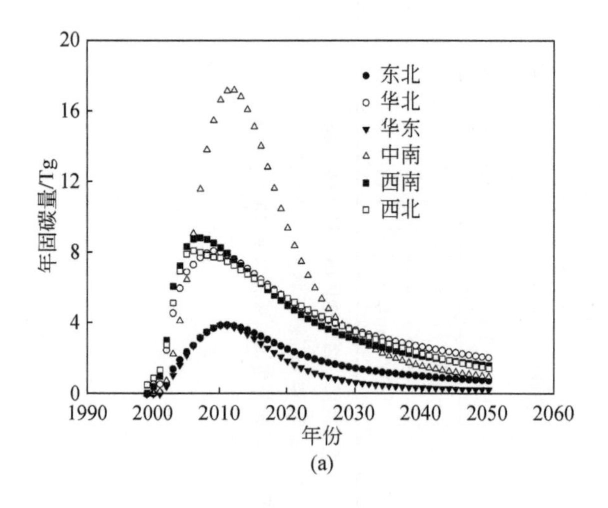

(a)

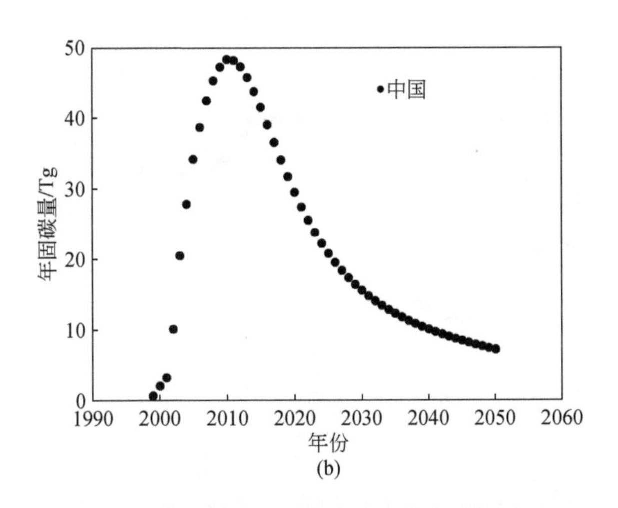

(b)

图 9-1　中国与各地区退耕还林工程林木的年固碳量

9.2.2.2　土壤碳库的年固碳量

根据 Zhang 等（2010）的关于中国退耕还林工程实施后土壤碳库的变化结果（表 9-3），估算得出：1999～2050 年，全国及各地区退耕还林工程土壤的年固碳量均表现为先减少再增加然后降低的趋势，而且在 2040 年以后趋向平衡。土壤碳库年固碳量在 2016 年达到最高峰（图 9-2），固碳量为 13.52 Tg。

在退耕还林工程实施期间，全国的工程林土壤年平均固碳量为 2.97 Tg，且工程后期工程林年平均固碳量显著高于前期（表 9-4）。西北地区土壤年平均固碳量最大，为 0.88 Tg；华东地区最小，土壤碳库年平均固碳量仅为 0.19 Tg。主

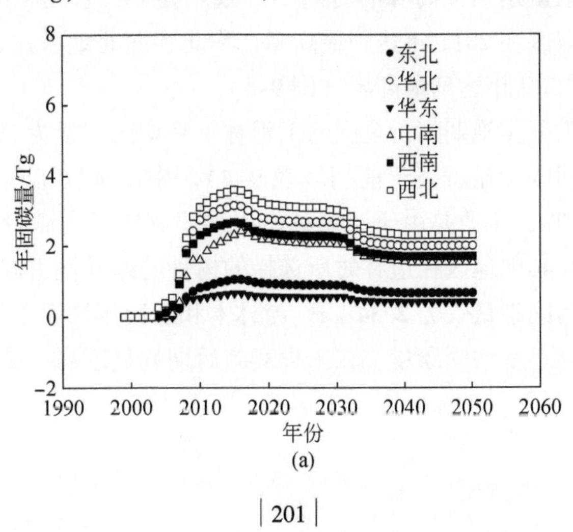

(a)

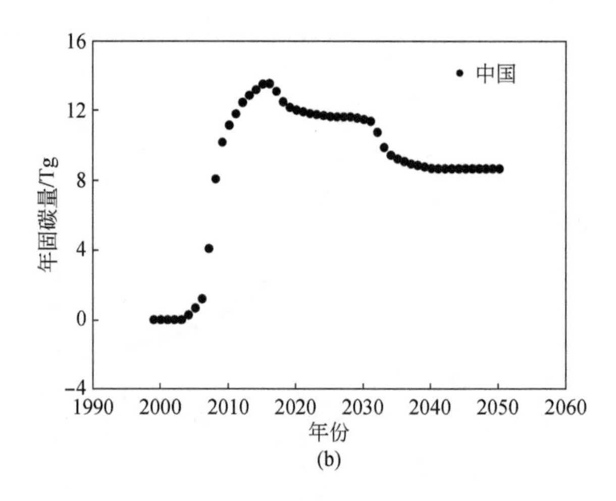

(b)

图 9-2　中国与各地区退耕还林工程土壤的年固碳量

本研究土壤有机碳的变化速率采用 Zhang 等（2010）的估算结果进行估算

要是由于退耕还林工程在华东地区开始时间晚，覆盖面积小，使得土壤碳库积累速率较小。全国各地区土壤年均固碳量变化规律一致，在工程实施后期土壤年平均固碳量均显著高于前期（表 9-4）。

9. 2. 2. 3　工程林的年固碳量

1999 ~ 2050 年，各地区退耕还林工程年固碳量均表现为先增加后降低的趋势，年固碳量在 2011 年达到最高峰，其工程林的年固碳量最大值为 59. 97 Tg（图 9-3）。由于各地区退耕还林工程开始的时间不同、造林树种不同，使得各地区工程林的年固碳量达到最高峰的时间不一致。其中，东北和中南在 2012 年达到最高峰，华东地区在 2011 年达到最高峰，华北和西北地区在 2010 年达到最高峰，西南地区在 2009 年达到最高峰（图 9-3）。

在退耕还林工程实施期间，全国的工程林年平均固碳量为 29. 66 Tg。工程后期工程林年平均固碳量显著高于前期（表 9-4）。中南地区工程林的年平均固碳量最大，为 7. 74 Tg，主要是由于该区林木生物质碳库的固碳量较大的原因，这也是由于该地区与其他地区在造林时所选择的树种的差异性引起的。东北地区最小，工程林年平均固碳量仅为 2. 34 Tg。与林木和土壤年均固碳量变化规律一致，全国各地区工程林年平均固碳量，在工程实施后期均显著高于前期（表 9-4）。

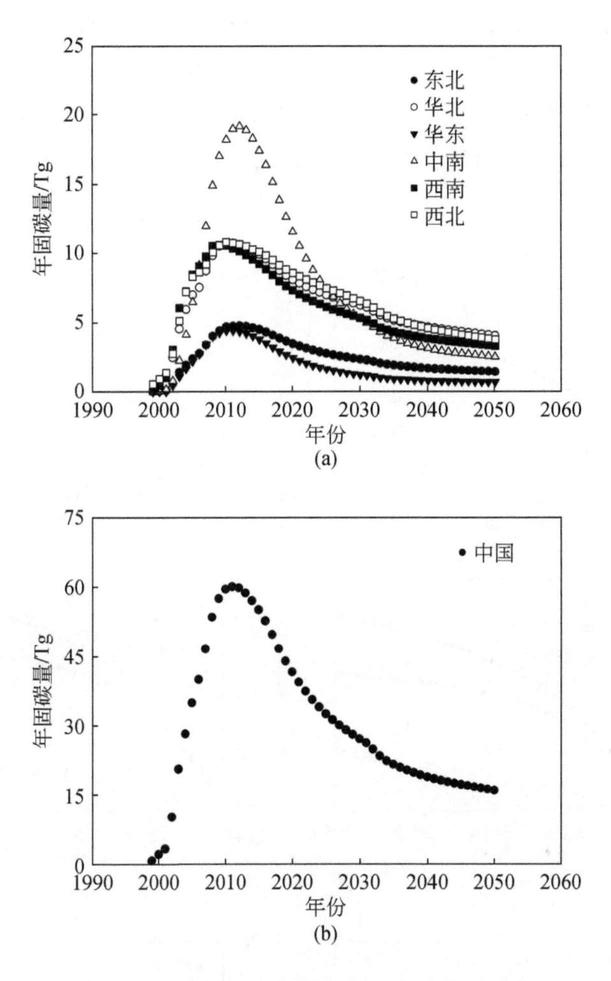

图 9-3　中国与各地区退耕还林工程年固碳量

9.2.3　退耕还林工程的固碳潜力

9.2.3.1　林木生物质碳库的固碳增汇潜力

退耕还林工程告一段落后，2010 ~ 2050 年，林木的固碳增汇潜力不断增加（图 9-4）。在 2020 年、2030 年、2040 年和 2050 年，中国退耕还林工程林木的固碳增汇潜力分别为 397.34 Tg、604.00 Tg、725.53 Tg 和 808.90 Tg，占同时期工程林固碳增汇潜力的比例分别为 75.79%、71.26%、68.19% 和 65.55%，表明随着植被的恢复，林木的固碳增汇潜力占生态系统总碳汇的比例不断减小。在六大地区中，林木固碳潜力均不断增加。到2050年，东北、华北、华东、中南、西南和西北地区林木固碳潜力占全国的比例分别为8.92%、20.06%、5.90%、28.18%、18.02%和18.91%，与各地区的退耕还林树种有关。

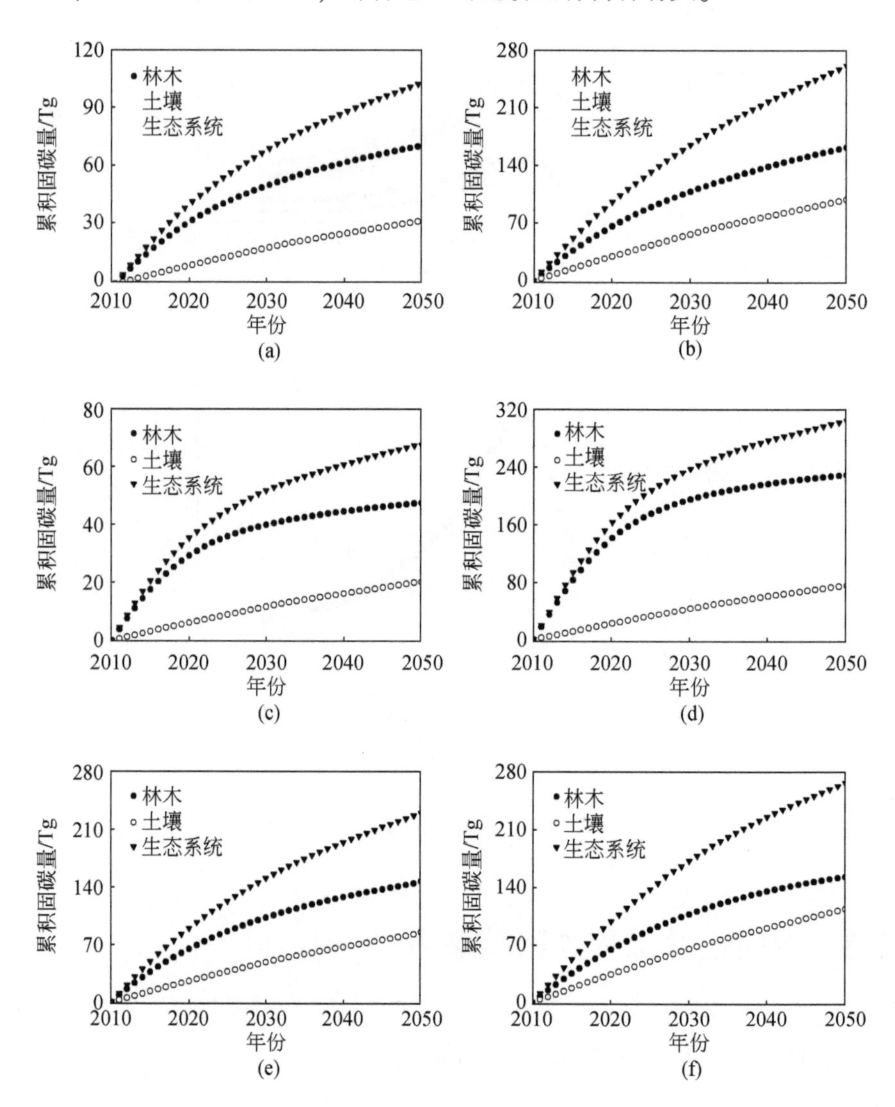

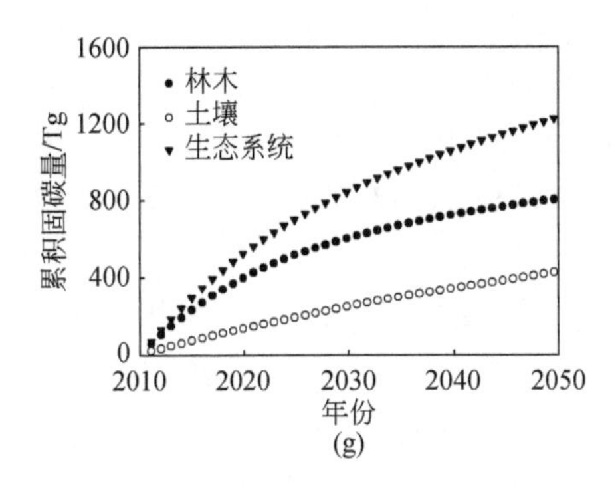

图 9-4　中国与各地区退耕还林工程碳储量的固碳增汇潜力

植被固碳量是指林木生物质固碳量，土壤固碳量是指土壤有机碳固定量，生态系统总固碳量是指植被和土壤两部分固碳量。(a) 东北；(b) 华北；(c) 华东；(d) 中南；(e) 西南；(f) 西北；(g) 中国

9.2.3.2　土壤碳库的固碳增汇潜力

退耕还林工程完成后，2010 ~ 2050 年，土壤的固碳增汇潜力不断增加（图 9-4）。全国在 2020 年、2030 年、2040 年、2050 年的土壤固碳增汇潜力分别为 126.93 Tg、243.54 Tg、338.48 Tg、425.14 Tg，占同时期工程林固碳增汇潜力的比例分别为 24.21%、28.74%、31.81% 和 34.45%，表明随着植被的恢复，土壤的固碳增汇潜力占生态系统总碳汇的比例不断增加。六大地区的土壤固碳潜力均不断增加。到 2050 年，东北、华北、华东、中南、西南和西北地区土壤固碳潜力占全国的比例分别为 7.76%、23.21%、4.83%、17.76%、19.73% 和 26.72%，与各地区的退耕还林工程的覆盖面积有关。

9.2.3.3　工程林的固碳增汇潜力

2010 ~ 2050 年，退耕还林工程的固碳增汇潜力不断增加（图 9-4）。在 2020 年、2030 年、2040 年、2050 年，中国退耕还林工程的固碳增汇潜力分别为 524.28 Tg、847.54 Tg、1064.01 Tg、1234.04 Tg。林木的固碳增汇潜力大于土壤的固碳增汇潜力。在 2020 年、2030 年、2040 年、2050 年，土壤固碳增汇潜力占林木的比例分别为 31.95%、40.32%、46.65%、52.56%，表明土壤的固碳效益越来越明显。在六大地区中，工程林的固碳增汇潜力均不断增加。到 2050 年，东北、华北、华东、中南、西南和西北地区工程林固碳潜力占全国的比例分别为 8.52%、21.15%、5.53%、24.59%、18.61% 和

21.60%。中南地区虽然造林面积不是最大，但是工程林的固碳增汇潜力最大，这主要与造林树种的选择有关。六大地区退耕还林工程林木的固碳增汇潜力均大于土壤的固碳增汇潜力（图9-4）。到2050年，土壤固碳增汇潜力占林木的比例分别为45.71%、60.79%、43.02%、33.12%、57.54%和74.25%，与各地区造林面积的大小一致。

另外，为了与本估算结果进行对比，我们采用7种森林生物量碳固定模型（Vorosmarty and Schloss，1993；Sathaye et al.，2001；Xu et al.，2001；Ni，2003；Fang et al.，2007；Xu et al.，2010）和5种土壤碳固定模型（Niu and Duiker，2006；Zhao and Zhou，2006；Li et al.，2012；Zhao et al.，2013；Deng et al.，2014），对我国退耕还林工程的固碳潜力评估结果表明：在2010年、2020年、2030年、2040年、2050年，工程林总固碳量（包括植被和土壤两部分碳库）分别为682.47 Tg、1697.35 Tg、2635.69 Tg、3438.07 Tg和4115.19 Tg（图9-5），其中植被固碳量为527.28 Tg、1183.92 Tg、1798.34 Tg、2381.63 Tg和2944.11 Tg（图9-5）；0~1 m土壤固碳量为155.20 Tg、513.43 Tg、837.35 Tg、1056.44 Tg和1171.07.11 Tg（图9-5）。

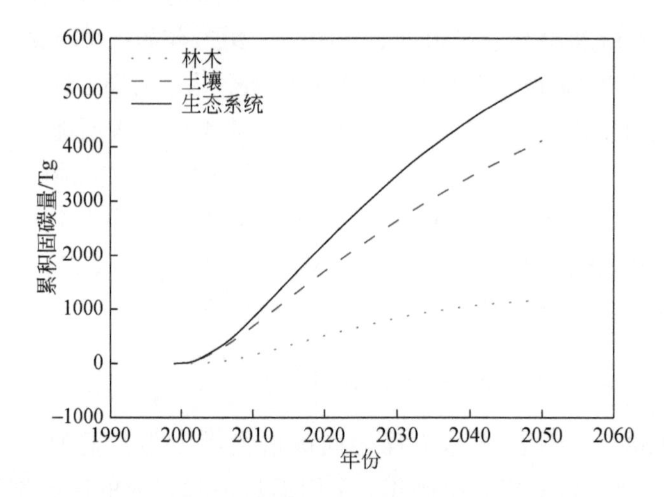

图9-5　7种植被固碳模型和5种土壤固碳模型估算出的中国退耕还林工程固碳潜力

植被固碳量是指林木生物质固碳量，土壤固碳量是指土壤有机碳固定量，生态系统总固碳量是指植被和土壤两部分固碳量

9.3 讨　论

9.3.1 退耕还林工程对中国碳汇的贡献

林业政策和林业工程不仅在改善生态环境方面起着重要的作用，而且由此而引起的固碳能力也越来越受到重视，尤其是在 2005 年《京都议定书》正式生效之后，很多国家和地区都已展开了相应的研究（Gurney and Neff，2000；Nabuurs et al.，2000）。本研究通过对中国退耕还林工程固碳量的估算，结果表明：退耕还林工程完成时（2010 年），该工程的总固碳量为 355.87 Tg，平均每年固碳 29.66 Tg，这些固定的碳相当于同期中国碳总排放量［按 2010 年的 2200 Tg 计算（德班会议）］的 16.18%。到 2050 年，退耕还林工程的固碳增汇潜力为 1234.04 Tg，所以在 2050 年，退耕还林工程的总固碳量为 1589.91 Tg，这些固定的碳相当于同期中国碳总排放量的 48.18%~66.25%［按 2050 年的 2400 ~ 3300 Tg 计算（Fang et al.，2009）］或 66.80%［按照 Ding 等（2009），在设定 2050 年前将大气 CO_2浓度控制在 470 ppm 的目标下，估算得出中国在 2050 年的碳总排放量为 2380 Tg］，所以，2050 年退耕还林工程的累积固碳量相当于同期（2050 年）中国碳总排放量的 48.18%~68.80%，表明退耕还林工程具有较大的固碳效益。另外，我们采用不同的估算方法和考虑不同的土壤深度的研究结果表明，由于采用的估算方法和所考虑的土壤深度不同，对退耕还林工程的固碳量估算结果差异很大。所以，对退耕还林工程固碳能力的估算要采用不同的方法进行比较，同时需要考虑因土壤深度不同而引起的固碳结果的差异。

9.3.2 林木生长方程的精度问题

林木蓄积量（生物量）的生长方程的精度在估算林木生物质碳储量时具有很重要的作用（Chen et al.，2009）。本研究采用已发表的适合中国本土的人工林各树种的蓄积量（生物量）生长方程估算而得。由于现有的人工林各树种的生长方程不全，只能得到几组能代表人工林主要类型的经验曲线。基于现状，在实际处理中除少数几个树种可直接用对应曲线外，其余树种则采用近似替代。由于受气候、区域、管理措施等的限制，本研究采用的生长曲线可能造成立地条件差的区域估算结果偏大而使立地条件较好的区域偏小（Chen et al., 2009），所以，从整体上来看，以其为基础设计的林分碳储量预测模型，所得估算结果能够比以往的其他方法更近于客观实际，有较好的可信度（Chen et al., 2009）。从提高模型预测的精度来看，将来有必要进一步开发区域性的各林分类型的林木蓄积量（生物量）随时间（林龄）变化的生长模型。

9.3.3 林木粗木质残体碳库的估算问题

本研究只估算了退耕还林生物质碳储量及其变化，由于缺乏相关数据，没有考虑退耕还林对枯落物碳和枯死木碳的影响，而通常情况下退耕造林均会在一定程度上增加这几部分碳库中的碳储量。对于大时间尺度，林下枯落物层碳库在无采伐情景下积累的碳储量所占比例会明显增加，故不能被忽略；另外，林分内逐渐出现死立木、枯倒木、大直径枯落枝等粗木质残体，成为林分中的重要碳库（Delaney et al., 1998）。因而这两个碳库碳储量的变化都将会明显影响退耕还林工程林固碳潜力。随着人们对木质原料的利用越来越充分以及循环经济活动的不断发展，森林采伐物多半都不会立即转为碳排放，而是衍生出一个具有一定存留期的林产品碳库，这个碳库的存在形式包括建筑木料、装饰用材、家具用材、纸张等。Niu 和 Duiker（2006）研究表明，木质林产品中的碳储量占采伐的生物质碳储量的比例可高达 32%。因此，对退耕还林工程林的适当采伐会有利于延展其碳汇能力。若对退耕还林工程林固碳潜力作大时间尺度的预测，需要开展退耕还林工程对枯落物层碳库、粗木质残体碳库以及木质林产品碳储量的进一步调查研究，以便能够估计退耕还林工程对林产品碳库的增汇效益。

9.3.4 土壤碳库的估算精度问题

本研究中，退耕还林以后土壤有机碳的变化采用 Zhang 等（2010）的通过土地利用变化前有机碳储量、样地年限、年降水量、年均温等参数来估算的中国退耕还林后土壤有机碳变化结果。该结果只是从整体上考虑了土壤表层 0 ~ 20 cm 的土壤有机碳，而国际上，土壤的碳储量通常指 1 m 土层内的有机碳储量（Yu et al., 2007）。另外，本研究中，没有考虑各地区土壤属性的差异，统一采用同样的有机碳变化速率值对各地区的土壤有机碳储量进行估算，可能造成立地条件差的区域估算结果偏大而使立地条件较好的区域估算结果偏小，但是，从整体上看，Zhang 等（2010）的估算结果具有一定的可信度。所以，为了提高退耕还林后土壤有机碳变化的预测精度，需要各地区开展较长时间尺度上的有机碳变化的数据积累。

9.3.5 人为管理问题

由于本次研究只是初步尝试定量地评估重大区域或国家尺度林业政策和林业工程产生的生态效益，特别是面临当前全球比较紧迫的人为管理带来的碳收益问题，因此研究中还有许多不足之处。对退耕还林工程中加强林木的抚育管理、病虫害防治、火灾防止带来的固碳效益，由于缺乏数据和合理的估算方法，没有考虑，但这些管理措施带来的固碳潜力也不可低估（Nabuurs et al.，2000）。与影响天然森林土壤碳平衡的水热条件相比，人工林是处于人为调控下的生态系统类型，人工林的经营管理是影响人工林碳平衡更重要的因素（Jandl et al.，2007a；Waterworth and Richard，2008）。Jandl 等（2007b）认为，森林管理可以通过改变采伐、间伐和干扰发生的程度控制碳输入和碳输出，通过最优化的森林经营管理既可以维持较高的生产力，同时可能达到森林土壤碳增汇的目标。Hirsch 等（2001）研究表明，森林火灾的发生会使土壤的碳储量增加，但是森林火灾的发生会造成地上生物碳的巨大损失（Vander-Werf et al.，2003；Serrano-Ortiz et al.，2011），而且森林的灾后管理在决定生态系统碳源汇功能上起着重要的作用（Serrano-Ortiz et al.，2011）。例如，灾后迅速植树造林能够加速生态系统碳源向碳汇的转化（Merino et al.，2007）。森林病虫害属常态型生物自然灾害，对森林的危害十分严重。据统计，2010 年，中国有 11.52 Mhm^2森林受各种各样的森林病虫害的危害，其中，严重发生面积 87 300 hm^2（国家林业局，2011）。森林病害和虫害通过影响森林的生产力间接地影响森林土壤碳累积。森林病虫害的发生将会显著地降低森林的生产力，从而显著地降低森林土壤碳累积。因此，如果进一步加强对该工程实施的管理措施，那么随着时间的推移，将很大程度地提高该工程的固碳能力，这对于抵消化石燃料燃烧所释放的 CO_2 量将起到举足轻重的作用。

9.4 小　结

中国退耕还林工程实施期间，后期固碳量显著大于前期固碳量。工程完成时，工程林固碳量为 355.87 Tg，其中林木固碳量为 320.29 Tg，土壤固碳量为 35.58 Tg。1999～2010 年，工程林年均固碳量为 29.66 Tg。预计到 2050 年，中国退耕还林工程的固碳增汇潜力为 1234.04 Tg，表明退耕还林工程具有较大的固碳潜力和固碳能力。

退耕还林工程实施期间，后期年均固碳量大于前期。工程林年均固碳量在 2011 年达到最高峰，但由于各地区退耕还林工程开始的时间不同、造林树种不同，使得各地区工程林的年固碳量达到最高峰的时间不一致。造林时优先选择固碳功能较大的树种可以获得较大的固碳效益。

退耕还林工程的固碳增汇潜力是不断增加的。随着植被的恢复，土壤的固碳效益越来越明显，其固碳增汇潜力占生态系统总碳汇的比例不断增加，相反，林木的固碳增汇潜力占生态系统总碳汇的比例不断减小。但是，土壤的固碳增汇潜力始终小于林木，到 2050 年，中国退耕还林工程土壤的土壤固碳增汇潜力占林木的 52.56%。

参 考 文 献

陈先刚，蔡丽莎. 2008. 四川省退耕还林碳汇潜力预测研究. 防护林科技，1：1-3.

国家林业局. 2005. 中国林业发展报告. 北京：中国林业出版社.

国家林业局. 2011. 中国林业发展报告. 北京：中国林业出版社.

李海奎，雷渊才. 2010. 中国森林植被生物量和碳储量评估. 北京：中国林业出版社.

谭著明. 1996. 马尾松天然纯林林分生长与结构特征. 湖南林业科技，23（1）：19-25.

张连水，陈南州，罗水发，等. 2002. 湿地松人工林生长规律研究. 林业科技开发，16（增）：31-34.

章允清. 2006. 卫闽林场杉木人工林经验收货表的研制. 福建林业科技，33（3）：42-51.

赵贝贝，翟文元，郝克嘉，等. 2010. Richards 生长函数在 107-杨树速生丰产林生长预测上的应用. 山东农业大学学报（自然科学版），41（1）：23-26.

周元满，谢正生，刘新田. 2005. Richards 函数在桉树无性系林分生长预测上的应用研究. 西南农业大学学报（自然科学版），7（2）：240-243.

Chang R Y，Fu B J，Liu G H，et al. 2011. Soil carbon sequestration potential for "Grain for Green" Project in Loess Plateau，China. Environmental Management，48：1158-1172.

Chen X G，Zhang X Q，Zhang Y P，et al. 2009. Carbon sequestration potential of the stands under the grain for green program in Yunnan Province，China. Forest Ecology and Management，258：199-206.

Delaney M，Brown S，Lugo A E，et al. 1998. The quantity and turnover of dead wood in permanent forest plots in six life zones of venezuela. Biotropica, 30: 2-11.

Deng L, Shangguang Z P, Li R. 2012. Effects of the grain- for- green programme on soil erosion in China. International Journal of Sediment Research, 27: 120-127.

Deng L, Liu G B, Shangguan Z P. 2014. Land use conversion and changing soil carbon stocks in China's 'Grain-for-Green' Program: A synthesis. Global Change Biology, 20: 3544-3556.

Ding Z L, Duan X N, Ge Q S, et al. 2009. Control of atmospheric CO_2 concentration by 2050: An allocation on the emission rights of different countries. Science in China (Series D: Earth Science), 52 (10): 1447-1469.

Dixon R K, Solomon A M, Brown S. 1994. Carbon pools and flux of global forest ecosystems. Science, 263: 185-190.

Fang J Y, Chen A P, Peng C H, et al. 2001. Changes in forest biomass carbon storage in China between 1949 and 1998. Science, 292: 2320-2322.

Fang J Y, Liu G H, Zhu B, et al. 2007. Carbon budgets of three temperate forest ecosystems in Dongling Mt., Beijing, China. Science in China (Series D: Earth Sciences), 50: 92-101.

Fang J Y, Wang S P, Yue C, et al. 2009. Scenario analysis on the global carbon emission reduction goal proposed in the declaration of the 2009 G8 Summit. Science in China (Series D: Earth Science), 52 (11): 1694-1702.

Guo L B, Gifford R M. 2002. Soil carbon stocks and landuse change: A meta analysis. Global Change Biology, 8 (4): 345-360.

Gurney K, Neff J. 2000. Carbon sequestration potential in Canada, Russia and the United States under Article 3. 4 of the Kyoto Protocol. Gland: World Wildlife Fund.

Harkonen S, Lehtonen A, Eerikainen K, et al. 2011. Estimating forest carbon fluxes for large regions based on process- based modelling, NFI data and Landsat satellite images. Forest Ecology and Management, 262 (12): 2364-2377.

He H S, Shifley S R, Thompson F R. 2011. Overview of contemporary issues of forest research and management in China. Environmental Management, 48: 1061-1065.

Heimann M, Reichstein M. 2008. Terrestrial ecosystem carbon dynamics and climate feedbacks. Nature, 451: 289.

Hirsch K, Kafka C, Tymstra R, et al. 2001. Fire smart forest management: A pragmatic approach to sustainable forest management in fire-dominated ecosystems. Forest Chronicle, 77: 357-363.

IPCC. 2007. Climate Change 2007: Synthesis Report. New York: IPCC.

Jandl R, Lindner M, Vesterdal L, et al. 2007a. How strongly can forest management influence soil carbon sequestration? Geoderma, 137: 253-268.

Jandl R, Neumann M, Eckmüllner O. 2007b. Productivity increase in Northern Austria Norway spruce forests due to changes in nitrogen cycling and climate. Journal of Plant Nutrition and Soil Science, 170 (1): 157-165.

Knee R A. 2009. What happened to global warming? Scientists say just wait a bit. Science, 326: 28-29.

Li D J, Niu S L, Luo Y Q. 2012. Global patterns of the dynamics of soil carbon and nitrogen stocks following afforestation: A meta analysis. New Phyto, 195: 172-181.

Merino A, Real C, Álvarez-González J G, et al. 2007. Forest structure and C stocks in natural *Fagus sylvatica* forest in southern Europe: The effects of past management. Forest Ecology and Management, 250: 206-214.

Nabuurs G J, Dolman A J, Verkaik E, et al. 2000. Article 3. 3 and 3. 4 of the Kyoto Protocol: Consequences for industrialised countries' commitment, the monitoring needs, and possible side effects. Environmental Science & Policy, 3: 123-134.

Newell R G, Stavins R N. 2000. Climate change and forest sinks: Factors affecting the cost of carbon sequestration. Journal of Environmental Economics and Management, 40 (3): 211-235.

Ni J. 2003. Net primary productivity in forests of China: Scaling- up of national inventory data and comparison with model predictions. Forest Ecology and Management, 176: 485-495.

Niu X Z, Duiker S W. 2006. Carbon sequestration potential by afforestation of marginal agricultural land in the Midwestern U. S. Forest Ecology and Management, 223: 415-427.

Paul K I, Polglase P J, Nyakuengama J G, et al. 2002. Change in soil carbon following afforestation. Forest Ecology and Management, 168: 241-257.

Sathaye J A, Makundi W R, Andrasko K, et al. 2001. Carbon mitigation potential and costs of forestry options in Brazil, China, India, Indonesia, Mexico, the Philippines and Tanzania. Mitigation and Adaptation Strategies for Global Change, 6: 185-211.

Serrano-Ortiz P, Marañón-Jiménez S, Reverter B R, et al. 2011. Post-fire salvage logging reduces carbon sequestration in Mediterranean coniferous forest. Forest Ecology and Management, 262: 2287-2296.

Streets D G, Jiang K J, Hu X L, et al. 2001. Recent reductions in China's greenhouse gas emissions. Science, 294: 1835-1837.

Vander-Werf G R, Randerson J T, Collatz G J, et al. 2003. Carbon emissions from fires in tropical and subtropical ecosystems. Global Change Biology, 9: 547-562.

Vorosmarty C J, Schloss A L. 1993. Global climate change and terrestrial net primary production. Nature, 363: 234-240.

Waterworth R M, Richards G P. 2008. Implementing Australian forest management practices into a full carbon accounting model. Forest Ecology and Management, 255: 2434-2443.

Xu D, Zhang X Q, Shi Z M. 2001. Mitigation potential for carbon sequestration through forestry activities in Southern and Eastern China. Mitigation and Adaptation Strategies for Global Change, 6: 213-232.

Xu B, Guo Z D, Piao S L, et al. 2010. Biomass carbon stocks in China's forests between 2000 and

2050: A prediction based on forest biomass-age relationships. Sci China Life Sci, 53: 776-783.

Yin R S, Yin G P, Li L Y. 2010. Assessing China's ecological restoration programs: What's been done and what remains to be done? Environmental Management, 45: 442-453.

Yu D S, Shi X Z, Wang H J, et al. 2007. Regional patterns of soil organic carbon stocks in China. Journal of Environmental Management, 85: 680-689.

Zahn R. 2009. Beyond the CO_2 connection. Nature, 460: 335-336.

Zhang X Q, Xu D Y. 2003. Potential carbon sequestration in China's forests. Environmental Science & Policy, 6: 421-432.

Zhang K, Dang H, Tan S, et al. 2010. Change in soil organic carbon following the 'grain-for-green' programme in China. Land Degradation & Development, 21: 16-28.

Zhao M, Zhou G S. 2006. Carbon storage of forest vegetation in China and its relationship with climatic factors. Climatic Change, 74: 175-189.

Zhao F Z, Chen S F, Han X H, et al. 2013. Policy-guided nationwide ecological recovery: Soil carbon sequestration changes associated with the Grain- to- Green Program in China. Soil Sci, 178: 550-555.

第 10 章 退耕还林工程固碳增汇技术途径与模式

10.1 引 言

我国位于欧亚大陆面向东太平洋的东斜面上，山地丘陵面积约占2/3。整个地势自西向东分为三个大的阶梯。第一阶梯为青藏高原，海拔在4000 m以上，是世界最高的高原。高原四周被高山环绕，北依昆仑山和祁连山，南为喜马拉雅山，东为横断山脉的北部。第二阶梯位于大兴安岭—太行山—巫山—雪峰山一线以西，青藏高原以东以北。阶梯内分布着阿尔泰山、天山和秦岭山脉及云贵高原、黄土高原和内蒙古高原，海拔一般在1000 m以上；阶梯内有准噶尔盆地、塔里木盆地和下切谷地，海拔在1000 m以下。第三阶梯位于上述一线以东，阶梯内分布有江河平原、河谷盆地和低山丘陵。低山丘陵海拔大多在500 m以下，平原和河谷海拔多在200 m以下，黄淮海平原和长江中下游平原海拔大部分在50 m以下（中国科学院中国自然地理编辑委员会，1981）。

为了更好地服务江河流域治理规划，1955年黄秉维编制了《黄河中游流域土壤侵蚀区域图》，按照三级分区划分类、区、副区。一级分区以有无植被划分两大类型区；二级分区按照两大类型区划分区域：有完密植被类型区划分为高原草地、石质山岭林区和黄土丘陵林区三个区域，无完密植被类型区按照地质、地形划分为黄土丘陵区等7个区域；三级分区按照区域内的地形、土地利用等差异划分副区。该划分方法得到广泛支持并沿用至今（黄秉维，1995）。1956年朱显谟专门论述了土壤侵蚀区划原则，提出了5级分区制：地带、区带、复区、区和分区（朱显谟，1956）。

根据我国的地貌特点和自然界某一外营力（如水力、风力等）在区域起主导作用的原则，辛树帜和蒋德麒（1982）将全国分为水力侵蚀为主的类型区、风力侵蚀为主的类型区和冻融侵蚀为主的类型区三大土壤侵蚀区。新疆、甘肃河西走廊、青海柴达木盆地，以及宁夏北部、陕北、内蒙古、东北西部等地的风沙区，是风力侵蚀为主的类型区。青藏高原和新疆、甘肃、四川、云南等地分布有现代冰川、高原、高山，是冻融侵蚀为主的另一类型区。其余所有山地丘陵地区则是以水力侵蚀为主的类型区。水力侵蚀类型区大致分布在大兴安岭—阴山—贺兰山—青藏高原东缘一线以东地区，包括黄土高原、东北漫岗丘陵区、北方山地丘陵区、南方红壤区、西南紫色土区和云贵高原 6 个二级类型区。唐克丽（2005）对这些类型区进行了详细论述。本章参考环境保护部和中国科学院 2008 年 7 月发布的我国《全国生态功能区划》，结合相关土壤侵蚀分区原则，围绕黄土高原、东北黑土区、北方山地丘陵区、西南紫色土区、云贵高原喀斯特区和南方红壤区 6 类自然地理、地貌、土壤、气候、气象、水文以及社会经济状况截然不同的退耕还林还草工程重点实施区域，就退耕还林还草模式及其固碳增汇效应展开讨论。

10.2 人工林固碳增汇技术与途径

从植被恢复的树（草）种选择与组成、水分存取、经营管理以及防火、防虫和防风暴等极端天气等几方面展开讨论。

10.2.1 树（草）种选择与组成

人工林的树种组成不同，树木冠层光合能力不同，从这个角度，混交林可以增加森林稳定性，避免较高的土壤有机碳（SOC）分解速率（Jandl et al., 2007）。不同造林模式（树种组成）凋落物的种类、数量和质量也不同，从而对人工林生态系统碳汇和碳源功能产生不同影响。例如，瑞典中部挪威云杉林每年的固碳量为 0.70 ~ 2.20 Mg/hm^2，俄罗斯西伯利亚东部边界 200 年生的欧洲赤松林年固碳量为 4.40 Mg/hm^2，意大利中部人工山毛榉林的固碳量为每年 4.50 Mg/hm^2（Nyland, 2001）。栽植竹子（*Phyllostachys pubescens*）使 SOC、易氧化 SOC、可溶性 SOC 都有所增长，不仅增强了固碳能力，而且加速了土壤碳循环，提高了营养元素和微生物的活性（Xu and Xu, 2003）。同一树种处于不同气候带，固碳量也不同。例如，美国马萨诸塞州、缅甸和日本中部的落叶混交林的年固碳量分别为 1.40 ~ 2.80 Mg/hm^2、2.90 Mg/hm^2 和 1.28 Mg/hm^2（毛子军，2002）。因此，根据当地的自然地理、地貌、土壤、气候、气象、水文条件，选择光合能力较强的适生树种构建人工林，是提高其碳汇功能的关键。

10.2.2 集水、保水、供水技术

“三水”林业是干旱、半干旱区退耕还林等人工造林的基本技术，通过造林地整理实现集水和保水是当前干旱、半干旱地区保障造林成功的一种主要措施。造林前的整地（site preparation）可减小土壤的紧实度，改善土壤的物理结构，增强下层土壤的疏松度。而下层土壤更有益于种子的生长和活力的保持，提高种苗成活率。同时，整地可提高根际土壤的含水量，良好的土壤排水状况能够促进树木的生长，能够提高森林生物量或土壤固碳量（Johnson and Curtis，2001a）。Zou（2001）发现，辐射松（*Pinus radiata*）的根系生长与土壤的物理性状参数间有很大的相关性。因此，旨在增强土壤质量的整地措施对增强人工林的碳汇功能至关重要。

20 世纪 40 年代初，在天水开展的坡耕地集水及防止水土流失的试验，是我国现代集水技术研究的开端。70 年代末，丁学儒等（1994）在兰州南北两山开展了通过收集径流来育苗造林的工作，提出了径流林业的概念。北京林业大学等单位广泛开展了集水径流造林技术的试验研究，积累了较为丰富的经验，为径流林业理论技术体系的形成与完善奠定了基础。通过坡面整地、集水坡面的物理和化学处理，以及相关集水配套设施的建设，集水造林技术在我国得到了广泛应用，通过防渗处理的坡面经过集流补水，树木的生物量比自然坡面显著提高（王文龙和穆兴民，1998）。

人工林的快速生长与源源不断的水分供应密切相关，尤其在干旱地区，水资源是人工林培育的主要影响因素。通过集水面收集和覆盖保存等技术措施的实施，能有效增加土壤库系统的水分供应量，减少水分的无效损耗。供水技术是从“质”上提高对集水的利用，即根据土壤水分状况、树木的生长规律及在不同生长发育阶段对水分的需求信息，将收集起来的有限降水科学地供给（灌溉）苗木，在保障苗木成活、生长的同时，尽可能减少水分的无效损耗，以提高水分利用效率，这是干旱、半干旱区人工造林中亟待解决的难题之一。供水/灌溉技术的科学性，主要体现在适量、及时、高效。土壤水分也是影响土壤碳排放的主要因子之一，供水/灌溉可以显著改变土壤水分和温度条件。在一定范围内，土壤水分的增加将促进土壤呼吸作用（Keith et al.，1997；Conant et al.，2004）。亚马孙河东部地区草地和森林的土壤呼吸速率均随土壤水分增加而增加（Davidson et al.，2000）。显然适度灌溉会增加土壤呼吸作用，不利于土壤碳固存（Jabro et al., 2008)。而当土壤水分大于一定的生理阈限时，土壤水分的增加将导致土壤通透性变差，土壤缺氧将导致根系死亡，引起根系呼吸作用减小，并使 CO_2 在土壤中的扩散阻力增大（Cavelier and Penuela, 1990）。杨树（*Populus* L.）人工林在降水后，土壤呼吸速率由 3.6 μmol CO_2/(m^2 · s) 快速增加到 9.0 μmol CO_2/(m^2 · s)；但当土壤水分为 25%～30% 时，土壤呼吸速率则受到明显抑制(Gaumont-Guay et al., 2006)。一般来说，当土壤含水量低于萎蔫系数或高于最大田间持水量时，土壤碳排放量都会明显减少。总之，土壤水分对土壤碳释放的影响机制比较复杂，除物种对土壤含水量的适应性不同外，还可能与不同土壤类型的田间持水力范围密切相关。

另外，应用生物材料（赵昌军和卢东平，2000）、化学和物理覆盖，或者应用土壤改良剂（如保水剂）来实现造林土壤的保水也是现代林业普遍采用的增加生物量生长的技术。秸秆覆盖可使柠条、山桃、沙棘造林成活率分别提高 15.7%～21.7%、11.8%～26.3%、11.4%～21%，土壤含水量分别提高 36.5%、30%、33%，有机质含量分别增加 21.5%、19.8%、24%（姚建民，1998）。利用低等植物石果衣覆盖地面，可减少地表蒸发量 30%～40%（陈昌毓和董安祥，1998）。在干旱风沙区的退耕还林中使用保水剂是一个有效的栽植前的处理手段，保水剂处理根系或种子也在造林实践中获得巨大成功。在早期的风沙区造林中使用 ABT 生根粉（漆建忠，1995）和 Pt 菌根剂（王琪和李继光，2002）取得了预期的效果，不但单位面积的播种量减少，萌发率和成活率亦大大提高。后来在播种和植苗造林中，随着保水剂的成功使用，干旱风沙区的造林成活率也得到大幅提高。在宁夏干旱风沙区红柳（*Tamarix ramosissima*）、紫穗槐（*Amorpha fruticosa*）、柠条、梭梭（*Haloxylon ammodendron*）、花棒 5 种主要灌木造林中采用法国 SNF（爱森）保水剂和北京“清华绿宝”高效抗旱保水剂，通过保水剂蘸根处理，可以提高造林成活率（田佳等，2014）。在半干旱区的侧柏造林中使用保水剂试验也得到了类似的效果（杨晓晖等，2006；徐海等，2009）。

10.2.3 经营管理

不同的森林管理措施对碳固持有很大的影响（Johnson, 1992; Post and Kwon, 2000; Johnson and Curtis, 2001b），土地利用历史、树种组成、群落结构、整地、采伐和施肥、控制火灾等人工林经营和管理措施可能通过对林木生产力、土壤碳循环等的影响而对土壤有机碳固定、储存和排放产生不同程度的影响

(Marland et al., 2004; Lal, 2004, 2005; Hoover, 2003)。

(1) 土地利用历史。土地利用史是影响人工林碳汇功能的一个重要因素。土地利用历史（人工林地上原先生长的植物物种、耕作制度、植物残留物和化肥的施用等）通过对光合作用和土壤 C、N 代谢作用的影响而对人工林碳储存产生较大的影响，尤其是对土壤不稳定有机碳储量具有显著的作用（Marland et al., 2004)。这是因为土地利用历史在很大程度上决定着人工林经营初期土壤的碳含量、分布和分解模式，最终会影响造林后人工林生态系统的碳动态。退耕前的土地利用历史是坡耕地，坡耕地的利用状况对退耕林生态系统固碳增汇动态和潜力的影响无疑是重大的，需要专题讨论。Guo 和 Gifford（2002）对全球 74 篇关于土地利用变化对森林碳储量影响的文献进行分析后发现，从草地到人工林的土地利用转变，土壤碳储量下降 10%，而从农田到人工林的土地利用转变，土壤碳储量增加 18%。Laclau（2003）对南美洲 14 年生人工松林与当地牧草地进行比较，发现牧草地转化为松树人工林能增加生物量碳库（多达 52.13 Mg/hm^2），是草地的 20 倍。陇东地区的梯田、果园、草地和林地 4 类土地利用模式中，成熟林（10 年生）土壤有机碳高于梯田 17.91%，低于 30 年生林地 32.25%，30 年生林土壤有机碳明显高于其他土地利用类型，在 10 年的时间尺度，就土壤有机碳的增加效应讲，果园不是一个好的生态恢复选择（Xin et al., 2016)。

(2) 群落结构。群落结构决定了人工林冠层结构、叶面积指数以及植物种类对资源的竞争格局等。人工林结构的不同会引起群落物种组成的不同，并通过植物本身的呼吸、土壤微生物的活动、凋落物的质量及分解速率等许多功能过程变化，最终引起人工林生态系统碳源/汇功能的改变（杨万勤等，2006)。子午岭植被自然恢复过程中的土壤有机碳密度（SOCD）随着人工林结构的变化，SOCD 固定和储量发生显著变化（Li et al., 2005)。中国中亚热带地区杉木林和常绿阔叶林的土壤碳库存在很大的差异，改善杉木林的结构显著增加了 SOC 储量（Guo et al., 2006)。因此，结构合理的人工林生态系统可极大地增强森林的碳汇功能，但人工林生态系统的构建必须符合演替阶段和演替顶极等生态学原理。

(3) 采伐。采伐改变了人工林的结构和土壤水热条件，引起有机物质分解速率、土壤呼吸速率及根系分布的变化，采伐后的裸露土壤侵蚀和 SOC 的淋溶作用加剧，进而影响林地土壤碳源/汇功能（Elliot, 2003; Guo et al., 2006; Li et al., 2005)。在森林收获后的 20 年内 SOC 储量将会急剧下降近 50%（Covington, 1981)，且需要经 20 ~ 50 年才可使土壤碳含量增加（Black and Harden, 1995; Cohen et al., 1996)。这是因为采伐降低了土壤有机物质的输入，促进了 SOC 的矿化，增加了可溶性有机碳的淋失，从而导致 SOC 库的降低（Yanai et al., 2003）。森林采伐后土壤呼吸所释放的碳高于幼树固定的碳，影响了森林的固碳能力，至少在短时期内会引起碳库的缩小（Lal，2005）。但也有一些研究表明，采伐后的几年内森林植被的碳库会增加（Mattson and Swank，1989；Johnson and Todd，1998），原因是在适当的采伐强度下，如果在采伐时能给予很好的保护措施，采伐后大量的林地残留物质将有可能弥补有机物质输入量的减少，缓解森林收获引起的自然生态过程失调和 SOC 库的减小（Yanai et al.，2003；Post，2003）。作为一种重要的人工林经营与管理技术，采伐可能对土壤碳汇产生不同的影响，合理的采伐技术同样是保护和增强土壤碳汇的重要措施。

（4）施肥。施肥是人工林经营与管理中广泛应用的一项措施。许多森林生态系统受 N 限制，增加 N 输入能够增强净初级生产力（NPP）和 SOC 的储量，但也可能通过对凋落物和土壤 C、P、N 比的改变而促进土壤呼吸排放，降低土壤有机碳固定和储存。Parker 等（2001）的研究表明，施 N 显著降低了林地凋落物的 C/N 比（30.6～23.4），林地凋落物和土壤的 C、N 储量均低于对照。另外，有机污泥（biosolids）的应用为林地土壤的碳吸收提供了另一个有效的途径。美国华盛顿大学的一块林地施加有机污泥能够增加地下 45 cm 深处的 SOC 含量和储量（Harrison et al.，1995）。林地施肥有可能对土壤碳汇产生不同的影响，适当的施肥技术可能增强人工林土壤碳汇功能。

控制火灾和虫害也在森林固碳增汇管理中起着举足轻重的作用。火灾在森林生态系统结构和功能中扮演着一个关键角色，尤其是在季节性干旱森林中（Fisher and Binkley，2000）；发生火灾期间会引起大量的二氧化碳排放进入大气（胡海清等，2012）。气候变化可能诱发森林害虫种群和灾害频率增加，强对流天气可引起林下地被物中木质碎屑物质增加，而扰动之后的森林管理可以改善对森林碳动态的影响（Jandl et al.，2007）。

根据林地的自然环境条件，结合气候、气象和人文等因素采取合理的人工林经营与管理措施关乎人工林生态系统能否发挥对大气 CO_2 吸收与固定的碳汇效应。土壤碳库是森林生态系统的主要碳库，人工林经营管理措施可直接改变林地的水热因子、养分因子和土壤结构，从而影响土壤有机碳和土壤呼吸等碳循环过程，是调控生态系统土壤碳收支的更重要因素。合理的经营方式是增强土壤碳汇、减缓温室效应的重要途径（Jandl et al.，2007；Waterworth and Richards，2008）。

10.3 黄土高原典型模式

10.3.1 分区自然地理概况

1）鄂尔多斯风沙区

本地区位于长城沿线以北鄂尔多斯高原，东以和林格尔、东胜、榆林一线为界，西至贺兰山，北达阴山山脉，包括毛乌素、库不齐沙漠及河东沙地、银川河套平原及相邻的部分山地。境内沙漠景观特色显著，气候干旱，蒸发强烈，降水量多在300mm以下，年降水量从东向西递减到150mm，且降水集中到7~9月，年蒸发量为2800~3500mm。≥8级的大风日多在20天以上，有的地方达40天以上；年沙尘暴日数多在10天以上，局部地区达27天以上（唐克丽，2005）。该地区存在严重超载过牧问题，致使草原出现退化现象。

本区域存在的主要生态问题是气候严酷，再加上人类对草地资源的过度利用，油、气资源的开发带来草地生态系统功能的严重退化，表现为草地生物量和生产力下降、土地沙化程度加重，使得退耕工程的生态效益难以充分发挥。

2）北部农牧交错区

本地区大致位于神池、灵武、兴县、绥德、庆阳、固原、定西、东乡一线以北，长城沿线以南地区。流水侵蚀地貌与片沙覆盖风蚀地貌交错分布，主要地貌类型为片沙覆盖的黄土梁峁丘陵。

本地区属于半干旱草原植被带，植被稀疏，天然草场退化严重，为农区向牧区过渡地区。年降水量250~450mm，降水集中且多以暴雨的形式出现，夏秋多水蚀，冬春多风蚀，全年≥8级的大风日数5~20天，局部多达27天；沙尘暴日数年均4天以上，有些地区可达15天（唐克丽，2005）。

3）南部丘陵区

本地区北接黄土高原北部农牧交错区，南接秦岭北坡，以水力侵蚀为主。该地区地貌类型复杂，有黄土丘陵、黄土塬、河谷平原、石质丘陵和山地，年均降水量500~700mm，气候温暖、湿润，属森林、森林草原景观。

本区域的主要生态问题是过度开垦和油、气、煤资源开发带来植被覆盖度低和生态系统保持水土功能弱等，表现为坡面土壤侵蚀和沟道侵蚀严重、侵蚀产沙淤积河道与水库。退耕还林工程在这一区域能否发挥固碳增汇等生态效益，关系到区域生态安全。

10.3.2 典型模式及固碳效应

1）科尔沁沙地模式

鄂榆一线属典型草原气候型，科尔沁降水量在300mm左右，水分条件相对较好，一些典型模式选柠条（*Caragana korshinskii*）和毛条（*Caragana korshinskii*）定植在半固定沙地、固定沙地和干滩地立地上；杨柴（*Hedysarum mongolicum*）、花棒（*Hedysarum scoparium*）和沙木蓼（*Atraphaxis bracteata*）定植在流动沙地和半流动沙地立地上。草种以紫花苜蓿（*Medicago sativa*）、沙打旺（*Astragalus adsurgens* Pall.）、草木樨（*Melilotus suaveolens* Ledeb.）、紫粒苋（*Maranthus hypochondriacus* L.）为主。一般采取林草混种方式，林草隔带间种，采取每行一带造林，株行距为1.0～1.5 m×2 m，带间距8 m。基于治理流沙和充分利用自然资源，植被配置模式应体现：半灌木主要用于固定流沙，为后期植物生长创造条件；灌木主要用于增加植被的稳定性，提高植被的结构性，增强植被功能以及加速植被演替；乔木主要用于充分利用沙地资源。因此科尔沁沙地人工植被建设模式是：人工植被在宏观上表现为疏林草原景观，以半灌木和灌木为主，乔木为辅。不同立地条件有不同的植被类型：地下水位不低于4～5 m的丘间低地栽植樟子松（*Pinus sylvestris* var. *mongolica* Litv.），反之适于栽植小叶锦鸡儿或者木岩黄芪（*Hedysarumfruticosum* Pall.）植物；在背风面坡脚栽植黄柳；在迎风面建立差不嘎蒿（*Artemisia halodendron* Turcz. et Bess.）、小叶锦鸡儿。建设顺序：先在迎风坡建立差不嘎蒿，背风坡建立黄柳，其后建立小叶锦鸡儿、樟子松。沙地条件植被成功建植主要在于控制土壤水分和地下水位下降的植被密度，第一，樟子松与小叶杨（*Populus simonii* Carr.）、油松的栽植密度相同时，其长势更佳；第二，樟子松作为用材林较小叶杨有优势；第三，在较正常的造林密度下樟子松生长较好（李进等，1994）。

植被的正向和逆行演替序列研究总体观点倾向于典型草原沙地上植被演替的顶极群落为榆树疏林草原。科尔沁沙生植被正向演替的系列顺序为沙米（*Agriophyllum squarrosum*）—黄柳（*Salix gordejevii* Chang et SkV.）、差不噶蒿—多年生草本时期［白草（*Pennisetum centrasiaticum*）、拂子茅（*Calamagrostis epigejos*）、冰草（*Agropyron cristatum*）、羊草（*Leymus chinensis*）等］—灌木时期［麻黄（*Ephedra sinica*）、欧李（*Prunus humilis*）、山杏（*Prunus sibirica*）、胡枝子

等]—乔木时期[榆树（*Ulmus pumila* L.）疏林草原]（刘媖心等，1982）。沙生植被的逆行演替序列依次为榆树疏林—灌丛—针茅（*Stipa* sp.）、冰草、糙隐子草[*Cleistogenes squarrosa*（Trin.）Keng]—糙隐子草为主—冰草为主—冷篙（*Artemisia frigida* Willd. Sp. Pl.）、小叶锦鸡儿—差不嘎篙—沙米（治沙造林学编委会，1984）。

国内对沙地植被恢复模式的固碳增汇能力也进行了不同程度的探索，取得了一些对干旱地区的退耕还林工程有价值的成果。在科尔沁沙地的流动沙丘、半固定沙丘和固定沙丘以及草地4种生境类型中，固定沙丘上的一年生植物和C_3植物的生物量及碳、氮储量在4个生境中最高，半固定、固定沙丘和草地中C_3植物碳含量及碳、氮储量均高于C_4植物；沙丘固定过程中生物量及其碳、氮储量逐渐增加，固定沙丘植被具有较大的碳、氮固存潜力，一年生植物、C_3植物对其碳、氮的固存具有重要的贡献作用（周欣等，2014）。西北巴丹吉林沙漠绿洲短期（7年）和长期（32年）的荒漠化4种不同处理模式，即未处理的流沙作为控制、方格草障+灌丛固沙、杨树防护林和平缓沙丘的灌溉农田，通过恢复植被控制流沙，显著增加土壤有机碳、无机碳和总氮浓度，改善土壤团聚体；7年期的植被恢复和耕作，恢复的灌丛、林地和灌溉农地的土壤有机碳浓度较流动沙地分别增加了4.1倍、14.6倍和23.0倍，32年期的分别增加了11.2倍、17倍和23倍；相比流沙，7年和32年恢复期的0～15 cm土层土壤碳密度分别达到1.8～9.4 Mg/hm^{2}和7.5～17.3 Mg/hm^2，沙化地区控制流沙有较大的土壤固碳和改善土壤质量的潜力（Su et al.，2010）。

毛乌素沙地不同立地条件和植被恢复模式下，0～80 cm深度的平均土壤有机碳浓度与土壤有机碳密度的大小差异显著，表现为马蔺（*Iris lactea* var. *chinensis*）群落>芨芨草（*Achnatherum splendens*）群落>旱柳（*Salix matsudana* Koidz）群落>固定沙地油蒿（*Artemisia ordosica*）群落>沙柳（*Salix cheilophila*）群落>半固定沙地油蒿群落>农田>中间锦鸡儿群落>流动沙地，流动沙地上的植被建设有助于土壤固碳，且油蒿群落和沙柳群落的固碳效果较好（丁越岿等，2012）。植被恢复模式固碳增汇能力很大程度上取决于能否遵循自然生态规律，做到适地适树；干旱地区的退耕还林还草一定要因地制宜，才能更好地发挥改善环境和增加固碳增汇效益的能力。

2）沙坡头铁路防护模式

沙坡头位于104°57′06″E、37°27′40″N，地处腾格里沙漠南缘，流沙迫近黄河北岸。在气候上具有寒冷、干燥、多风的特征，年均气温9.7℃，年较差62.3℃，年均降水量 185.6mm，干旱年份仅 88.3mm，年均蒸发量高达 3000mm 以上，为降水的 15 倍。沙坡头铁路防护体系是伴随着 1957 年中华人民共和国第一条沙漠铁路——包（头）兰（州）铁路的修建而拉开建设序幕的。包兰线是连接我国华北和西北的大动脉，自银川—兰州一段，6 次穿越腾格里沙漠，其中宁夏境内中卫迎水桥至孟家湾一带长达 16 km，流动沙丘起伏大，沙坡头地段全是大的新月形沙丘。为确保这条钢铁大动脉在沙坡头流沙地段的安全畅通，国内治沙学者和治沙战线上的人们在总结多次失败经验教训的基础上，终于在 1957 年成功地创造出 1 m×1 m 麦草方格固沙法，经过几十年艰苦奋斗、不断实践探索，于 20 世纪 80 年代中期建成了由“固沙防火带、灌溉造林带、草障植物带、前沿阻沙带、封沙育草带”组成的五带一体的铁路治沙防护体系。防护体系的建立，阻止了铁路两侧流动沙丘的移动，确保了包兰铁路几十年安全畅通，同时也极大地改善了当地的生态环境，为保护这来之不易的治沙成果，在沙坡头建立了我国第一个具有荒漠特征的人工生态林自然保护区（朱震达等，1989）。该防护体系 1988 年获得国家科技进步特等奖，1994 年被联合国环境规划署授予“全球环境保护 500 佳”称号。

铁路防沙体系几经变动，几经改进。防护带的宽度由宽到窄，结构由“五带”简化为“二带”，由“阻、固、输”改为“以固为主，固阻结合”的防沙体系，这种体系设置简易、成本低廉、效果好、便于推广。

（1）沙带—高立式栅栏，设置在固沙带北缘外侧。材料用枝条编笆，高约 1 m，与主风交角为 120°，孔隙度 30%。阻拦北缘袭来风沙形成沙堤，保护固沙带前沿不积沙。在沙堤内侧栽植喜沙埋的固沙植物，如黄柳或乔木状沙拐枣（*Calligonum arborescens* Litv.）等形成生物阻沙带。

（2）固沙带的带宽，由于路北受西北风和东北风威胁较重，占全年起沙风的 55%。路南受南风侵袭，占全年的 26%。因此，路基两侧固沙带的宽度应与南北风相适应，约为 2.2∶1 即接近 2.5∶1。流动沙丘移动速度为 2 ~4 m，10 年为 200 ~400 m。为加强安全，路北固沙带采用 50 m，路南 200 m。

刘媖心（1987）并不认同由固沙防火带、灌溉造林带、草障植物带、前沿阻沙带和封沙育草带共同组成的“五带一体”的防护体系：“所谓的灌溉带在未设置前和现在尚未设置地段，多年来铁路并无沙害。在理论上和实践上都没必要”；“所谓的封沙育草带，三十年的实践证明这种措施在这里无法实现”；因为封沙育草与阻沙带互相矛盾，缺乏把封沙育草带与阻沙带并列设计的理论根据。

3）北部农牧交错区安塞模式及其固碳效应

植被配置原则。早在 1999 年国家在陕北实施退耕还林工程试点之前的 20 世纪70年代，安塞纸坊沟流域就开始进行退耕还林、恢复植被、治理水土流失、建设水土保持型生态农业模式的试验示范建设工作。措施包括如下几个：①植被恢复。水土保持林草建设，以防护（防止水土流失）和解决农村生物能源（烧柴）为主，不宜提倡建设用材林基地，坚持灌木为主，实行灌、乔结合；对于人工草地建设，可以梁峁顶部作为基地，提倡在25°以上的山坡耕地，全面实行退耕封禁。通过自然恢复和人工重建，完全可以实现植被恢复。首先，植被系统是生态系统的一个子系统，自然恢复就是利用系统的自组织和自调控特性，按自身规律演替达到其休养生息的过程。近年来黄土高原部分地区实行的封山禁牧、建立自然保护区、围栏轮牧等措施从侧面已经证明自我恢复在增加地表覆盖、控制水土流失和固碳增汇方面起到了意想不到的良好效果。中国科学院水土保持研究所安塞生态试验站的长期定位观测发现，经过近20年的封禁，纸坊沟流域植被已达到了亚顶极水平，植被覆盖度大幅度增加，生物多样性恢复，黄土高原濒危植物出现，物种数量增加（包括植物、鸟类、昆虫）形成了良好的生态演替趋势，水土流失基本控制（梁宗锁等，2003；王志意和张永江，2003）。其次，植被经过长期的自然选择和演替过程，出现一些与当地自然环境相适应并相对稳定的森林植被系统。过度的人为干扰介入后，这个平衡一旦被打破，如出现较严重的水土流失、生物多样性丧失、食物链中断、土壤理化性质改变和肥力下降等现象时，原有植被与其周围环境的平衡关系不复存在，这时要想再恢复到原生状态是极其困难的。必须选择新的植被类型以适应变化了的环境条件，重建与现实环境状况相适应的植被系统，这时的最佳选择应该是人工重建植被类型（李俊清和崔国发，2000）。②建设基本农田。在坡耕地修建水平梯田、隔坡梯田等基本农田，强化降水就地入渗，防止水土流失和干旱，为作物稳产高产创造良好条件，而且也是大面积退耕建设植被的保证。③发展经济林和舍饲养殖业。适地适时发展经济林；无灌溉条件的山地果园，不宜采用密植栽培和矮化栽培。依托天然草地、人工草地和作物秸秆，发展舍饲养殖，是繁荣该地区经济、增加群众收入的主要产业。

植被配置模式及固碳效应。与坡耕地相比，人工林、草地的表层（0～10 cm）与深层（>10 cm）土壤碳是退耕林的主要碳库。以纸坊沟流域为例，坡耕地营造刺槐林（*Robinia pseudoacacia* L.）可以显著增加土壤碳库各组分含量，并随恢复年限显著增加（薛萐等，2009）。进一步比较9年、15年、24年和34年的刺槐林深层（50～200 cm）土壤有机碳库，发现200 cm土层的土壤有机碳库增幅明显高于100 cm土层，并且深层土壤有机碳比较稳定（王征等，2010）。退耕栽植人工柠条林可以改善土壤性质从而间接增加土壤有机碳储量，土壤有机碳质量分数与根系生物量、土壤全氮质量分数之间呈极显著正相关关系（曲卫东等，2011）。相比坡耕地，黄土丘陵区退耕 10～40 年的柠条、沙棘（*Hippophae rhamnoides* Linn.）及刺槐林地均使 100 cm 深林下土壤活性有机碳占总有机碳的比例提高，改良了碳库质量（佟小刚等，2012），而退耕 10 年、17 年、26 年、34 年、40 年和 50 年的柠条林下 0～100 cm 土壤有机碳的研究结果尽管表现了一些复杂的变化动态（崔静等，2012），但总体上支持退耕地土壤碳库趋于改善的结论。恢复期 30 年刺槐×紫穗槐（*Amorpha fruticosa* Linn.）混交林和油松×紫穗槐混交林土壤碳库效应最好，纯林次之，最后为荒草地，本区域人工植被恢复应以营造混交林为主，纯林为辅的恢复模式（戴全厚等，2008）。

果园、农田、人工林、天然林、人工草地和天然草地 6 类土地利用类型表层和深层土壤有机碳的空间分布差异明显，林地和草地的表层土壤有机碳显著高于园地和耕地，园地最低，天然乔木林最高；与耕地相比，果园 0～40 cm SOC 含量降低 21%，但 80～100 cm SOC 含量提高了 13%；天然灌木林 40～100 cm 土壤碳平均含量（5.3 g/kg）与其他土地利用类型有显著差异，较农田高出 66%，天然乔木林 40～100 cm 土层与其他土地利用方式差异较小（孙文义等，2010）。尽管退耕还林之后的土壤有机碳变化比较复杂，但由于森林生物量较坡耕地有了很大的提高，随着生物量积累增多，退耕 5 年后土壤有机碳积累较坡耕地显著提高（Zhang et al.，2010a）。从坡耕地向森林生态系统转换中，生态系统碳库总体上是改善的。

4）南部丘陵区定西模式

定西市位于甘肃省中部，区内大部分属干旱黄土低山丘陵沟壑区，气候类型为典型的大陆性季风气候。境内河流基本上都是洪水季节性河流，主要有西巩河、东河、西河、称钩河等。年均降水量只有 420mm，且时空分布极不平衡，75% 以上的降水集中在 7～9 月，而且多以暴雨形式出现，常形成暴雨径流，导致严重的水土流失，加之降水与农作物需水供需错位等，致使定西地区水资源严重缺乏。定西市土壤主要是黄土母质基础上发育起来的灰钙土和盐渍土，流域内自然植被覆盖度低，自然覆盖度阳坡在 25%～35%，阴坡及部分梁顶在 50%～60%。乔木主要有油松、侧柏（*Platycladus orientalis*）、山杏等，灌木有沙棘、柠条，草本植物为紫花苜蓿、红豆草（*Onobrychis vichfolia*）、针茅（*Stipa bungeana*）、百里香（*Thmus mandschuricus*）。

针对定西地区的生态环境特点和问题，当地探索出了一条“山、水、林、田、路”综合治理的生态恢复之路，九华沟、安家沟流域是其比较成功的典型模式。九华沟流域位于甘肃省定西县北部，属于典型的黄土高原丘陵沟壑区。多年来，随着人口不断增长，人类开发活动加强，特别是毁林开荒加剧，导致植被破坏严重，土壤侵蚀加剧，生态系统极度恶化，人民生活极端困难。中华人民共和国成立以来，在国家的大量投入和支持下，该流域进行了一系列的生态环境治理，从20世纪60年代以梯田建设为主的简单环境治理，到80年代以小流域为单元的“山、水、田、林、路”综合治理，虽然取得了一定成就，生态环境得到一定改善，但是仍难以转变人们生活极度贫困的现状。90年代以来，在总结实践经验的基础上，九华沟流域以追求环境与经济双赢为目标，坚持把生态环境建设与扶贫开发和社会经济发展结合起来，实施治理工程、梯田建设、项目开发相结合的综合治理开发模式，使综合治理与高效开发相互促进，水土保持与治穷致富融为一体，在保护环境的同时，发展环境友好型的可持续经济，走出了一条在干旱半干旱贫困山区通过水土保持综合治理实现脱贫致富的新路子，为同类型区生态环境建设提供了样板。

九华沟生态恢复遵循“因地制宜，对位配置；依据径流，布设工程；利用工程，配套措施；高新技术，综合运用”的原则，进行径流调控综合利用体系的总体布局、优化设计，形成雨水径流的聚集、存储、利用的完整体系，做到有序治理，层层拦蓄，提高雨水资源化利用程度。总体上采取如下几个措施：①“山顶戴帽子”，即流域上部梁峁顶植被稀少，土壤瘠薄，岩石裸露，这一层带以退耕种植水保林、造林种草为主，构成防治体系的第一道防线。②“山腰系带子”，即流域腰部地带耕作层相对较厚，过去频繁的人畜活动导致植被稀疏，水土流失严重，对这一层带主要通过荒坡修反坡台、陡坡挖鱼鳞坑等方式退耕还林还草，缓坡以修梯田等方式加强基本农田建设，尽量就地拦蓄接纳降水，形成第二道防线。这道防线更重要的在于保障基本农田，使得坡耕地真正能退下来，保得住。③“沟底穿靴子”，即在沟底打淤地坝，合理布设水窖、谷坊、涝池等小型拦蓄工程，有利于保水、保土、保肥。

实施退耕植被恢复，干旱缺水是黄土高原丘陵沟壑区植被建造的主要制约因素，成活率差，“小老树”现象普遍。九华沟流域在实践中，创造出了工程措施与植物措施对位配置，以工程养植物，以植物保工程的综合治理模式（刘俭，2001）。具体做法是：按照不同地貌类型和地形部位的生态条件，修建不同形式的田间集流工程，如漏斗式、膜侧式、竹节式、燕尾式集流坑，适地适树，使林木所需生育条件与林地实际的生态条件相匹配；在树种选择、树种搭配上做文章，适度的林灌（柠条、沙棘、紫穗槐等）、林草、灌草配置种植。例如，在梁峁顶及支毛沟采取灌、乔结合；荒坡灌、草结合；推广等高隔坡林草或灌草间种和垄沟法种草技术，取得了很好的效果。退耕坡地加大紫花苜蓿、红豆草等优良牧草种植。

通过安家沟流域不同土地利用方式的区组实验发现，不同雨强平均径流系数为林地>耕地>栽培草地>天然草地，草地具有良好的降水蓄积效果（李广和黄高宝，2009）。沟坡生态修复可采用反坡台、鱼鳞坑和“上坝下塘”等工程措施，根据沟坡环境条件，植被建设应先恢复到与水热条件相符的潜在景观，其植被可先以灌木为主。在该地区可以采用甘蒙柽柳、甘蒙柽柳+白刺、杨树和杨树+沙棘等几种植被恢复模式（黄奕龙等，2004）。

与坡地农田系统相比，从模式组成、结构及功能角度看，林—粮复合经营、林—草—畜复合经营和庭院经济复合经营 3 种典型的农林复合模式中，庭院经济复合经营模式效益最大，林—草—畜复合经营模式效益次之，林—粮复合经营模式效益最低，但均高于对照模式（蔡国军等，2008）。结合不同农林复合生态系统的主要生态功能，进一步组合为 5 种比较典型的农林复合优化模式：陡坡地水土保持林模式、缓坡地退耕还林（草）模式、梯田地农林复合模式、房前屋后雨水集流庭院经济模式、侵蚀沟水土保持林模式（孙飞达等，2009）。

10.4 东北黑土区典型模式

10.4.1 分区自然地理概况

此类型区南界为吉林省南部，西、北、东三面为大、小兴安岭和长白山所包围。在此范围内，除了三江平原以及大、小兴安岭林区外，其余地方均有不同程度的土壤侵蚀。根据地理地貌等自然状况大致可再分为大兴安岭、小兴安岭、低山丘陵和漫岗丘陵 4 个区。

1）大兴安岭

地势西部和西北部高，东部和南部低，海拔 300 ~ 1400 m。山地起伏和缓，大部分为低山丘陵和宽阔谷地。本区属于寒温带气候，夏季短，冬季漫长而寒冷。水土流失严重，坡耕地土壤侵蚀模数为 5000 ~ 8000 t/(km^2 · a)，严重地区可达 9000 t/(km^2 · a) 以上（刘运河等，1992；沈波和杨海军，1995；赵树久等，1992）。

2）小兴安岭

小兴安岭地区位于黑龙江省北部，面积 11.5 万 km^2，东南—西北走向，海拔 250 ~ 1000 m，山体广阔，坡度平缓，低山丘陵占 85.3%，山前台地占 12%，河谷冲积平原占 2.7%。多年平均降水量 523mm，森林覆盖率高，但山前丘陵多，土壤侵蚀潜在威胁大，洪涝灾害频繁。大、小兴安岭地区是东北地区重要的木材基地，森林资源丰富，应给予重点保护，是营林的重点区域。

大、小兴安岭区主要生态问题是原始森林已受到较严重的破坏，出现不同程度的生态退化现象，现有次生林和其他次生生态系统保水、保土以及固碳释氧功能较弱。

3）低山丘陵

分布在吉林省东部和中部，小兴安岭南部的汤旺河流域，完达山西侧的倭肯河上游、牡丹江流域、张广才岭西部的蚂蚁河、阿什河、拉林河等流域。海拔为 200 ~ 1500 m。这一带开发时间较长，加之坡耕地多，10°以上的坡地都有开垦，垦殖率达 20%。另外，这个地区天然次生林面积较大，森林覆盖率较高。

4）漫岗丘陵

漫岗丘陵区为小兴安岭山前冲积洪积台地，具有较缓的波状起伏地形。海拔为 180 ~ 300 m。相对高差 10 ~ 40 m，丘陵与山地界限明显，黑土分布广泛，黑土层深厚，属于典型的黑土区。由于黑土的物理性质差，入渗缓慢，表土含水量接近饱和，易发生土壤侵蚀，所以黑土区水土流失十分严重，是重点退耕还林及造林地区之一。

低山丘陵区和漫岗丘陵区的主要生态问题是天然林采伐程度高，固碳释氧等生态系统功能有所减弱；森林破坏导致生境改变，威胁多种动植物物种生存。

东北低山丘陵及漫岗丘陵区林草布局。陡坡地退耕，沿坡耕地等高线布设灌木带或草带，形成坡式梯田的地埂林；沟坡防护林和沟道防冲林以杨柳等乔木树种为主，封禁保护天然林和天然草地，采伐迹地以水源涵养林为主，风蚀地区以农田防护林和防风固沙林为主（唐克丽，2005）。

10.4.2 典型模式及其固碳效应

植被配置原则。本区内森林资源丰富，植被属小兴安岭植物区系，地带性植被是以红松（*Pinus koraiensis* Sieb. et Zucc.）、兴安落叶松［*Larix gmelinii*

(Rupr.) Kuzen.] 为主的寒温带针阔叶混交林。由于人为的破坏，天然植被已逐渐演变成以阔叶混交林和白桦为优势的森林植被。

本区总体上应以天然林的保护为第一要务，在退化严重区域，以坡耕地和重要水源地内的非基本农田人工造林为主，工程建设以生态林为主体，适当配置特用林、用材林、经济林、薪炭林（含林木生物质能源林），以形成多林种、多功能的综合防护林体系。

各林种主要造林树种分别为：①水土保持林的适宜树种有樟子松、落叶松、杨树、柳树、柞树（*Xylosma racemosum*）、白桦（*Betula platyphylla* Suk.）、榛子（*Corylus heterophylla* Fisch.）、锦鸡儿、丁香（*Syringa* Linn.）、胡枝子、紫穗槐、灌木柳（*Salix saposhnikovii* A. Skv.）等；②水源涵养林的适宜树种有红松、樟子松、落叶松、云冷杉、杨树、柳树、白桦、水曲柳（*Fraxinus mandshurica* Rupr.）、黄波罗、胡桃楸（*Juglans mandshurica* Maxim）、椴树（*Tilia tuan* Szyszyl.）、锦鸡儿、榛子、丁香、胡枝子、紫穗槐、灌木柳、沙棘等；③农田（草牧场）防护林的适宜树种有樟子松、落叶松、云杉、杨树、柳树、水曲柳、锦鸡儿、丁香、胡枝子、紫穗槐、灌木柳等；④其他防护林的适宜树种有杨树、柳树、榆树、水曲柳、黄波罗、胡桃楸、柞树等；⑤特用林的适宜树种有红松、樟子松、落叶松、红皮云杉（*Picea koraiensis* Nakai）、白桦、杨树、柳树、蒙古栎（*Quercus mongolica* Fisch. ex Ledeb）等；⑥经济林的适宜树种有红松（含樟子松嫁接红松）、榛子（各类杂交品种）、沙棘、山杏嫁接甜仁杏、蓝靛果忍冬（*Lonicera caerulea* L. var. *edulis* Turcz. ex Herd.）、红树莓（*Rubus idaeusl*）、蓝莓（*Vaccinium* spp.）、梨（*Pyrus* spp.）、李子（*Prunus salicina* Lindl.）、海棠（*Malus chaenomeles*）、黑加仑（*Ribes nigrum* L.）等；⑦薪炭林主要选用杨树、灌木柳等。

植被配置模式及固碳效应。大、小兴安岭地区森林是一个巨大的碳库。东北地区森林植被净初级生产力（NPP）为 5.16 亿 t，并且受水热条件的影响，基本呈现由北向南增加的趋势（王绍强等，2001）。仅黑龙江省近 30 年中 6 次森林资源清查中森林总碳储量分别是 0.7916 Pg、0.5413 Pg、0.5661 Pg、0.5880 Pg、0.6216 Pg 和 0.6011 Pg，总体呈先下降后上升的趋势（焦燕和胡海清，2005）；但历经半个世纪的采伐、利用，东北地区林地面积不断萎缩，突出体现为林龄结构趋于低龄化、适采森林资源日益减少。东北林区的成、过熟林蓄积在 1981 ~ 1988 年的不足 10 年间缩减了 49.0%，并在接下来的 10 年里再次缩减 61 万 hm^2，占全国同期成、过熟林面积缩减总量的 60.0% 以上（中国科学院生物多样性委员会等，2000；Xiao et al.，2002）。除超限额采伐外，火灾与毁林开荒在一定程度上助推了东北地区森林覆被面积的缩减（Zhang et al.，2006；Wang et al.，2007；Zhu et al.，2007）。森林火灾是不容忽视的一个碳排放因素，1965～2010年46年间大兴安岭森林火灾排放的碳为29.30 Tg，年平均排放量为0.0638 Tg（胡海清等，2012）。火灾干扰后，杜香（*Ledum palustre* L.）—兴安落叶松林碳储量减少33.8127 Mg/hm^2，草类—兴安落叶松林碳储量减少104.9247 Mg/hm^2，其中森林植被和土壤碳均有减少，土壤碳储量减少明显（闫平和王景升，2006）。

1998年长江流域和东北地区发生两次特大洪灾后，国家先后启动了天然林资源保护工程（简称“天保工程”，2000年全面启动）和退耕还林（草）工程（2002年全面启动）。2个工程对东北地区林业生产和其他用地向有林地的转移有显著的影响（邓祥征等，2010），极大地促进了该区域天然林资源固碳增汇等生态系统功能的恢复。东北“天保工程”区森林植被碳储量为1.045 Pg，占东北三省及内蒙古森林植被总碳储量的68%，平均森林植被碳密度为41 Mg/hm^2，较东北三省及内蒙古平均植被碳密度高14%，“天保工程”区植被平均碳密度由幼龄林的13 Mg/hm^{2}增加到过熟林的63 Mg/hm^2（魏亚伟等，2014）。

东北地区的森林土壤同样是一个巨大的碳汇。考虑荒地和开垦地的土壤侵蚀对陆地生态系统碳储量呈负影响（Lal et al.，1998），自耕种以来，东北黑土区荒地、开垦20年和40年的土地土壤净释放到大气中的CO_2形式的碳为34.6～434.6 Tg；如果采用新的管理措施后（如保护性耕作和坡耕地植被恢复），东北黑土最大固碳潜力为244.3 Tg，在未来20年内土壤固碳潜力为30.9 Tg，平均每年1.55 Tg（方华军等，2003）。营造林年限/林龄（Wang et al.，2011）和模式对于土壤碳有较大的影响。在肥沃的土壤上退耕还林12年的长白落叶松土壤碳密度降低到最小量75.87 Mg/hm^2，然后逐渐恢复；退耕21年的时候，土壤有机碳恢复到农田的水平，即84.28 Mg/hm^2，之后土壤碳密度出现净积累（王春梅等，2007，2010）；造林后31～33年，长白落叶松土壤碳的增加和减少与生物量碳的累积相比是比较小的，而长期来看（250年），土壤碳库占整个生态系统碳库的63.4%，是一个可观的碳汇；颗粒态有机质是土壤有机质中对土地利用变化比较敏感的指标，在0～30 cm土层中，长白落叶松林地和原始林粗颗粒态有机质分别是耕地的217倍和314倍，颗粒态碳在土壤总碳中的分配比例是增加的，表明退耕还林后土壤质量在好转（王春梅等，2007，2010）。在东北东部典型的6种次生林生态系统（天然蒙古栎林、杨桦林、杂木林、硬阔叶林、红松人工林和落叶松人工林）中，阔叶天然次生林和针叶人工林的SOC浓度变化范围分别为52.63～66.29 g/kg 和42.15～49.15 g/kg；平均SOC 密度分别为155.7 Mg/hm^2 和 171.6 Mg/hm^2；各模式的碳通量依次为杂木林 9.51 Mg/(hm^2·a)、硬阔叶林 8.92 Mg/(hm^2·a)、杨桦林 8.12 Mg/(hm^2·a)、蒙古栎林 6.78 Mg/(hm^2·a)、红松林 5.96 Mg/(hm^2·a) 和落叶松林 4.51 Mg/(hm^2·a)（杨金艳和王传宽，2005）。

营林模式对生态系统碳分配格局的影响同样显著。在林龄相近（42～59 年生）的 6 种典型温带森林类型（杨桦林、硬阔叶林、红松林、兴安落叶松林、杂木林和蒙古栎林）之间，用林分胸高断面积标准化后的生态系统碳密度和碳分配格局对所处的立地条件和植被组成差异响应显著，各林种碳密度为 186.9～349.2 Mg/hm^2；其中，植被碳密度、碎屑碳密度和土壤碳密度分别为 86.3～122.7 Mg/hm^2、6.5～10.5 Mg/hm^{2}和 93.7～220.1 Mg/hm^2，分别占总生态系统碳密度的 (39.7±7.1)%、(3.3±1.1)%和 (57.0±7.9)%（张全智和王传宽，2010）。

10.5 北方山地丘陵区典型模式

10.5.1 分区自然地理概况

此地区指东北漫岗丘陵以南，淮河以北，包括东北南部、晋、冀、鲁、豫、内蒙古等省（自治区）范围内的山地和丘陵。根据地理地貌和自然特点，将其划分为三个自然区。

1）黄土覆盖的低山、丘陵区

在本地区浅山下部和丘陵的上部广泛覆盖黄土，如辽河平原两侧的低山和山前平原，河北燕山与太行山，豫西的低山和丘陵都有黄土覆盖。辽东和山东半岛的若干谷地内也有残存的黄土。年均降水量 400～500mm，汛期在 6～9 月。

2）石质和土石山地、丘陵区

河北围场、丰宁一带山地，年均降水量 400～500mm，山区地面坡度多在 30°以上，植被覆盖率 50%～70%，水土流失较轻；浅山地区地面坡度 20°～30°，植被覆盖率 30%～50%。太行山地区中山、低山、丘陵和盆地相间，为海河水系中绝大多数支流的发源地，降水自南至北渐增，由 500～600mm 到 800～1000mm，80%的降水集中在 6～9 月。这类地区是加强封山育林，合理进行乔木、灌木和草本植物配置，提高植被覆盖率，增强水源涵养和水土保持功能的重点区域。

3）坝上高原

区内滦河上游的围场坝上地区，20 世纪 50 年代曾经是丰美草原，由于人口增加，从 50 年代开始，草场由 86 万 hm^2减少到 51 万 hm^2；耕地由 40 万 hm^2增加到 70 万 hm^2。近 30 年来，在植被连续被破坏的情况下，沙化现象开始蔓延，沙化面积已经扩展到了 36.4%（唐克丽，2005）。

主要生态问题。山高坡陡，具有土壤侵蚀敏感性强的特点，在长期不合理资源开发影响下，出现山地生态系统的严重退化，表现为生态系统结构简单、土壤侵蚀加重加快、干旱与缺水问题突出、山下洪涝灾害损失加大。

10.5.2 典型模式及其固碳效应

生态恢复模式与林草布局。主要保护方向应该是停止导致土壤保持功能继续退化的人为开发活动和其他破坏活动，加大退化生态系统恢复与重建的力度；有效实施坡耕地退耕还林还草措施；加强自然资源开发监管，严格控制和合理规划开山采石，控制矿产资源开发对生态的影响和破坏；发展生态林果业、旅游业及相关特色产业。缓坡地高梯田建设，陡坡地加快退耕还林；大力营造各种防护林和用材林，改造残次林，积极发展经果林（唐克丽，2005）。其中丘陵区主要的退耕模式为刺槐×金银花×紫花苜蓿混交、泡桐×紫穗槐混交、果树×沙打旺间作和果树×紫花苜蓿混交的退耕模式，以及（泡）桐粮（食）间作的一种生态耕作模式。坝上区以沙化区乔灌草（药）混交模式、坝上高原防护林网模式、坝上盐碱地灌木防护林模式、坝上和接坝山地林草混交水土保持林等退耕模式为主（任保俊和耿凤梅，2003）。

植被配置模式及固碳效应。北方人工林面积大，碳汇潜力大。仅杨树人工林碳储量达 172.94 Tg，占我国杨树人工林总碳储量的 96.5%，为杨树人工林固碳增汇集中区域，是我国北方人工林重要的碳储存库；内蒙古、河南及山东杨树人工林碳储量分别为 35.45 Tg、24.51 Tg 和 22.42 Tg，占总碳储量的 55.9%，为我国利用杨树人工林固碳增汇的大区；北方杨树人工幼林林面积达 547.68 万 hm^2，占全国总面积的 72.3%，碳储量达 117.95 Tg，占总碳储量的 65.9%，是我国杨树人工林碳汇潜力所在（贾黎明等，2013）。

不同人工林种和林龄的碳循环格局和特点也有一定的差异。河南洛阳 7 类不同森植被类型的碳储量依次为乔木林>四旁树>经济林>灌木>竹林>散生木>疏林；

森林植被平均碳密度为 38.8 Mg/hm^2，乔木林平均碳密度为 42.08 Mg/hm^2，乔木林树种中栎类的碳储量最高，落叶松的碳密度最高，各龄级中成熟林的碳密度最高；森林植被碳储量、碳密度空间分布不平衡，但大致呈自东北向西南递增的趋势（王艳芳等，2015）。在没有人为干扰的情况下，燕山退牧还林 18 年小叶杨林地和 15 年山杏林地土壤碳库存减少，随后逐渐恢复和积累，退牧 22 年小叶杨林地和 18 年山杏林地，土壤有机碳恢复到天然草地的水平，之后 2 类退牧还林土壤碳储量出现净积累（郭月峰等，2013）。燕山北部山地华北落叶松人工林生物碳储量随林分年龄的增加呈明显的增加趋势，9 年生、13 年生、31 年生、43 年生华北落叶松人工林生物碳储量分别为 21.97 Mg/hm^2、34.14 Mg/hm^2、55.6 Mg/hm^2和 141.70 Mg/hm^2，40 年生以下人工林生长迅速，生物有机碳积累速率高，是中国北方重要的碳汇之一（耿丽君等，2010）。而 13 年、18 年、28 年生杨桦天然次生林总生物碳储量分别为 27.33 Mg/hm^2、35.77 Mg/hm^2、46.13 Mg/hm^2，与之相比，华北落叶松单木生物量增长速率明显高于白桦和山杨，在 10 ~ 25 年的年龄段落叶松人工林固碳速率显著高于杨桦，表现出更强的碳吸存能力，该地区大面积的华北落叶松幼、中龄林具有巨大的碳汇潜力（贾彦龙等，2012）。但在使用生物量碳计量参数时应考虑树种和林龄的差异。

10.6 西南紫色土区典型模式

10.6.1 分区自然地理概况

本区以四川盆地及其周围山地丘陵为主，主要包括四川盆地、盆周山地、盆周丘陵、川西南山地、川西高山峡谷、川西北高原，土壤以紫色砂页岩风化成土。四川省在 20 世纪 50 年代初植被覆盖率为 20%，其中川西地区多达 40%。到 80 年代后期，平均植被覆盖率下降为 12.5%，其中山原 5%，高山峡谷 14.1%，川西南 23.3%，盆地边缘 16.2%，盆地内仅 8%。本区降水量多在 1000mm 以上，年干燥度多在 1 以下，夏季气温高、降水多，水热同期，多属于亚热带半湿润气候。

该区域内紫色土分布的海拔较高，多为 400 ~ 1600 m，地形复杂，从浅丘、中丘、深丘到低山都有；而且由于紫色母岩的物理风化强烈和易遭受侵蚀的特征，使紫色土分布区多形成红色盆地地貌。

由于丘陵区地形起伏，坡度变幅较大，土层薄，降水集中等自然条件；其次叠加了人口密度大，生产活动频繁，加上盲目开垦、乱伐林木等人为因素，植被覆盖率低，水土流失严重。

10.6.2 典型模式及其固碳效应

植被配置原则。①防护型经济林。适宜坡体下部、中下部（25°～35°斜坡地）以及土层深厚、交通方便、人均耕地少的地区，以果、药、香料、茶等树种为主，即退耕还果、退耕还药、退耕还茶等。②防护型用材林、工业原料林。在坡体中部、中上部35°～40°的斜坡体以及土层较深厚、人均耕地面积较大的地区，营造速生丰产用材林、工业原料林。③以水源涵养、水土保持为目的的防护林。在坡体上部、顶部（>40°）以及土层瘠薄、水土流失严重的地区营造水源涵养林、水土保持林等防护林。④防护型薪炭林。在缺柴地区营造高密度的薪炭林，薪炭、防护两者兼顾。⑤混农林业模式。在退耕还林初期，实行林粮间作、林经间作，待森林郁闭后停止耕作。这种模式尤其适宜于人多地少地区的退耕还林。⑥退耕还草还牧。在坡度相对较缓（25°～35°）的退耕地上可规划种植优质饲料牧草，增加绿色植被覆盖率。⑦林牧复合经营模式。退耕还林，林下种草，种草养畜（放牧），畜粪肥土。⑧封山育林模式。

植被配置模式及固碳效应。从四川省来看，森林生态系统总体上表现为碳汇，但是人工林固碳能力较弱（黄从德等，2007，2009），未来增加人工林固碳能力是造林及森林经理工作的重点。四川省不同林分类型土壤有机碳密度差异较大，为（102.69±21.09）～(264.41±49.24) Mg/hm^2；在所有林分类型中，以冷云杉林土壤平均有机碳密度最大，为（264.41±49.24）Mg/hm^2，以马尾松林土壤平均有机碳密度最低，仅为（102.69±21.09）Mg/hm^2；不同林分类型土壤有机碳密度可划分为3个等级，冷云杉、软阔叶、柳杉和其他松类土壤有机碳密度较高，在200.00 Mg/hm^2以上，硬阔叶及杨属为中碳密度，碳密度为150.00～200.00 Mg/hm^2，而其他林分类型土壤有机碳密度相对较低，小于150.00 Mg/hm^2(黄从德等，2009)；而森林植被碳储量从1974年的300.02 Tg增加到2004年的469.96 Tg，年均增长率1.5%，属于碳汇；但由于人工林面积的增加，森林植被的平均碳密度从49.91 Mg/hm^2减少到37.39 Mg/hm^2；森林碳储量存在空间差异性，由大到小依次表现为川西北高山峡谷区、川西南山区、盆周低山区、盆地丘陵区、川西平原区；森林碳密度由东南向西北呈现逐渐增加的趋势，由小到大依次表现为盆地丘陵区、川西平原区、川西南山区、盆周低山区、川西北高山峡谷区（黄从德等，2007）。人工林固碳潜力巨大，可以通过分区森林经营与管理加强四川森林的碳吸存能力。

实证研究反映了紫色土区不同土地利用和植被恢复类型的碳储存时空异质性，这些规律在一定程度上为未来退耕还林还草和植被恢复模式的调整提供了依据。四川盆地西缘退耕还林、退耕撂荒和退耕还茶 3 种退耕模式，0 ~ 20 cm 土层的粒径团聚体有机碳含量基本高于 20 ~ 40 cm 土层，且随着土壤粒径的减小，土壤团聚体中有机碳含量总体呈逐渐降低的趋势；0 ~ 20 cm 土层，退耕还茶模式土壤团聚体中有机碳含量最高，20 ~ 40 cm 土层，退耕撂荒地土壤团聚体中有机碳含量最高（郑子成等，2011）。岷江紫色土有机碳浓度以林地（14. 151 g/kg）显著高于果园地（9. 458 g/kg）、菜园地（8. 542 g/kg）、草坡地（7. 875 g/kg），以玉米地（6. 226 g/kg）最低；水溶性有机碳浓度表现为林地>果园地>菜园地>草坡地>玉米地趋势；流域上游、中游、下游紫色土有机碳总量总体上差异显著，土有机碳储量总体特征表现为上游最高，中下游变化复杂，下游略高于中游区域（徐佩等，2007）。华西雨屏 30 年的桤木林、水杉林、柳杉林、慈竹林、次生林与荒草地 6 种植被类型土壤有机碳浓度与有机碳密度均有明显的表聚性，但垂直剖面变化趋势不明显；土壤有机碳密度在表土层与全剖面的变化趋势一致，0 ~ 100 cm 土层土壤有机碳桤木林（104. 9 Mg/hm^2）>柳杉林（86. 3 Mg/hm^2）>慈竹林（77. 8 Mg/hm^2）>荒草地（65. 6 Mg/hm^2）>水杉林(59. 4 Mg/hm^2)>次生林(56. 7 Mg/hm^2)；紫色土区植被类型与土壤母质对林地土壤肥力的形成与发展有重要影响，经过 30 年的植被恢复，桤木林在土壤肥力发展与固碳能力方面均有明显优势，针叶树中柳杉好于水杉（胡慧蓉等，2014）。

重庆 1 类天然次生林、3 类人工林即石栎（*Lithocarpus glaber*）×木荷(*Schima superba*）阔叶混交林、枫香（*Liquidambar formsana*）×木荷×石栎×香樟(*Cinnamomum camphora*）阔叶混交林、杉木纯林以及 1 类长期人为干扰的农耕地，其土壤质量综合指数由大到小依次为天然次生林（0. 97）、石栎×木荷阔叶混交林（0. 77）、枫香×木荷×石栎×香樟阔叶混交林（0. 67）、杉木纯林(0. 41)、农耕地（0. 04）（程金花等，2010）。显然植被恢复有助于土壤质量的恢复，同时从土壤质量看自然恢复是一种有效的恢复途径。

在福建宁化严重退化的紫色土区，采取 4 种恢复措施——造林后未采取其他治理措施的强度侵蚀区（措施Ⅰ）、造林后采取了水土保持工程措施的中度侵蚀区（措施Ⅱ）、造林后采取了水土保持工程措施与生物措施相结合进行综合治理的轻度侵蚀区（措施Ⅲ）和造林后进行了围封的微度侵蚀区（措施Ⅳ），生态系统的碳吸存能力随着恢复程度的提高逐渐增加，即措施Ⅰ（生态系统碳库 1.4 Mg/hm^2）<措施Ⅱ（生态系统碳库 8.5 Mg/hm^2）<措施Ⅲ（生态系统碳库 25.6 Mg/hm^2）<措施Ⅳ（生态系统碳库 37.6 Mg/hm^2），工程与生物措施相结合是提高模式固碳能力的一种重要手段（于占源等，2004）。

10.7 云贵高原喀斯特区典型模式

10.7.1 分区自然特征及生态保护方向

中国是世界上喀斯特分布最广的国家，面积约 344.3 万 km^2，裸露面积为 90.79 万 km^2，主要分布在云南、贵州、四川、湖南、湖北、广东以及北方的山西、山东、河南、河北一带（蔡运龙，1999）。其中以贵州高原为中心连带成片的中国西南喀斯特地区是“世界上最大的喀斯特连续带”（Sweeting，1993），主要分布在以贵州为中心的滇黔桂湘鄂川渝地区（李阳兵等，2002）。地理坐标为 102°E ~ 104°E，22°N ~ 32° N，面积为 115 万 km^2，岩溶面积达 70 万 km^2。由于喀斯特地区生态系统易变敏感度高，灾变承受能力低，环境容量小，因而成为典型的生态脆弱区（陈佑启和 Verburg，2000）。与世界上另两大集中连片的欧洲中南部和北美东部喀斯特片区相比，中国西南喀斯特地区已不仅仅是保护的问题（袁道先，2001）。这里地质环境的脆弱性大，贫困人口集中，人地矛盾尖锐，环境的脆弱性和易伤性，致使喀斯特生态环境严重恶化，出现了一系列重大的生态环境问题，面临人口超载和社会经济落后双重压力（李阳兵，2006），使该区陷入“生态脆弱—贫困—掠夺式土地利用—资源环境退化—进一步贫困”的恶性循环（蔡运龙，1999）。因此，喀斯特地区以土壤侵蚀和土地退化为主要特征的环境问题日益严峻，喀斯特地区的土壤侵蚀研究受到了越来越多的关注。

本区海拔为 400 ~ 2237 m，全年平均降水量为 1018 ~ 1744 mm，≥10℃的年积温为 2210 ~ 6500℃，气候温热湿润。

生态保护与植被配置的基本方向是停止导致生态继续退化的开发活动和其他人为破坏活动，严格保护现存天然和人工植被；≥25°的坡地全部实施封山育林，15° ~ 25°的坡地退耕还林，3 年之后实施封山育林，对生态退化严重区采取封禁措施。≤15°的坡地实施退耕还草，3 年之后退草还林，洼地或谷地实施保护性种植和养殖；对人口超过生态承载力的区域实施生态移民措施；改变粗放生产经营方式，发展生态农业、生态旅游及相关产业，降低人口对土地的依赖性，走生态经济型道路。

10.7.2 典型模式

彭晚霞等（2008）提出喀斯特石山区、半石山区和土山丘陵区 3 个区域环境尺度上生态保护型、外向经济型和双三重螺旋 3 种生态恢复与重建模式。白晓永等（2015）以 4 种典型的模式——喀斯特高原型（贵州普定）、峰丛洼地型（广西环江）、峡谷型（贵州晴隆）、槽谷型（贵州印江）为例，探索小尺度上的石漠化治理及固碳增汇技术示范集成模式。

1）贵州普定模式（喀斯特高原型）

（1）自然特点。垂直高差不大，温度变化不大，坡地较缓（坡度<25°），坡地地面物质组成垂直分带明显（石质—土石质—石土质）。区域内地下水位埋藏较浅，多小于 50 m，地下水露头较多，坡地径流系数小，漏失严重，表层岩溶带发育，季节性泉水较多。流域浅碟形峰丛洼地与坝地相间分布，其中下游主要为较平坦坝地，为农耕区。人口密度大（300 人/km^2），坝区高产农田少，坡地中下部开垦严重，石漠化程度高。可见，在喀斯特高原区小流域中，峰丛与坝地相交的坡地是石漠化的主要发生区，也是固碳增汇的潜力区。针对这种自然特点，普定的石漠化治理及固碳增汇技术集成重点以综合治理坡地为主。

（2）固碳原理与增汇措施。根据水资源状况，以集蓄水技术与管网化微型水利灌溉技术为核心引导坡地立体垂直带谱建设。在山体上部石质坡地开展生态林林分改造固碳增汇技术示范，在山体中下部土石质坡耕地进行经果林增汇经营示范，在山脚石土质坡地发展高效农业增值增汇技术。

2）广西环江（峰丛洼地型）

（1）自然特点。垂直高差较大（≥200 m），温度变化不大，坡地中上部很陡（≥35°），下部较缓（<25°），漏斗形峰丛洼地与谷地相间分布，坡地地面物质组成垂直分带明显（石质—土石质—石土质）。区域内地下水位埋藏较浅，坡地径流系数小，漏失严重，表层岩溶带发育，季节性泉水较多。人口密度较小（150 人/km^2），耕地资源十分匮乏，农田主要集中于洼地、谷地底部，易遭涝灾。坡地中下部开垦严重，石漠化程度非常高，固碳增汇潜力巨大。该类型小流域面积较小，多呈现底部小面积平坦耕地，四周山体底部坡地开垦的情况。

（2）固碳原理与增汇措施。针对独特海拔、地貌、水文、植被特征以及岩溶发育程度，开展水资源开发利用，建立集（水面，针对坡面）、引（水沟，针对表层岩溶带）、蓄（水池、水窖）、堵（落水洞、地下河）四位一体的表层水资源利用模式，并在洼地底部开展高产草地建设。根据喀斯特峰丛洼地型地质构造、地貌、土壤、植被等条件，在西南喀斯特石漠化治理工程等已有生态恢复工程的基础上，针对生态系统类型与石漠化程度，在谷地洼地底部，将原有易涝的耕地改为以人工草地为特色的替代型草食畜牧业发展与固碳增汇技术、坡地保护性种植固碳增汇技术、退化植被人工诱导恢复的固碳增汇技术、喀斯特土壤有机质丢失阻控等技术的试验示范，最终形成“人工种草替代型草食畜牧业”基本模式。

3）贵州晴隆（峡谷型）

（1）自然特点。垂直高差大（≥500 m），峡谷中下部光热资源丰富，干热效应明显，坡向影响较显著，坡高谷深，坡地上部较缓（<25°）、中下部陡峻（≥35°），沟谷深窄，局部较宽，坡地地面物质组成以石质—土石质为主。区域内地下水位埋藏深，坡地径流系数小，漏失严重，干旱缺水突出，坡地中上部表层岩溶带较发育。人口密度较小（130 人/km^2），耕地资源十分匮乏，高产农田零星分布于较宽谷地处，坡地开垦严重，中下部土壤流失殆尽，石漠化程度非常高，生物和土壤碳库很少。

（2）固碳原理与增汇措施。根据该类小流域山高水深，热量资源丰富，地下水埋藏深，水分匮乏的特点，建设坡面集蓄水技术与管网化微型水利工程。充分利用峡谷区热量条件优势，种植喜热固碳增汇型特色植物，从峡谷底部至高原面，垂直差异显著，沟底种植护岸竹林、木本植物；山体中部土石质坡地种植花椒（*Zanthoxylum bungeanum*）等特色经济作物，石质荒坡种植车桑子（*Dodonaea viscosa*）和白刺花（*Sophora davidi*）等喜热耐旱植物；山体上部缓坡地种植楸树（*Catalpabungei bungeil*）和核桃（*Juglansregia regia*）等喜温凉湿润植物，建设农林复合系统。最终形成“发挥光热资源优势的特色林果”总体模式。

4）贵州印江（槽谷型）

（1）自然特点。垂直高差较大（≥400 m），槽谷宽阔，两侧坡地高陡，坡麓岗地断续分布，中下游河（沟）道深嵌于谷地，两侧岸坡较陡。线型褶皱发育，碎屑岩与碳酸盐岩相间分布，除陡崖地段外，坡地土壤保存较好，中下游河沟道两侧陡坡地面物质多由土石质—石质组成。岗地局部分布的土石质坡地多为正在耕种或弃耕地。人口密度较大（300 人/km^2），槽谷坝地多为高产稳产农田，岗地多为中低产田，水土流失严重。坡地径流系数相对较高，但径流入渗仍很严重。槽谷区受线形褶皱影响，除流域下游近河谷而水热条件略有差异外，小流域水平分异不明显，主要体现为自坡地顶部至槽谷底部的坡面分异，因此石漠化治理及固碳增汇工程布置于代表性地段，并充分考虑其水土配置。

（2）固碳原理与增汇措施。根据区域水土资源空间配置相对优越，但坡地径流系数相对较高，径流入渗严重的特点，搞好坡面集蓄水技术与小山塘建设，同时注意塘库底部防渗。鉴于槽谷两侧连绵山体顶部较为平缓，多为残丘，以封山育林、草为主；中上部的山体较高陡，以人工促进封育为主；山体下部的缓丘岗地，种植板栗（*Castanea mollissima*）、柑橘（*Citrus reticulata* Blanco）、核桃等经济林果，林下种植宽叶雀稗（*Paspalum wettsteinii* Hackel.）、白三叶（*Trrifolium repens* L.）、紫花苜蓿等草被；中下游槽谷两岸坡地，多石质和土石质坡地，种竹类等禾本植物。最终建成“发挥水土资源优势的竹果产业”模式。

10.7.3 典型区的固碳增汇技术途径

在生态环境脆弱的喀斯特地区，有机碳主要储存于植物体和土壤之中。喀斯特石漠化问题，实质上是“环境—植被—人”三者之间的和谐关系被打破（Bai et al.，2013a，2013b），植被生长所依赖的环境在人类的干预下被破坏，植根于地质环境之上的植被生长受到了抑制，出现了生态退化。在无石漠化的喀斯特地区，特别是在森林植被良好的无石漠化区，生物和土壤有机碳储量非常丰富，如黔南茂兰喀斯特区森林地上生物量为 150 ~ 200 Mg/hm^2(朱守谦等，1995)，黔中高原喀斯特次生森林的地上生物量一般也在 100 Mg/hm^{2}左右，土壤碳库约为 120 Mg/hm^2(刘长成等，2011；刘玉国等，2011)。而在森林植被遭到破坏后的短期内，植被减少、地表裸露，土壤流失急剧增加，普定石人寨小流域 1979 ~ 1990 年的坡地侵蚀速率高达 7000 Mg/(hm^2 · a)(Zhang et al.，2010；Bai et al.，2013b)。植被生物体减少和土壤大量流失后，生物和土壤碳库迅速减少，在顶级（极强度）石漠化区，植被完全丧失，植被碳库接近 0，土壤碳库也较少，不足 10 Mg/hm^2(Liu et al.，2012)。我国西南喀斯特地区，因石漠化发生发展造成的生物碳库和土壤碳库流失量巨大，近年来已由碳“汇”区逐渐转为碳“源”区，成为我国的主要碳“欠账”区。

1）增汇型植被恢复与经营管理技术

具体技术包括：①针对喀斯特地区岩性差异对树种选择的影响，在树种选择上应充分考虑喀斯特地区岩性背景的差异：在白云岩区，由于岩石整体性风化显著，土被分布较均匀，但土层很薄，因此在树种选择上重点考虑浅根系型的乔灌植物，如侧柏（*Platycladus orientalis*）、香椿（*Toona sinensis*）和火棘（*Pyracantha fortuneana*）等；在石灰岩区，由于岩石差异性风化显著，土被分布很不均匀，局部分布于石沟、石缝的土层较厚，因此可以选择较深根系的乔木类群，如任豆（*Zenia insignis*）、乌桕（*Sapium sebiferum*）和女贞（*Ligustrum lucidum*）等。②针对石漠化困难立地类型，开展适应树种配置以及以增汇为目标的优化筛选，在树种配置上遵循仿自然群落树种配置原则、林灌草搭配，充分考虑生态位差异构建优化群落。③针对缺土少水困难立地类型，多方式实施提高植物生产力的建植技术，包括土壤肥力恢复技术、侧向根系引导施肥技术、保水保墒种植技术、局部整地适当密植技术等。④针对喀斯特区域森林生长特点，采用林分抚育管理技术，包括幼林期抚育管理；在中龄林、近熟林选择优势经济型个体重点抚育，提高单位面积生产力。

人类通过认识—实践—再认识的过程，在喀斯特植被恢复实践中取得了一些有价值的认识。桂西北喀斯特人为干扰景观在自然恢复 22 年之后植被特征及空间分布发生了很大的变化，不同干扰区 6 种植被类型的顺向演替系列为石漠化稀疏草丛—草丛—灌丛—藤刺灌丛—落叶阔叶林—常绿落叶阔叶混交林片段；随着坡位的上升，群落的高度、盖度、生物量和物种多样性急剧下降，密度则呈少—多—中的单峰分布状态，各项指标均远低于自然保护区；不同干扰方式对植被自然恢复的影响不同，其中整坡火烧+垦殖的破坏性最大，呈现了石漠化景观，整坡火烧+放牧次之，采樵属选择性干扰，采樵+放牧+坡脚火烧的恢复相对较快，没有放牧干扰的采樵+坡脚火烧恢复更好（曾馥平等，2007）。对滇东北河谷区退耕还林地 5 种 5 年生林分的典型配置模式的调查发现，不同配置模式生物量由大到小依次为竹林、刺楸（*Kalopanax septemlobus*）林、杉木（*Cunninghamia lanceolata*）林、紫茎女贞（*Ligustrum purp urascens*）林和车桑子（*Dodonaea viscose*）林（方向京等，2009）。湘中喀斯特石漠化地区的生态恢复实践证明，不同恢复模式的土壤质量总体水平从侧柏纯林、枫香纯林、枫香×侧柏混交林、湿地松混交林、湿地松纯林方向（向志勇等，2010）和湿地松×枫香混交林、侧柏×枫香混交林、侧柏纯林、封山育林、栾树（*Koelreuteria paniculata*）纯林方向（徐杰等，2012）依次升高，石漠化地区土壤质量在植被恢复后有了不同程度增加。

2）植被配置模式及固碳效应

喀斯特植被一旦遭到破坏，植被恢复顺向演替速度慢，周期长。贵州—广西的接壤区湿润中亚热带常绿阔叶林红壤和黄壤地带的研究表明，当喀斯特森林被破坏后，自然演替从草灌丛—藤刺灌丛—萌生灌丛—疏林—森林，至少需要30～35 年（周政贤，1987）。桂西北的植被系统顺向演替系列为石漠化稀疏草丛—草丛—灌丛—藤刺灌丛—落叶阔叶林—常绿落叶阔叶混交林片段（曾馥平等，2007），桂西南的植被演替顺序为草本阶段—灌木阶段—小乔木—乔木阶段—顶极季雨林阶段，根据各阶段的优势物种/建群种与环境的适应程度和稳定性，退化群落从草本群落阶段达到群落结构、功能的基本恢复需要 30～40 年，但要达到群落结构、功能的完全恢复则需要近 100 年（刘京涛等，2009）。显然退耕模式要遵循自然演替规律，合理配置不同演替阶段的物种，才能实现固碳增汇和社会经济效益的统一。

贵州省喀斯特地区是一种典型脆弱生态区，位于世界三大岩溶集中分布区之一的东亚片区的核心地带，碳酸盐岩面积达 13 万 km^2，占全省面积的 73%，其退化喀斯特地貌生态恢复在国内喀斯特地区具有典型性。2000 年、2005 年和 2010 年贵州省森林碳汇分别为 15.38 $TgCO_2$、22.447 $TgCO_2$、24.314 $TgCO_2$，呈增长趋势，占全省碳排放的 6.73%～10.35%，全省尚有 161.70 万 hm^2宜林地，如果能用于发展碳汇林业，每年可吸收 CO_2达 2.379 Tg，30 年内将吸收 CO_2达 71.370 Tg（尹晓芬等，2012）。

黔西南晴隆峡谷型喀斯特 6 类土地利用模式土壤碳密度表现为草地（153.12 Mg/hm^2）>次生林（126.11 Mg/hm^2）>旱地（115.3 Mg/hm^2）>水田（112.6 Mg/hm^2）>人工林（65.03 Mg/hm^2）>灌丛（52.69 Mg/hm^2），而生态系统中总碳密度表现为次生林（261.21 Mg/hm^2）>人工林（190.53 Mg/hm^2）>草地（189.64 Mg/hm^2）>旱地（115.31 Mg/hm^2）>灌丛（112.65 Mg/hm^2）>水田（112.26 Mg/hm^2）（谭秋锦等，2014）。黔南茂兰退化喀斯特退化森林自然恢复生态系统及其植被、土壤的碳密度总体上由恢复早期（草本阶段、草灌阶段）经中期（灌木阶段、灌乔阶段）至后期（乔木阶段、顶极阶段）呈增加趋势，植被对生态系统碳库的影响最大，尤其是木本植被，而土壤的影响较小（黄宗胜等，2015）。黔中西南喀斯特石漠化区实施植被恢复前后生态系统碳储量发生了变化，恢复前平均碳储量为 86.399 Mg/hm^2，退耕后楸树（*Catalpa bungei* C. A. Mey.）、花椒（*Zanthoxylum bungeanum* Maxim.）、柏木（*Cupressus funebris* Endl.）和车桑子林生态系统碳储量分别为 117.207 Mg/hm^2、84.117 Mg/hm^2、127.919 Mg/hm^2和 53.733 Mg/hm^2，与坡耕地相比，楸树和柏木退耕林碳储量分别提高了 31.14% 和 47.13%，而花椒林地和车桑子林地却下降了 4.39% 和 37.8%，楸树林和柏木林退耕模式更有利于提高喀斯特石漠化地区森林生态系统的碳储量（田大伦等，2011）。生态恢复后（人工林）的总碳储量是恢复前（坡耕地即旱地、灌丛）总碳密度的2～3倍（Peng et al.，2012）。随着植被的恢复，退化喀斯特生态系统的碳储量将迅速增加，由中强度石漠化土地的38.05 Mg/hm^{2}增加到无石漠化林地生态系统的350.65 Mg/hm^2(Peng et al.，2012)，表现出巨大的碳汇潜力，减少人为干扰、适宜的退耕还林还草造林措施和合理的管理对策是促进该区植被恢复、生态重建、增加碳储存的关键。

受人类的耕作管理和喀斯特水文地质过程的影响，土壤养分空间变异显著（张伟等，2008），退耕模式的固碳增汇过程受这些因素的影响表现出明显的空间异质性。桂西北喀斯特峰丛洼地自然坡地的有机碳、全氮、全磷、碱解氮和速效钾明显高于其他土地利用类型，其中有机碳比耕地高234.7%，全氮、全磷、碱解氮和速效钾分别比耕地高140.2%、10.8%、181%和48.1%；撂荒地的有机碳、全氮、碱解氮和速效钾显著高于木豆—板栗地和耕地，意味着经过较长时间的撂荒后，土壤养分循环在向良性方向发展，生态系统功能逐渐恢复（张伟等，2006，2008）。

2008年广西全省森林生态系统碳储量为32.689 TgCO_2，草地生态系统为12.392 TgCO_2（鲁丰先等，2013），不同类型生态系统的碳储存时空变异较大。在桂西南凭祥8年生格木（*Erythrophleum fordii*）纯林、红锥（*Castanopsis hystrix*）纯林、米老排（*Mytilaria laosensis*）纯林及格木×红锥×米老排混交林生态系统之间，0～10 cm、10～30 cm、30～50 cm和50～100 cm土壤碳浓度均以米老排纯林最高，红锥纯林次之，格木纯林和混交林土壤碳含量最低；生态系统碳储量大小顺序为米老排（308.0 Mg/hm^2）>混交林（182.8 Mg/hm^2）>红锥纯林（180.2 Mg/hm^2）>格木纯林（135.2 Mg/hm^2）；造林模式对人工林碳储量及其分配有显著影响，营建混交林有利于红锥和格木地上碳的累积，不利于土壤碳的固定，而营建纯林既有利于米老排生物量碳的吸收，也有利于土壤碳的固定，对碳汇林造林模式的选择，应根据树种固碳特性而定（明安刚等，2015）。而28年生相似生境条件和相同经营管理措施的5种人工林生态系统之间碳储量表现出较大差异，其中以火力楠（*Michelia macclurei*）林碳储量（359.43 Mg/hm^2）最大，其次是米老排林（319.80 Mg/hm^2），红锥林（225.87 Mg/hm^2）、马尾松林（222.43 Mg/hm^2）和铁力木（*Mesua ferrea*）林（207.81 Mg/hm^2）碳储量差异不显著，其中植被碳储量以米老排林（188.09 Mg/hm^2）最高，其次是火力楠林（176.44 Mg/hm^2），再其次是红锥林（102.56 Mg/hm^2），马尾松林（84.59 Mg/

hm^2）和铁力木林（84.01 Mg/hm^2）最低；0～100 cm土壤有机碳储量以火力楠林（179.59 Mg/hm^2）最大，米老排林、红锥林、铁力木林和马尾松林之间差异不显著，为117.21～127.28 Mg/hm^2（郑路等，2014）。桂西南平果县6类退耕还林地的林地植被层总碳储量由大到小依次为八角26.864 Mg/hm^2、板栗23.120 Mg/hm^2、桉树22.863 Mg/hm^2、马尾松16.686 Mg/hm^2、早熟桃15.393 Mg/hm^2、任豆9.956 Mg/hm^2（赵瑞等，2015）。从上述的实证研究不难发现，随着演替时间推移，林地碳储量有不同程度的增加，各类林地生态系统的碳储量还有很大潜力空间。

10.8 南方红壤区典型模式

10.8.1 分区自然特征

此类型区大致以大别山为北屏，巴山、巫山为西屏，西南以云贵高原为界，东南直抵海域。该区温暖多雨，地带性土壤以红壤为主，植被丰茂。年降水量1000～2000 mm，且多暴雨，最大日雨量超过150 mm，1 h最大雨量超过30 mm。地表径流量较大，年径流深在500 mm以上，径流系数为40%～60%。本区大部分天然植被已经遭到破坏，陡坡开垦严重，土壤剖面多已流失殆尽，出露地面的多为基岩母质的厚层风化物，极易遭到侵蚀，在强大的降雨径流冲刷作用下，土壤侵蚀发展强烈。

红壤主要分布在长江以南广阔的低山丘陵区，包括江西、湖南两省的大部分，云南、广东、广西、福建等省的北部，以及贵州、四川、浙江、安徽等省的南部，其地形和母质变化复杂，以山地为主（熊毅和李庆逵，1987）。据江西、福建、浙江、安徽和江苏5个省的统计，分布于山地的红壤约占红壤总面积的78%。同时，该区是我国发展粮食作物和各种热带、亚热带经济作物与林木的重要基地，森林面积占全国森林面积的45%；茶叶、水果、油料等的生产也在全国占主导地位（红黄壤利用改良区划协作组，1985）。特殊的地形、气候加之人类过度的开发，使得红壤出现不同程度的退化。

10.8.2 典型模式及其固碳效应

植被配置原则。充分利用南方优越的水热条件，加大封山育林和退耕还林力度，结合发展经济林和薪炭林，重建林草植被，快速提高植被覆盖。加速梯田等基本农田建设，促进和保障退耕还林，营造沟坡防护林和沟道防冲林（唐克丽，2005）。

由于受地理、气候、水文以及社会经济等自然和人文因素的影响，不同模式的人工林生态系统碳储量特征不同，尤其是占碳储量主要部分的土壤有机碳变化较为复杂，是人工林固碳增汇技术研究重点。

植被配置模式及固碳效应。基于中国 1：100 万土壤数据库的红壤平均碳密度估计是 95.8 Mg/hm^2（于东升等，2005），与一些红壤区退耕还林工程的实证研究结果稍有出入，但总体上在其上下波动；红壤区总有机碳储量为 5.394 Pg，仅占中国总有机碳储量的 6.39%（解宪丽等，2004）。自然植被破坏/退化容易引起土壤有机碳的损失，严重侵蚀的红壤有机碳含量小于 0.5%（杨玉盛等，2002）。红壤丘陵在开发 14 年后，不同土地利用方式下有机碳储量的变化较大，湿地松和杉木林地系统有机碳储量较高，主要储存于植物活体和凋落物；受人为活动干扰强烈的农田及人工草地系统有机碳储量较低，主要储存于土壤；土地利用方式对陆地生态系统碳循环有重要影响，调整土地利用方式成为人类调节温室气体的一条重要途径（李家永和袁小华，2001）。

浙江省兰溪茶场的侵蚀型红壤植被恢复后，土壤总有机碳和各类活性碳含量均明显增加，并随着恢复时间的延长，土壤各类碳含量显著上升（周国模和姜培坤，2004）。福建长汀裸地土壤有机碳含量极低，垂直分布变化不明显；而植被恢复显著增加了土壤的有机碳含量和储量，0～5 cm 土层受植被恢复影响最大，40 cm 以下土层深度受植被恢复的影响较小，0～20 cm 土层是储存有机碳的主要层次（谢锦升等，2006）；在不同的恢复模式中，马尾松林、板栗园和百喜草（*Paspalum natatu*）地 0～100 cm 土层有机碳平均含量分别比裸地高 200%、93% 和 122%（谢锦升等，2008），而且在植被恢复过程中（0～30 年）土壤有机碳极显著增加，植被恢复初始主要以非保护性有机碳的形式积累，长期恢复后土壤有机碳呈相对稳定状态（吕茂奎等，2014）。

江西泰和不同的植被重建模式对土壤微生物量 C 有极显著的影响，由大到小依次表现为阔叶林（181.67 mg/kg）、针阔混交林（162.75 mg/kg）、无林荒草地（139.68 mg/kg）、针叶林（136.57 mg/kg）；综合来看，不同植被恢复模式中阔叶林最好，其次为针阔混交林、无林荒草地和针叶林（张水印等，2010）。江西德安退化裸地土壤有机碳密度仅为 48.41 Mg/hm^2，垂直分布特征也不明显；恢复为百喜草地和柑橘园后，土壤有机碳库分别增至 55.09 Mg/hm^2 和 70.78 Mg/

hm^2(肖胜生等，2015)。千烟洲 4 种林分类型 1 m 深表土层土壤有机碳密度，由小到大为马尾松纯林（59.89 Mg/hm^2）、马尾松×湿地松×杉木混交林（63.35 Mg/hm^2）、湿地松纯林（65.9 Mg/hm^2）、杉木纯林（81.18 Mg/hm^2）（沈文清等，2006）。这除了与植物凋落物、根系分布特征及其分泌物等有关外，还可能是因为植被恢复改善了小生境，减少了土壤侵蚀，从而减少了表层土壤有机碳的矿化损失和侵蚀损失。

优势种为针叶混交林的土壤有机碳密度远高于红壤的平均水平和鼎湖山马尾松、荷木混交林（41.01 Mg/hm^2）（方运霆等，2003），与中国针阔混交林的平均水平（63.86 Mg/hm^2）很接近，稍低于中国针叶混交林平均水平（72.7 Mg/hm^2）（李克让等，2003）；马尾松纯林土壤有机碳密度小于鼎湖山马尾松纯林（73.71 Mg/hm^2）（方运霆等，2004）和 23 年生马尾松纯林（175.40 Mg/hm^2）（方晰等，2003a）；湿地松纯林土壤有机碳密度稍大于苏南丘陵国外松林（53.99 Mg/hm^2）（阮宏华等，1997），但远小于 4 种不同密度的湿地松纯林的平均值（180.94 Mg/hm^2）（方晰等，2003b）；杉木纯林土壤有机碳密度约为亚热带苏南地区 27 年生杉木纯林的 2 倍（阮宏华等，1997），与湖南会同速生阶段杉木纯林（91.14 Mg/hm^2）（黄宇等，2005）最为接近，比福建杉木纯林（113.08 Mg/hm^2）（Yang et al.，2005）要低 25%。总体而言，红壤区的土壤有机碳比北方很多林分类型的平均水平要低得多。湖南会同 5 种退耕模式在退耕 3 年后，乐昌含笑×红花木莲混交林、杜英×乐昌含笑混交林、杜英×樟树混交林、樟树林土壤层有机碳密度比原坡耕地分别提高了 53.57%、39.19%、38.57%、24.82%，而马尾松林地下降了 18.72%；5 种模式恢复初期土壤层碳储量最大，为 74.518 ~ 119.312 Mg/hm^2，占 96.18% 以上（田大伦等，2010）。

受各种因素的影响，亚热带红壤丘陵区人工林造林初期（7 ~ 8 年），生态系统碳储量下降，生态系统向大气释放碳，随着人工林的生长，生态系统转变为一个碳汇，植被碳、土壤碳和总碳储量均显著增加（顾峰雪等，2010）。江西新余土壤有机碳密度下降的地区多位于农田区内，特别是旱地，部分灌溉水田的碳密度略有增加，林地、园地、草地的土壤有机碳密度是增加的，其中园地的增幅最大（解宪丽等，2010）。

在不同的退耕模式之间，植被碳库在生态系统总碳库中所占比重仅次于土壤碳库。江西千烟洲马尾松纯林、马尾松×湿地松×杉木混交林、湿地松纯林、杉木纯林 4 种模式植被平均碳密度大小依次为杉木（64.789 Mg/hm^2）、湿地松（59.731 Mg/hm^2）、针叶混交林（52.811 Mg/hm^2）和马尾松（47.043 Mg/

hm^2)。与鼎湖山林龄相近的马尾松纯林植被平均碳密度(90.06 Mg/hm^2)(方运霆等,2003a)、杉木纯林(分别为35.041 Mg/hm^2和63.87 Mg/hm^2)(黄宇等,2005;阮宏华等,1997)以及不同密度湿地松纯林(96~110 Mg/hm^2)(方晰等,2003b)差异较大。湖南会同乐昌含笑×红花木莲混交林、杜英×乐昌含笑混交林、杜英×樟树混交林、樟树林植被碳密度为0.633~2.960 Mg/hm^2,仅占生态系统总碳密度的0.642%~3.82%,与坡耕地相比,樟树林、杜英×樟树混交林、乐昌含笑×红花木莲混交林、杜英×乐昌含笑混交林生态系统碳储量分别增加了19.477 Mg/hm^2、27.722 Mg/hm^2、41.643 Mg/hm^2、26.821 Mg/hm^2,马尾松林下降了1.675 Mg/hm^2(田大伦等,2010)。

参考文献

白晓永,王世杰,刘秀明. 2015. 中国石漠化地区碳流失原因与固碳增汇技术原理探讨. 生态学杂志,34(6):1762-1769.

蔡国军,张仁陟,莫保儒,等. 2008. 定西安家沟流域3种典型农林复合模式的评价研究. 水土保持研究,15(5):120-124.

蔡运龙. 1999. 中国西南喀斯特山区的生态重建与农林牧业发展:研究现状与趋势. 资源科学,21(5):37-41.

陈昌毓,董安祥. 1998. 甘肃干旱半干旱区林木蒸散量估算和水分适生度研究. 应用气象学报,9(1):79-87.

陈佑启,Verburg P H. 2000. 中国土地利用/覆被的多尺度空间分布特征分析. 地理科学,20(3):197-202.

程金花,张洪江,王伟,等. 2010. 重庆紫色土区不同森林恢复类型对土壤质量的影响. 生态环境学报,19(12):2815-2820.

崔静,陈云明,黄佳健,等. 2012. 黄土丘陵半干旱区人工柠条林土壤固碳特征及其影响因素. 中国生态农业学报,20(9):1197-1203.

戴全厚,刘国彬,薛箑,等. 2008. 不同植被恢复模式对黄土丘陵区土壤碳库及其管理指数的影响. 水土保持研究,15(3):61-65.

邓祥征,姜群鸥,战金艳,等. 2010. 中国东北地区森林覆被变化的原因与趋势. 地理学报,65(2):224-234.

丁学儒,李书靖,赵克昌. 1994. 径流集水造林. 兰州:甘肃科学技术出版社.

丁越岿,杨劼,宋炳煜,等. 2012. 不同植被类型对毛乌素沙地土壤有机碳的影响. 草原学报,21(2):18-25.

方华军,杨学明,张晓平. 2003. 东北黑土有机碳储量及其对大气 CO_2 的贡献. 水土保持学报,

17（3）：9-12.
方晰，田大伦，胥灿辉.2003a. 马尾松人工林生产与碳素动态. 中南林学院学报，23（2）：11-15.
方晰，田大伦，项文化，等.2003b. 不同密度湿地松人工林中碳的积累与分配. 浙江林学院学报，20（4）：374-379.
方向京，李贵祥，张正海.2009. 滇东北不同退耕还林类型生物生产量及水土保持效益分析. 水土保持研究，16（5）：229-232.
方运霆，莫江明，黄忠良，等.2003a. 鼎湖山马尾松、荷木混交林生态系统碳素积累和分配特征. 热带亚热带植物学报，11（1）：47-52.
方运霆，莫江明，彭少麟，等.2003b. 森林演替在南亚热带森林生态系统碳吸存中的作用. 生态学报，23（9）：1685-1694.
方运霆，莫江明，Brown S，等.2004. 鼎湖山自然保护区土壤有机碳储量和分配特征. 生态学报，24（1）：135-142.
耿丽君，许中旗，张兴锐，等.2010. 燕山北部山地华北落叶松人工林生物碳贮量. 东北林业大学学报，38（6）：43-52.
顾峰雪，陶波，温学发，等.2010. 基于CEVSA2模型的亚热带人工针叶林长期碳通量及碳储量模拟. 生态学报，30（23）：6598-6605.
郭月峰，姚云峰，秦富仓，等.2013. 燕山典型流域两种造林树种生态系统碳储量及固碳潜力研究. 生态环境学报，22（10）：1665-1670.
红黄壤利用改良区划协作组.1985. 中国红-黄壤区的利用、改良与区划. 北京：中国农业出版社.
胡海清，魏书精，孙龙.2012. 1965-2010年大兴安岭森林火灾碳排放的估算研究. 植物生态学报，36（7）：629-644.
胡慧蓉，胡庭兴，谭九龙，等.2014. 华西雨屏区不同植被类型对土壤氮磷钾及有机碳含量的影响. 土壤，46（4）：630-637.
黄秉维.1955. 编制黄河中游流域土壤侵蚀分区图的经验教训. 科学通报，（12）：15-21.
黄从德，张健，杨万勤，等.2007. 四川森林植被碳储量的时空变化. 应用生态学报，18（12）：2687-2692.
黄从德，张健，杨万勤，等.2009. 四川森林土壤有机碳储量的空间分布特征. 生态学报，29（3）：1217-1225.
黄奕龙，陈利顶，傅伯杰，等.2004. 黄土丘陵小流域沟坡水热条件及其生态修复初探. 自然资源学报，19（2）：183-189.
黄宇，冯宗炜，汪思龙，等.2005. 杉木、火力楠纯林及其混交林生态系统C、N贮量. 生态学报，25（12）：3146-3154.
黄宗胜，喻理飞，符裕红，等.2015. 茂兰退化喀斯特森林植被自然恢复中生态系统碳吸存特征. 植物生态学报，39（6）：554-564.

贾黎明，刘诗琦，祝令辉，等 . 2013. 我国杨树林的碳储量和碳密度 . 南京林业大学学报（自然科学版），37（2）：1-7.

贾彦龙，许中旗，纪晓林，等 . 2012. 燕山北部山地人工林和天然次生林的生物碳贮量 . 自然资源学报，27（7）：1241-1251.

焦燕，胡海清 . 2005. 黑龙江省森林植被碳储量及其动态变化 . 应用生态学报，16（12）：2248-2252.

李广，黄高宝 . 2009. 雨强和土地利用对黄土丘陵区径流系数及蓄积系数的影响 . 生态学杂志，28（10）：2014-2019.

李家永，袁小华 . 2001. 红壤丘陵区不同土地资源利用方式下有机碳储量的比较研究 . 资源科学，23（5）：73-76.

李进，刘志民，李胜功，等 . 1994. 科尔沁沙地人工植被建立模式探讨 . 应用生态学报，5（1）：46-51.

李俊清，崔国发 . 2000. 西北地区天然林保护与退化生态系统恢复理论思考 . 北京林业大学学报，22（4）：1-7.

李克让，王绍强，曹明奎 . 2003. 中国植被和土壤碳储量 . 中国科学（D 辑），33（1）：72-80.

李阳兵 . 2006. 岩溶生态系统脆弱性研究 . 地理科学进展，25（5）：1-9.

李阳兵，侯建筠，谢德体 . 2002. 中国西南岩溶生态研究进展 . 地理科学，22（3）：365-370.

梁宗锁，左长清，焦居仁 . 2003. 生态修复在黄土高原水土保持中的作用 . 西北林学院学报，18（1）：20-24.

刘长成，刘玉国，郭柯 . 2011. 四种不同生活型植物幼苗对喀斯特生境干旱的生理生态适应性 . 植物生态学报，35（10）：1070-1082.

刘俭 . 2001. 希望之路：水土保持生态环境建设的探索与实践 . 兰州：兰州大学出版社 .

刘京涛，温远光，周峰 . 2009. 桂西南退化喀斯特植被自然恢复研究 . 水土保持研究，16（3）：65-69.

刘媖心 . 1987. 包兰铁路沙坡头地段铁路防沙体系的建立及其效益 . 中国沙漠，7（4）：1-10.

刘媖心，杨喜林，张强 . 1982. 我国不同地带固沙植物种的选择 . 中国科学院兰州沙漠研究所集刊，第 1 号：39-62.

刘玉国，刘长成，魏雅芬，等 . 2011. 贵州省普定县不同植被演替阶段的物种组成与群落结构特征 . 植物生态学报，35（10）：1009-1018.

鲁丰先，张艳，秦耀辰，等 . 2013. 国省级区域碳源汇空间格局研究 . 地理科学进展，32（12）：1752-1760.

吕茂奎，谢锦升，周艳翔，等 . 2014. 红壤侵蚀地马尾松人工林恢复过程中土壤非保护性有机碳的变化 . 应用生态学报，25（1）：37-44.

毛子军 . 2002. 森林生态系统碳平衡估测方法及其研究进展 . 植物生态学报，26（6）：731-738.

明安刚，刘世荣，农友，等 . 2015. 南亚热带 3 种阔叶树种人工幼龄纯林及其混交林碳贮量比较. 生态学报，35（1）：180-188.
彭晚霞，王克林，宋同清. 2008. 喀斯特脆弱生态系统复合退化控制与重建模式. 生态学报，28（2）：811-820.
漆建忠. 1995. ABT 生根粉在飞播治沙中的应用. 当代生态农业，21：111-112.
曲卫东，陈云明，王琳琳，等. 2011. 黄土丘陵区柠条人工林土壤有机碳动态及其影响因子. 中国水土保持科学，9（4）：72-77.
任保俊，耿凤梅. 2003. 河北坝上高原防沙治沙、退耕还林工程 4 个主要造林模式. 河北林业科技，（4）：11-12.
阮宏华，姜志林，高苏铭. 1997. 苏南丘陵主要森林类型碳循环研究含量与分布规律. 生态学杂志，16（6）：17-21.
沈文清，刘允芬，马钦彦，等. 2006. 千烟洲人工针叶林碳素分布、碳储量及碳汇功能研究. 林业实用技术，8：5-8.
孙飞达，于洪波，陈文业. 2009. 安家沟流域农林草复合生态系统类型及模式优化设计. 草业科学，26（9）：190-194.
孙文义，郭胜利，周小刚. 2010. 黄土丘陵沟壑区地形和土地利用对深层土壤有机碳的影响. 环境科学，31（11）：2740-2747.
谭秋锦，宋同清，彭晚霞，等. 2014. 西南峡谷型喀斯特不同生态系统的碳格局. 生态学报，34（19）：5579-5588.
唐克丽. 2005. 中国水土保持. 北京：科学出版社.
田大伦，尹刚强，方晰，等. 2010. 湖南会同不同退耕还林模式初期碳密度、碳储量及其空间分布特征. 生态学报，30（22）：6297-6308.
田大伦，王新凯，方晰，等. 2011. 喀斯特地区不同植被恢复模式幼林生态系统碳储量及其空间分布. 林业科学，47（9）：7-14.
田佳，曹兵，宋丽华，等. 2014. 宁夏干旱风沙区 5 种灌木保水剂造林试验与饲用价值研究. 畜牧与饲料科学，35（5）：24-27.
佟小刚，韩新辉，吴发启，等. 2012. 黄土丘陵区三种典型退耕还林地土壤固碳效应差异. 生态学报，32（20）：6397-6403.
王春梅，刘艳红，邵彬，等. 2007. 量化退耕还林后土壤碳变化. 北京林业大学学报，29（3）：112-119.
王春梅，邵彬，王汝南. 2010. 东北地区两种主要造林树种生态系统固碳潜力. 生态学报，30（7）：1764-1772.
王琪，李继光. 2002. 菌根剂在榆林风沙区针叶树育苗中的应用. 陕西林业科技，1：10-13.
王绍强，周成虎，刘纪远，等. 2001. 东北地区陆地碳循环平衡模拟分析. 地理学报，56（4）：390-402.
王文龙，穆兴民. 1998. 黄土高原雨水人工汇集研究. 土壤侵蚀与水土保持学报，4（2）：77-81.

王艳芳，刘领，李志超，等. 2015. 豫西黄土丘陵区洛阳市森林植被碳储量和碳密度研究. 草业学报，24（10）：1-10.

王征，刘国彬，许明祥. 2010. 黄土丘陵区植被恢复对深层土壤有机碳的影响. 生态学报，30（14）：3947-3952.

王志意，张永江. 2003. 浅论水土保持生态建设中的生态自然修复. 中国水土保持，（9）：15-17.

魏亚伟，周旺明，于大炮，等. 2014. 我国东北天然林保护工程区森林植被的碳储量. 生态学报，34（20）：5696-5705.

向志勇，邓湘雯，田大伦，等. 2010. 五种植被恢复模式对邵阳县石漠化土壤理化性质的影响. 中南林业科技大学学报，30（2）：23-28.

肖胜生，房焕英，段剑，等. 2015. 植被恢复对侵蚀型红壤碳吸存及活性有机碳的影响. 环境科学研究，28（5）：728-735.

解宪丽，孙波，周慧珍，等. 2004. 中国土壤有机碳密度和碳储量估算及其空间分布分析. 土壤学报，41（1）：35-43.

解宪丽，孙波，潘贤章. 2010. 红壤丘陵区土壤有机碳储量模拟. 中国人口·资源与环境，20（9）：145-151.

谢锦升，杨玉盛，解明曙，等. 2006. 植被恢复对侵蚀退化红壤碳吸存的影响. 水土保持学报，20（6）：95-99.

谢锦升，杨玉盛，陈光水，等. 2008. 植被恢复对退化红壤团聚体稳定性及碳分布的影响. 生态学报，28（2）：702-709.

辛树帜，蒋得麒. 1982. 中国水土保持概论. 北京：农业出版社.

熊毅，李庆逵. 1987. 中国土壤（第二版）. 北京：科学出版社：54-55.

徐海，冯继双，王力刚. 2009. BJ2101L 型保水剂在半干旱区造林中的应用徐海. 防护林科技，4：29-30.

徐杰，邓湘雯，方晰，等. 2012. 湘西南石漠化地区不同植被恢复模式的土壤有机碳研究. 水土保持学报，26（6）：171-175.

徐佩，王玉宽，邓玉林. 2007. 岷江流域不同土地利用方式下紫色土有机碳储量特征. 应用与环境生物学报，3（2）：205-208.

薛萐，刘国彬，潘彦平，等. 2009. 黄土丘陵区人工刺槐林土壤活性有机碳与碳库管理指数演变. 中国农业科学，42（4）：1458-1464.

闫平，王景升. 2006. 森林火灾对兴安落叶松林生态系统碳素分布及储量的影响. 东北林业大学学报，34（4）：46-48.

杨金艳，王传宽. 2005. 东北东部森林生态系统土壤碳储量和碳通量. 生态学报，25（1）：2875-2882.

杨万勤，张健，胡庭兴，等. 2006. 森林土壤生态学. 成都：四川科学技术出版社：1-480.

杨晓晖，张朝荣，李国旗，等. 2006. 2 种保水剂对北京南口风沙区侧柏成活及生长的影响. 林业科学研究，19（2）：235-240.

杨玉盛，谢锦升，陈光水，等 . 2002. 红壤侵蚀退化地生态恢复后 C 吸存量的变化 . 水土保持学报，16（5）：17-19.
姚建民 . 1998. 渗水地膜与旱地农业 . 自然资源学报，13（4）：368-370.
尹晓芬，王灏，王晓鸣 . 2012. 贵州森林碳汇现状及增汇潜力分析 . 地球与环境，40（2）：266-270.
于东升，史学正，孙维侠，等 . 2005. 基于 1∶100 万土壤数据库的中国土壤有机碳密度及储量研究 . 应用生态学报，16（12）：2279-2283.
于占源，杨玉盛，陈光水 . 2004. 紫色土人工林生态系统碳库与碳吸存变化 . 应用生态学报，15（10）：1837-1841.
袁道先 . 2001. 全球岩溶生态系统对比：科学目标和执行计划 . 地球科学进展，16（4）：461-466.
曾馥平，彭晚霞，宋同清，等 . 2007. 桂西北喀斯特人为干扰区植被自然恢复 22 年后群落特征. 生态学报，27（12）：5110-5119.
张全智，王传宽 . 2010. 6 种温带森林碳密度与碳分配 . 中国科学（生命科学），40（7）：621-631.
张水印，余明泉，朱玲，等 . 2010. 退化红壤区不同重建模式森林土壤微生物碳氮特征研究 . 江西农业大学学报，32（1）：101-107.
张伟，陈洪松，王克林，等 . 2006. 喀斯特峰丛洼地土壤养分空间分异特征及影响因子分析 . 中国农业科学，39（9）：1828-1835.
张伟，陈洪松，王克林，等 . 2008. 典型喀斯特峰丛洼地坡面土壤养分空间变异性研究 . 农业工程学报，24（1）：67-73.
赵昌军，卢东平 . 2000. 干旱半干旱区先进造林技术与效益分析 . 中国水土保持，（12）：21-22.
赵瑞，孙保平，于明含，等 . 2015. 广西壮族自治区平果县退耕还林植被碳储量特征 . 水土保持通报，35（3）：350-353.
郑路，蔡道雄，卢立华，等 . 2014. 南亚热带不同树种人工林生态系统碳库特征 . 中南林业科技大学学报，34（12）：110-116.
郑子成，王永东，李廷轩 . 2011. 退耕对土壤团聚体稳定性及有机碳分布的影响 . 自然资源学报，26（1）：119-127.
治沙造林学编委会 . 1984. 治沙造林学 . 北京：中国林业出版社 .
中国科学院生物多样性委员会，国家环境保护总局自然生态保护司，国家林业局野生动植物保护司 . 2000. 面向 21 世纪的中国生物多样性保护//许智宏 . 第三届全国生物多样性保护与持续利用研讨会论文集 . 北京：中国林业出版社 .
中国科学院中国自然地理编辑委员会 . 1981. 中国自然地理、地貌 . 北京：科学出版社 .
周国模，姜培坤 . 2004. 不同植被恢复对侵蚀型红壤活性碳库的影响 . 水土保持学报，18（6）：68-71.

周欣，左小安，赵学勇，等. 2014. 半干旱沙地生境变化对植物地上生物量及其碳、氮储量的影响. 草叶学报，23（6）：36-44.

周玉荣，于振良，赵士洞. 2000. 我国主要森林生态系统碳储量和碳平衡. 植物生态学报，24（5）：518-522.

周政贤. 1987. 茂兰喀斯特森林科学考察集. 贵阳：贵州人民出版社.

朱守谦，魏鲁明，陈正仁，等. 1995. 茂兰喀斯特森林生物量构成初步研究. 植物生态学报，19（4）：358-367.

朱显谟. 1956. 黄土区土壤侵蚀的分类. 土壤学报，4（2）：99-114.

朱震达，王康富，彭期龙. 1989. 沙坡头地区治理沙漠典型图及说明//国家环保局，中国科学院长春地理研究所. 中国自然保护地图集. 北京：科学出版社.

Bai X Y, Wang S J, Xiong K N, et al. 2013a. Assessing spatial-temporal evolution processes of karst rocky desertification and indications for restoration strategies. Land Degradation & Development, 24: 47-56.

Bai X Y, Zhang X B, Long Y, et al. 2013b. Use of 137Cs and 210Pb measurements on deposits in a karst depression to study the erosional response of small karst catchment in southwest China to land-use change. Hydrological Processes, 27: 822-829.

Black T A, Harden J W. 1995. Effect of timber harvest on soil carbon storage at Blodgett experimental forest, California. Canadian Journal of Forest Research, 25: 1385-1396.

Cavelier J, Penuela M C. 1990. Soil respiration in the cloud forest and dry deciduous forest of Serrania of Macuira, Colombia. Biotropica, 22: 346-352.

Cohen W B, Harmon M E, Wallin D O. 1996. Two decades of carbon flux from forests of the Pacific Northwest. Bioscience, 46: 836-844.

Conant R T, Dalla-Betta P, Klopatek C C, et al. 2004. Controls on soil respiration in semiarid soils. Soil Biology & Biochemistry, 36: 945-951.

Covington W W. 1981. Changes in forest floor organic matter and nutrient content following clear cutting in northern hardwoods. Ecology, 62: 41-48.

Davidson E A, Verchot L V, Cattanio J H, et al. 2000. Effects of soil water content on soil respiration in forests and cattle pasture of eastern Amazonia. Biogeochemistry, 48: 53-69.

Elliot W J. 2003. Soil erosion in forest ecosystems and carbon dynamics//Kimble J M, Heath L S, Birdsey R A. The Potential of US Forest Soil to Sequester Carbon and Mitigate the Greenhouse Effect. Boca Raton, FL: CRC Press: 175-190.

Fisher R F, Binkley D. 2000. Ecology and Management of Forest Soils. 3rd ed. New York: John Wiley & Sons, Inc.

Gaumont-Guay D, Black T A, Griffis T J, et al. 2006. Interpreting the dependence of soil respiration on soil temperature and water content in a boreal aspen stand. Agricultural and Forest Meteorology, 140: 220-235.

Guo L B, Gifford R M. 2002. Soil carbon stocks and land use change: A meta analysis. Global Change Biol, 8: 345-360.

Guo J F, Wang Y S, Chen G S, et al. 2006. Soil C and N pools in Chinese fir and evergreen broadleaf forests and their changes with slash burning in mid-subtropical China. Pedosphere, 16 (1): 56-63.

Harrison R B, Henry C L, Cole D W, et al. 1995. Long-term changes in organic matter in soils receiving application of municipal biosolids//McFee W, Kelly J M. Carbon Forms and Functions in Forest Soils. Washington D. C.: Soil Science Society of America.

Hoover C M. 2003. Soil carbon sequestration and forest management: Challenges and opportunities//Kimble J M, Heath L S, Birdsey R A. The Potential of US Forest Soil to Sequester Carbon and Mitigate the Greenhouse Effect. Boca Raton, FL: CRC Press: 211-238.

Jabro J D, Sainju U, Stevens W B, et al. 2008. Carbon dioxide flux as affected by tillage and irrigation in soil converted from perennial forages to annual crops. Journal of Environmental Management, 88: 1478-1484.

Jandl R, Lindner M, Vesterdal L, et al. 2007. How strongly can forest management influence soil carbon sequestration? Geoderma, 137: 253-268.

Johnson D W. 1992. Effects of Forest Management on Soil Carbon Storage. Dordrecht: Springer Netherlands: 83-121.

Johnson D W, Todd D E. 1998. Effects of harvesting intensity on forest productivity and soil carbon storage in a mixed oak forest//Lal R, Kimble J M, Follett R F, et al. Management of Carbon Sequestration in Soils. Boca Raton, FL: CRC Press: 351-363.

Johnson D W, Curtis P S. 2001a. Effects of forest management on soil C and N storage: Meta analysis. Forest Ecology and Management, 140: 227-238.

Johnson M P, Curtis P S. 2001b. Effects of forest management on soil carbon storage. Water, Air and Soil Pollution, 64: 83-120.

Keith H, Jacobsen K L, Raison R J. 1997. Effects of soil phosphorus availability, temperature and moisture on soil respiration in *Eucalyptus pauciflora* forest. Plant and Soil, 190: 127-141.

Laclau P. 2003. Biomass and carbon sequestration of ponderosa pine plantations and natives cypress forests in northwest Patagonia. Forest Ecology and Management, 180: 317-333.

Lal R. 2004. Soil carbon sequestration to mitigate climate change. Geoderma, 123: 1-22.

Lal R. 2005. Forest soils and carbon sequestration. Forest Ecology and Management, 220: 242-258.

Lal R, Kimble J M, Follett R F, et al. 1998. The Potential of US Cropland to Sequester Carbon and Mitigate the Greenhouse Effect. Chelsea: Ann Arbor Press.

Li Y Y, Shao M A, Zheng J Y, et al. 2005. Spatial-temporal changes of soil organic carbon during vegetation recovery at Ziwuling, China. Pedosphere, 15 (5): 601-610.

Liu C C, Liu Y G, Fan D Y, et al. 2012. Plant drought tolerance assessment for revegetation in heterogeneous karst landscapes of southwestern China. Flora, 207: 30-38.

Marland G, Garten Jr C T, Post W M, et al. 2004. Studies on enhancing carbon sequestration in soils. Energy, 29: 1643-1650.

Mattson K G, Swank W T. 1989. Soil and detrital carbon dynamics following forest cutting in the southern Appalachians. Biol Fertil Soils, 7: 247-253.

Nyland R D. 2001. Silviculture: Concepts and Applications. 2nd. Boston: McGraw Hill: 1-682.

Parker J L, Fernandez I J, Rustad L E, et al. 2001. Effects of nitrogen enrichment, wildfire, and harvesting on forest soil carbon and nitrogen. Soil Sci Soc Am, 65: 1248-1255.

Peng W X, Song T Q, Zeng F P, et al. 2012. Relationship between woody plants and environmental factors in karst mixed evergreen deciduous broadleaf forest, southwest China. International Journal of Food, Agriculture & Environment, 10: 890-896.

Post W M. 2003. Impact of soil restoration, management and land use history on forest soil carbon// Kimble J M, Heath L S, Birdsey R A, et al. The Potential of US Forest Soil to Sequester Carbon and Mitigate the Greenhouse Effect. Boca Raton, FL: CRC Press: 191-199.

Post W, Kwon K. 2000. Soil carbon sequestration and land-use change: Processes and potential. Global Change Biology, 6: 317-328.

Su Y Z, Wang X F, Yang R, et al. 2010. Effects of sandy desertified land rehabilitation on soil carbon sequestration and aggregation in an arid region in China. Journal of Environmental Management, 91: 2109-2116.

Sweeting M M. 1993. Reflections on the development of Karst geomorphology in Europe and a comparison with its development in China. Z Geomorph, 37: 127-138.

Wang X G, He H S, Li X Z. 2007. The long-term effects of fire suppression and reforestation on a forest landscape in northeastern China after a catastrophic wildfire. Landscape and Urban Planning, 79 (1): 84-95.

Wang S Q, Zhou L, Chen J M, et al. 2011. Relationships between net primary productivity and stand age for several forest types and their influence on China's carbon balance. Journal of Environmental Management, 92: 1651-1662.

Waterworth R M, Richards G P. 2008. Implementing Australian forest management practices into a full carbon accounting model. Forest Ecology and Management, 255: 2434-2443.

Xiao X M, Boles S, Liu J Y, et al. 2002. Characterization of forest types in northeastern China, using multi-temporal SPOT-4 VEGETATION sensor data. Remote Sensing of Environment, 82 (2/3): 335-348.

Xin Z B, Qin Y B, Yu X X. 2016. Spatial variability in soil organic carbon and its influencing factors in a hilly watershed of the Loess Plateau, China. Catena, 137: 660-669.

Xu Q F, Xu J M. 2003. Changes in soil carbon pools induced by substitution of plantation for native forest. Pedosphere, 133: 271-278.

Yanai R D, Currie W S, Goodale C L. 2003. Soil carbon dynamics after forest harvest: An ecosystem paradigm reconsidered. Ecosystems, 56: 197-212.

Yang Y S, Guo J F, Chen G S, et al. 2005. Carbon and nitrogen pools in Chinese fir and evergreen broadleaved forest s and changes associated with felling and burning in midsubtropical China. Forest Ecology and Management, (216): 216-226.

Zhang Y F, Tachibana S, Nagata S. 2006. Impact of socio- economic factors on the changes in forest areas in China. Forest Policy and Economics, 9 (1): 63-76.

Zhang K, Dang H, Tan S, et al. 2010a. Change in soil organic carbon following the 'Grain- for- Green' programme in China. Land Degradation & Development, 21: 16-28.

Zhang X B, Bai X Y, Liu X M. 2010b. Application of 137Cs finger- printing technique to interpreting responses of sediment deposition in the catchment of the Guizhou Plateau, China. Science in China (Series D: Earth Sciences), 54: 431-437.

Zhu J J, Mao Z H, Hu L L, et al. 2007. Plant diversity of secondary forests in response to anthropogenic disturbance levels in montane regions of northeastern China. Journal of Forest Research, 12 (6): 403-416.

Zou C. 2001. Effect of soil air- filled porosity, soil organic matter and soil strength on primary root growth of radiate pine seedlings. Plant and Soil, 236: 105-115.